文通版

吕氏春秋鉴赏辞典

LÜSHICHUNQIU JIANSHANGCIDIAN

许富宏主编

上海辞书出版社

主　编　许富宏

撰稿者　许富宏　费鸿虹　孙启帆　石蕾蕾

出版说明

《吕氏春秋》是战国末秦国丞相吕不韦组织属下门客集体编撰的杂家著作。吕不韦，战国末卫国著名商人，后为秦国丞相，政治家、思想家，杂家思想的代表人物。

《吕氏春秋》又名《吕览》，以儒、道家思想为主干，融合墨、法、兵众家学说，形成了包括政治、经济、哲学、军事等方面的理论体系，为杂家的代表著作。全书共分为十二纪、八览、六论，共十二卷，一百六十篇，二十余万字。其对先秦诸子的思想进行的批判性的总结，有重要的历史与现实意义。吕不韦认为此书包括了天地万物古往今来的事理，所以号称《吕氏春秋》。《吕氏春秋》也是先秦时期唯一一部作者明确、成书时间明确、保存先秦学术最为丰富的一部子书。

为便于读者了解和鉴赏《吕氏春秋》思想的精邃，我们特约请许富宏先生主编本书。

考虑到《吕氏春秋》内容庞杂、体大思精的特点，本书分设文本篇、寓言篇、名句篇三部分，按具体内容，从不同角度和层面，对《吕氏春秋》的思想作鉴赏。本书还有《史记·吕不韦列传》、《〈吕氏春秋〉一书流传与版本》等附录，从而使读者能够更全面地了解《吕氏春秋》一书及其作者。

上海辞书出版社

目　　录

凡　例

一、本书共设文本篇、寓言篇、名句篇三部分。

二、本书的文本篇由正文、注释、鉴赏三部分组成。选文的标准主要遵循四个原则：一是考虑到《吕氏春秋》杂家性质，尽量选择能够体现诸子百家思想的篇目，儒、墨、道、法、名、阴阳、兵、农等九流十家作品尽可能选入，以保留《吕氏春秋》的风貌。二是同一家学说，由于说同义近，则只取其思想意义突出、意义完整或较有代表性的篇目，以保证精华能够保留。三是为了避免重复，有寓言节选出来的篇目，一般正文不选。四是尽量选取思想性、文学性及可读性强的篇目。

三、本书的寓言篇由正文、注释、鉴赏三部分组成。各则寓言由节选而来，为了醒目，编者自拟标题。

四、本书名句篇包括名句全文及对其的鉴赏。

五、本书文本篇的编排顺序按《吕氏春秋》原有顺序，寓言、名句部分的顺序根据主题需要灵活处置。

六、正文底本采用通行本，并参照其他文本，择善而从。全书用简体字排版，在可能产生歧义时，酌用繁体字或异体字。

篇　目　表

【文本篇】

重　己

倕，至巧也[1]，人不爱倕之指，而爱己之指，有之利故也[2]。人不爱昆山之玉、江汉之珠[3]，而爱己之一苍璧小玑[4]，有之利故也。今吾生之为我有，而利我亦大矣。论其贵贱，爵为天子，不足以比焉。论其轻重，富有天下，不可以易之。论其安危，一曙失之[5]，终身不复得。此三者，有道者之所慎也。

有慎之而反害之者，不达乎性命之情也。不达乎性命之情，慎之何益？是师者之爱子也[6]，不免乎枕之以糠；是聋者之养婴儿也，方雷而窥之于堂，有殊弗知慎者[7]。夫弗知慎者，是死生存亡可不可未始有别也。未始有别者，其所谓是未尝是[8]，其所谓非未尝非。是其所谓非[9]，非其所谓是，此之谓大惑。若此人者，天之所祸也。以此治身，必死必殃。以此治国，必残必亡。夫死殃残亡，非自至也，惑召之也。寿长至常亦然[10]。故有道者，不察所召[11]，而察其召之者[12]，则其至不可禁矣[13]。此论不可不熟。

使乌获疾引牛尾[14]，尾绝力勯，而牛不可行[15]，逆也。使五尺竖子引其棬[16]，而牛恣所以之[17]，顺也。世之人主贵人[18]，无贤不肖，莫不欲长生久视，而日逆其生，欲之何益？凡生之长也，顺之也；使生不顺者，欲也；故圣人必先适欲[19]。

室大则多阴，台高则多阳，多阴则蹷，多阳则痿[20]，此阴阳不适之患也，是故先王不处大室，不为高台。味不众珍，衣不燀热[21]。燀热则理塞[22]，理塞则气不达，味众珍则胃充，胃充则中大鞔[23]，中大鞔而气不达，以此长生可得乎？昔先圣王之为苑囿园池也，足以观望劳形而已矣[24]。其为宫室台榭也，足以辟燥湿而已矣。其为舆马衣裘也，足以逸身暖骸而已矣。其为饮食酏醴也[25]，足以适味充虚而已矣。其为声色音乐也，足以安性自娱而已矣。五者，圣王之所以养性也，非好俭而恶费也，节乎性也。

〔**注释**〕 ① 倕(chuí)：相传是尧时的巧匠，一说是黄帝时巧匠。传说耒耜、钟、铫、规矩、准绳皆为其发明。 ② 有之利故也：是属于自己而有利于自己的缘故。 ③ 昆山之玉：昆仑山的玉石。据说昆仑山的玉石，用炭火烧三天三夜，色泽不变。因此，古人用“昆山之玉”指代上好的美玉。 江汉之珠：长江、汉水产的珍珠。传说夜明珠以长江、汉水出产为多。因此，古人用“江汉之珠”指代上好的珍珠。 ④ 苍璧：含石多的玉。 小玑(jī)：小而不圆的珍珠。 ⑤ 一曙：一旦。 ⑥ 师：乐官，古代由盲人担任。这里指代盲人。 ⑦ 有殊弗知慎者：这种情况同不知谨慎的人相比，其实际效果没有什么不同。 ⑧ 是：正确，与下文“非”相对。 ⑨ 是其所谓非：把错误的东西当作正确的。 ⑩ 寿长至常亦然：长寿的得来也常是这样。常，恒久。 ⑪ 所召：招致的结果。 ⑫ 召之者：招致它们的原因。 ⑬ 其至不可禁矣：结果的实现就是不可制止的了。 ⑭ 乌获：战国时秦国的力士。 疾：用力。 引：拉。 ⑮ 绝：断。 勯(dān)：力尽。 ⑯ 竖子：儿童。 棬(quàn)：同“桊”，牛鼻环。 ⑰ 恣：听任。 ⑱ 人主：人君。 ⑲ 适欲：使欲望适度，即节制欲望。 ⑳ 蹶(jué)：这里指寒蹶，是一种手足逆冷的病症，古人认为是阴气盛所致。 痿：一种肢体萎缩无力的病症，古人认为是阳气盛而五脏内热所致。蹶、痿之疾都会使人的肢体不能活动。 ㉑ 燀(dǎn)：通“亶”，厚。 ㉒ 理塞：脉理闭结。 ㉓ 中：指胸腹。 鞔(mèn)：通“懑”，闷胀。 ㉔ 劳形：活动身体。 ㉕ 酏(yí)：稀粥，可以用来酿酒。 醴：甜酒。(费鸿虹)

【**鉴赏**】 《重己》篇是《吕氏春秋》中非常重要的一篇，反映了《吕氏春秋》的思想基础是以黄老道家为核心的，并由此推广到政治上构建治国的理论和方法。本篇的主旨是说每个人都要尊重生命的规律，珍惜自己的生命。

文中一开始就强调，人们不爱倕的手指而只爱自己的手指，不爱长江、汉水出产的夜明珠，只爱属于自己的带着杂石的小玉块。因为它们只属于自己，那么比珍珠玉石更重要的是人的生命，人就更应该珍爱它。可惜，现实生活中有很多人“弗知慎者”，一旦“失之”，“终身不复得”。现实生活中，有些人知道生命的重要，但是不知如何保养生命，导致“慎之而害之”。《荀子·正名》篇说：“故欲养其欲而纵其情，故欲养其性而危其形，故欲养其乐而攻其心，故欲养其名而乱其行，如此者，虽封侯称君，其与夫盗无以异。”所以本来是为了满足自己的欲望，却放纵了自己的情欲，本来是为了保养自己的生命，却危害了自己的身体，本来是培养快乐的心情，却伤害了自己的心，本来是为了建立名望，却扰乱了自己的行为。像这样的人，就算是封侯称君，其实与盗贼无异。这就如同“师者之爱子也，不免乎枕之以糠；是聋者之养婴儿也，方雷而窥之于堂”，盲人爱儿子，竟把孩子放在谷糠里，聋子爱儿子，在打雷的时候抱着孩子出去观看。他们不但不能谨慎对待生命，反而对孩子有害。这都是由于没有领悟人性与生命的情理的缘故。《庄子·达生》说：“达生之情者，不务生之所无以为；达命之情者，不务知之所无奈何。”不追求生命中不必要的东西，不改变命运中无可奈何的事故。保养生命，就是要顺从天性。《老子》第二十五章说：“人法地，地法天，天法道，道法自然。”人在自然界的生活，就应顺从自然规律。就像秦国的大力士乌获，虽然力气很大，但是他如果要抓着牛的尾巴往后拽，让牛往后走，无论怎样使劲，都是不可能的。而一个只有六七岁的小孩子，用绳子牵着牛鼻环，牛就跟着他，想到哪就到哪了。这是因为顺从天性的缘故。

顺从天性，即能长久地活着，达到“长生久视”的理想状态。《黄帝内经·灵枢·本神》说：“故智者之养生也，必顺四时而适寒暑，和喜怒而安居处，节阴阳而调刚柔。如是则僻邪不至，长生久视。”聪明的人养生，一定根据四季的变化，适应寒冷与暑热来调整自己的居处，做到人体与外界环境的阴阳调和。长生久视，就是要“适欲”，顺其自然地满足自己的欲望，按照四时寒暑的变化而自然地改变生活习惯；就是要“节性”，面对诸多诱惑，调控自己的欲望，使之保持在适度的范围内。《太平经》说：“夫人命乃在天地，欲安者，乃当先安其天地，然后可得长安也。”

反之，对生命不知爱惜的人，他们对“死生存亡”从来没有认清过。如果对生命的价值都没有认清的人，那么他们认为正确的，也从来不是正确的；他们认为错误的，也从来不是错误的。以这种态度对待自己，必定会遭受灾祸。这样的人治理国家，也一定会导致国家的灭亡。因为只有珍爱自己的生命的人，才能珍爱他人的生命。如果不珍爱自己的生命，也不会珍爱他人的生命。作为国君，就可能乱开杀戒，酿成暴政。暴政往往就会导致国家迅速地灭亡。《左传·庄公十一年》：“禹、汤罪己，其兴也勃焉；桀、纣罪人，其亡也忽焉。”本书《论人》篇也说：“昔上世之亡主，以罪为在人，故日杀戮而不止，以至于亡而不悟。三代之兴王，以罪为在己，故日功而不衰，以至于王。”对一国之君来说，因为重视生命，所以不要轻易杀戮，要以对待自我生命一样去对待他人生命。《汉书·艺文志》概括杂家的特点说：“知国体之有此，见王治无不贯。”并以《吕氏春秋》为杂家代表作。这个概括对理解《吕氏春秋》是十分有帮助的。《吕氏春秋》的写作目的就是探索如何治理国家。《重己》篇不仅指出我们常人应该珍惜生命，更有教育国君不能乱杀无辜，谴责施行暴政的目的。

对于本篇的意图，南宋理学家黄震的《黄氏日钞》说：“言以颐养性而保长生，又欲人之各自保其生也。”这是恰当的。不过，值得注意的是，吕不韦在《吕氏春秋·序意》说：“尝得学黄帝之所以诲颛顼矣。”意即其召集门客编撰此书，大有教育秦始皇的意图在内。换句话说，在某种程度上，吕不韦是把自己当作帝师的，他要把秦始皇当作自己的学生来加以教育的。因为他知道秦始皇的贪欲。仅以阿房宫为例。《三辅黄图》载秦始皇造阿房宫，说：“阿房宫亦曰阿城，惠文王造宫未成而亡，始皇广其宫规，恢三百余里。离宫别馆弥山跨谷，辇道相属。阁道通骊山八十余里。表南山之巅以为阙，络樊川以为池。作阿房前殿，东西五百步，南北五十丈，上可坐万人。”秦始皇如此耗费国家人力、物力与财力来修一座宫殿与园林，吕不韦当然看不下去。所以说：“室大则多阴，台高则多阳；多阴则蹶，多阳则痿。”以为苑囿足以活动身体即可，台室只要能避湿即可，衣裘足以暖身即可，饮食足以充饥即可，音乐足以娱乐即可。反对过度奢侈浪费。郭沫若先生就曾说：“《吕氏春秋》一书之所以赶着在八年做出，可能是有意向他说教。所以本篇大有教育意义在内的。”（《十批判书》）

本篇文采斐然。作者说理善于从日常生活现象出发，以人不爱倕之指，不爱江汉之珠的人之常情出发，引申到人只爱有利于自己的东西。用盲人爱子，却因看不见而把孩子放在谷糠里，聋子养育婴儿，正当外面打雷的时候，却抱着孩子向外张望这两个事例证明虽然爱孩子，却不知爱之所爱，反而将孩子置身于危险之中。用乌获用力拔牛尾巴把牛往后拖，还不如六七岁的小孩用牛绳牵着牛鼻子走，这种寓言故事说明顺从天性的重要。文中所举的这些现实生活中的事例，让人感觉并不陌生，而易于接受。最后说理的效果生动，而寓意深刻，前后姿态横生，让人读起来兴味盎然。

（许富宏）

贵　公

昔先圣王之治天下也必先公，公则天下平矣，平得于公。尝试观于上志[①]，有得天下者众矣，其得之以公，其失之必以偏。凡主之立也生于公[②]。故《鸿范》曰[③]：“无偏无党，王道荡荡[④]。无偏无颇，遵王之义[⑤]。无或作好[⑥]，遵王之道。无或作恶[⑦]，遵王之路。”

天下非一人之天下也，天下之天下也。阴阳之和，不长一类[8]；甘露时雨，不私一物；万民之主，不阿一人[9]。伯禽将行[10]，请所以治鲁[11]，周公曰[12]："利而勿利也[13]。"荆人有遗弓者而不肯索[14]，曰："荆人遗之，荆人得之，又何索焉？"孔子闻之曰[15]："去其'荆'而可矣。"老聃闻之曰[16]："去其'人'而可矣。"故老聃则至公矣。天地大矣，生而弗子，成而弗有，万物皆被其泽[17]、得其利，而莫知其所由始，此三皇、五帝之德也[18]。

管仲有病[19]，桓公往问之，曰[20]："仲父之病矣，渍甚[21]，国人弗讳，寡人将谁属国[22]？"管仲对曰："昔者臣尽力竭智，犹未足以知之也，今病在于朝夕之中，臣奚能言？"桓公曰："此大事也，愿仲父之教寡人也。"管仲敬诺，曰："公谁欲相[23]？"公曰："鲍叔牙可乎[24]？"管仲对曰："不可。夷吾善鲍叔牙[25]，鲍叔牙之为人也清廉洁直，视不己若者，不比于人[26]；一闻人之过，终身不忘。""勿已[27]，则隰朋其可乎[28]。""隰朋之为人也上志而下求[29]，丑不若黄帝，而哀不己若者[30]。其于国也，有不闻也[31]；其于物也，有不知也；其于人也，有不见也。勿已乎，则隰朋可也。"夫相，大官也。处大官者，不欲小察[32]，不欲小智[33]，故曰："大匠不斫，大庖不豆，大勇不斗，大兵不寇[34]。"桓公行公去私恶，用管子而为五伯长[35]；行私阿所爱，用竖刀而虫出于户[36]。

人之少也愚，其长也智，故智而用私，不若愚而用公。日醉而饰服[37]，私利而立公，贪戾而求王[38]，舜弗能为[39]。

〔**注释**〕 ① 上志：古代记载。志，记。 ② 生：出。 ③《鸿范》：《尚书·周书》中的一篇，一作《洪范》。鸿，大。范，法。 ④ 无偏无党，王道荡荡：不要偏私，不要结党，王道多么平坦宽广。无，通"毋"，不要。 ⑤ 遵：沿着……走。 ⑥ 无或作好：不要滥逞个人偏好。好（hào），偏好。 ⑦ 恶（wù）：憎恶。 ⑧ 长（zhǎng）：生长。

⑨ 阿(ē)：偏袒。 ⑩ 伯禽：周公旦之子，鲁国始祖。周公辅成王，留在东都洛阳，成王封伯禽于鲁。 ⑪ 所以：……的方法。 ⑫ 周公：姬姓，名旦，周武王之弟，辅佐武王灭商，建立周王朝。 ⑬ 利而勿利：施利给人民而不要为自己谋私利。 ⑭ 遗：遗失。 索：寻找。 ⑮ 孔子：孔丘，字仲尼。春秋鲁国邹邑(今山东曲阜)人。曾长期聚徒讲学，开私人讲学的风气，传说弟子有三千人。 ⑯ 老聃：老子，春秋战国时楚国苦县人。曾为周藏书室史官。 ⑰ 被：承受。 ⑱ 三皇：传说中远古部落的酋长。有以下六说：伏羲、神农、黄帝，天皇、地皇、泰皇，伏羲、神农、祝融，伏羲、女娲、神农，天皇、地皇、人皇，伏羲、神农、燧人。 五帝：相传古代有五帝，有以下三说：伏羲、神农、黄帝、尧、舜，黄帝、颛顼、帝喾、尧、舜，少昊、颛顼、高辛、尧、舜。 ⑲ 管仲：名夷吾，字仲。春秋时颍上人。初事公子纠，后相齐桓公，主张通货积财，富国强兵，九合诸侯，一匡天下，使桓公成为春秋五霸之首。 ⑳ 桓公：春秋时齐侯，五霸之一。名小白。周庄王十一年，以兄襄公暴虐，去国奔莒。襄公被杀，归国即位。 ㉑ 渍：病。 ㉒ 谁属(zhǔ)国：把国家托付给谁。属，托付。 ㉓ 公谁欲相：您打算用谁为相。 ㉔ 鲍叔牙：春秋时齐国人。即鲍叔。与管仲交，知管仲贤。鲍叔牙事公子小白。 ㉕ 善：深知。 ㉖ 不己若者：不如自己的人。 比：并列，齐等。 ㉗ 勿已：相当于“不得已”。 ㉘ 隰(xí)朋：春秋时齐大夫。 ㉙ 上志：记识上世贤人而效法他们。 下求：即下问。 ㉚ 丑：羞耻。 哀：怜惜。 ㉛ 有不闻也：不该管的，就不去打听。 ㉜ 欲：应该。 小察：在小处苛求。 ㉝ 小智：在小处聪明。 ㉞ 大匠不斫，大庖不豆，大勇不斗，大兵不寇：技艺高超的木匠不亲自动手砍削，手艺高超的厨师不亲自排列食器，十分勇猛的人不亲自格斗厮杀，正义之师不去劫掠为害。斫(zhuó)，砍削。庖(páo)，厨师。豆，古代食器，这里用作动词，置豆。 ㉟ 五伯：即“五霸”，指春秋五霸，有以下两说：齐桓公、晋文公、宋襄公、秦穆公、楚庄王，或齐桓公、晋文公、楚庄王、吴王阖闾、越王勾践。 ㊱ 竖刀(diāo)：齐桓公的近侍，或作“竖刁”。 虫出于户：桓公死，竖刀参与乱齐国。桓公五子争立，无人主丧，尸体停在床上六十多天不予殡殓，以致尸虫流出门外。 ㊲ 饰：通“饬(chì)”，整顿。 服，指丧服制度。 ㊳ 戾：贪暴。 王(wàng)：成就王业。 ㊴ 舜：古帝名。(费鸿虹)

【鉴赏】 《贵公》篇是《吕氏春秋》中比较有代表性的一篇。公，不是公平，也不是公正，本篇的“公”，是与“私”相对而言的。私，即有私心，为个人谋利；公，即指出于公心，为人民大众谋利。所以文中结尾说：“私利而立公，贪戾而求王，舜弗能为。”能为广大人民谋利者，在过去只有掌管国家政权的君主。本篇即告诫人主，治理国家要出于公心，要为全体大众谋利益，而不能有自己的私利。刘咸炘说：“公之义，实不止为人君言。周秦诸子之兴，本因论政，而其著书皆意在告时君，故多为人君言，虽义稍远者，亦必引而及之。”本篇由一个寓言和一个历史故事所组成，反映了吕不韦对国君如何治理国家与确立君主两种事情上的认识。

本文一开头就提出中心论点：“昔先圣王之治天下也必先公。”为什么呢？因为“公则天下平矣”，只有本于公心，天下才能太平。并引《尚书·洪范》的话作论证，曰：“无偏无党，王道荡荡。”只有君主不偏私，国家才能得到治理，王道才能实现。

那么，如何才能让国君在治理国家时自觉做到贵“公”呢？首先要解决思想认识问题。《吕氏春秋》认为，“天下是天下人的天下”，也就是说天下为普罗大众所共有。既然为天下人所共有，那么君主只是万民之共主，只能为万民谋福利，而不能“私阿一人”。这个道理，古代的圣王是懂得的。伯禽将要到鲁国去，向周公请教治理鲁国的方法。周公说：“利而勿利也。”就是说，你到鲁国以后，要记着给人民谋利，而不是以国君之位来谋求个人私利。周公懂得贵公的道理，所以天下得到治理，辅助成王，评定了武庚之乱，使天下太平。

为了说明这个道理，本篇又举楚国人遗失弓箭的寓言故事来加以说理。楚国人遗失了弓箭，不去寻找，说楚国人丢了也还是楚国人捡到，反正都在楚国，为什么还要找呢？孔子听说后，说去掉“荆”，无论哪个国家的人东西丢了，不管是哪个国家的人捡到了，都是人捡到的，不更好吗？孔子所说的超出了国家，而将范围扩展至天下。老子听说了，连“人”字都去掉了，东西丢了，还在大自然，仍为大自然所共有，为什么要有人与自然之分呢？老子的说法，消除了物我界限，是最大的至公。此寓言在当时也颇为流行，并不为《吕氏春秋》所创。《公孙龙子·迹府》篇说：“龙闻：楚王张繁弱之弓，载忘归之矢，以射蛟兕于云梦之圃，而丧其弓，左右请求之。王曰：‘止。楚王遗弓，楚人得之，又何求乎。’”这是言说楚王视楚国为楚国人之天下，并不为自己所有。《吕氏春秋》在此基础上进一步创造，增加孔子与老子的思想，将寓言作进一步提升，说明“贵公”的道理。不仅如此，为了进一步说理，又举齐桓公的历史故事作进一步的佐证。齐桓公任用管仲，九合诸侯，一匡天下，而宠爱竖刁，“行私阿所爱”，则死后宫廷陷于动荡，尸体迟迟不能安葬，尸虫流出门外。从正反两个方面来说明，作为国君不能有私心，一旦有私心，想谋私利，必然身败名裂。

不过，“天下是天下人的天下”这句话并不是《吕氏春秋》最先提出的，而是当时一种普遍性的看法。《礼记·礼运》篇说：“大道之行也，天下为公。”这里面就含有天下是天下人的天下的意思在内。《六韬·文韬·文师》中就有说：“天下非一人之天下，乃天下之天下也。”又《六韬·武韬·发启》篇也说：“天下者非一人之天下，乃天下之天下也。”但是《吕氏春秋》所说的贵公，与《礼记》、《六韬》所说的内涵不尽相同。《礼记》、《六韬》所说的意思是天下由天下人来共同治理，归有德者治理，是有道者的天下。这是很早以前，中国就有的观念。《尚书大传·汤誓》：“夫天下非一家之有也，唯有道者之有也，唯有道者宜处之。”《左传·僖公五年》：“故《周书》曰：皇天无亲，惟德是辅。”《六韬·武韬·顺启》篇说：“天下者非一人之天下，唯有道者处之。”屈原在《离骚》中也呐喊：“皇天无私阿兮，览民德焉错辅。”包含有“有德者居之”这个内涵。但是，《吕氏春秋》所言天下是天下人的天下，这里所指主要是君主之位并不是一姓之私产。

本篇所强调的是，君主不能将天下视作一家之私产。其中明显可看出吕不韦思想的进步性。自西周宗法制以来，中国一直实行家天下的制度。《诗经·小雅·北山》：“溥天之下，莫非王土。率土之滨，莫非王臣。”天下一家，天子就是这个大家庭的主人，臣民皆为其奴仆。但是吕不韦却不这样看，天下人并非国君一家之私产，如果作为国君不能秉持公心，为天下人谋利，那么就会国破家亡。这与宗法制的观念是格格不人的，而与近代以来人们的认识有惊人的相似。从中也可看出吕不韦对秦始皇的教诲。但是，很显然秦始皇并没有接受这一番好意。秦始皇统一六国以后，即视天下人为私产。贾谊《过秦论》说:“天下已定,秦王之心,自以为关中之固,金城千里,子孙帝王万世之业也。”《史记·秦始皇本纪》曰:“自今以来,除谥法。朕为始皇帝,后世以计数,二世、三世至于万世,传之无穷。”秦始皇将天下视为一家之私产,果然不久之后,秦帝国就被陈胜喊出的“王侯将相,宁有种乎”击得粉碎,很快就土崩瓦解了。这也从一个侧面折射出吕不韦思想的正确性。

本文从文学性上来说,也具有一定的价值。本文中心明确,论证严密,以寓言故事与历史故事作事例进行论证。论证方法,有举例论证,有正反对比论证。首尾照应,层次清楚。语言修辞上,排比一气呵成,是一篇短篇散文的佳作。

(许富宏)

仲春纪第二

贵 生

圣人深虑天下,莫贵于生[①]。夫耳目鼻口,生之役也[②]。耳虽欲声,目虽欲色,鼻虽欲芬香,口虽欲滋味,害于生则止[③]。在四官者不欲[④],利于生者则弗为[⑤]。由此观之,耳目鼻口,不得擅行,必有所制。譬之若官职,不得擅为,必有所制。此贵生之术也[⑥]。

尧以天下让于子州支父[⑦]。子州支父对曰:“以我为天子犹可也。虽然[⑧],我适有幽忧之病[⑨],方将治之[⑩],未暇在天下也。”天下,重物也[⑪],而不以害其生[⑫],又况于它物乎!惟不以天下害其生者也,可以托天下。

越人三世杀其君[⑬],王子搜患之[⑭],逃乎丹穴[⑮]。越国无君，求王子搜而不得，从之丹穴[16]。王子搜不肯出，越人薰之以艾，乘之以王舆[17]。王子搜援绥登车[18]，仰天而呼曰："君乎，独不可以舍我乎！"王子搜非恶为君也，恶为君之患也。若王子搜者，可谓不以国伤其生矣，此固越人之所欲得而为君也。

鲁君闻颜阖得道之人也[19]，使人以币先焉[20]。颜阖守闾[21]，鹿布之衣[22]，而自饭牛[23]。鲁君之使者至，颜阖自对之。使者曰："此颜阖之家邪？"颜阖对曰："此阖之家也。"使者致币，颜阖对曰："恐听缪而遗使者罪[24]，不若审之[25]。"使者还反审之，复来求之，则不得已。故若颜阖者，非恶富贵也，由重生恶之也。世之人主多以富贵骄得道之人[26]，其不相知[27]，岂不悲哉！

故曰：道之真，以持身[28]；其绪余，以为国家[29]；其土苴，以治天下[30]。由此观之，帝王之功，圣人之余事也，非所以完身养生之道也。今世俗之君子，危身弃生以徇物[31]，彼且奚以此之也[32]？彼且奚以此为也？

凡圣人之动作也[33]，必察其所以之与其所以为。今有人于此，以随侯之珠弹千仞之雀[34]，世必笑之。是何也？所用重，所要轻也。夫生岂特随侯珠之重也哉[35]？

子华子曰[36]："全生为上，亏生次之，死次之[37]，迫生为下[38]。"故所谓尊生者，全生之谓。所谓全生者，六欲皆得其宜也[39]。所谓亏生者，六欲分得其宜也。亏生则于其尊之者薄矣。其亏弥甚者也[40]，其尊弥薄。所谓死者，无有所以知[41]，复其未生也。所谓迫生者，六欲莫得其宜也，皆获其所甚恶者，服是也，辱是也。辱莫大于不义，故不义，迫生也，而迫生非独不义也，故曰迫生不若死。奚以知其然也？耳闻所恶，不若无闻。目见所恶，不若无见。故雷则掩耳[42]，电则掩目[43]，此其比也[44]。凡六欲者，皆知其所甚恶，而必不得免，不若无有所以知。无有所以知者，死之谓也，故迫生不若死。嗜肉者，非腐鼠之谓也[45]；嗜酒者，非败酒之谓也[46]；尊生者，非迫生之谓也。

〔注释〕 ① 莫：没有什么。 ② 役：役使。 ③ 止：被禁止。 ④ 在：对于。四官：指耳目鼻口。 ⑤ 利于生者则弗为：有利于生命的就去做。弗，当是衍文。⑥ 贵：珍惜。 术：方法。 ⑦ 子州支父(fǔ)：传说中的古代隐士，姓子，名州，字之父。 ⑧ 虽然：虽然这样。 ⑨ 适：恰。 幽忧之病：忧劳深重的病。幽忧，深重的忧劳。 ⑩ 方：正。 ⑪ 重物：珍贵的东西。 ⑫ 不以害其生：(圣人)不因它而损害自己的生命。 ⑬ 三世：连续三代。 ⑭ 王子搜：战国时越王无颛。搜，无颛异名。 ⑮ 丹穴：山洞。 ⑯ 从：通"踪"，按迹索踪。 ⑰ 王舆：国君专用的车。⑱ 援：拉。 绥：车绥，上车时挽手用的绳子。 ⑲ 颜阖：战国时鲁国的隐士。⑳ 使人以币先焉：派人带着礼物先去致意。币，币帛。古人用以互相赠送、致意的礼物。 ㉑ 守：居住。 闾(lǘ)：周制，二十五家为里，里必有门，称为"闾"。这里指代住所。 ㉒ 鹿：疑是"麤(cū)"字的省文。麤，今作粗。 ㉓ 饭：古代给人食物吃，喂牲畜草料都可称"饭"。 ㉔ 恐听缪而遗使者罪：恐怕听错了名字给您带来处罚。缪：通"谬"，错。 ㉕ 审：审察，搞清楚。 ㉖ 以：凭借。 骄：傲视。 ㉗ 不相知：不了解得道之人。相，指代得道之人。 ㉘ 真：实质，根本。 ㉙ 绪余：残余。绪，余。以：用来。 为：治理。 ㉚ 土苴(zhǎ)：泥土草芥。比喻无足轻重的微贱之物。㉛ 徇物：舍弃生命去追求外物。徇，通"殉"。 ㉜ 彼：指代"世俗之君子"。 且：将。奚：何。 之：往。 ㉝ 动作：举动作为。 ㉞ 随侯之珠：相传随侯见一条大蛇受伤，给它敷药，后来大蛇从江中衔来一颗明珠报答他。后人把这颗明珠称作"随侯之珠"。随，东汉之国，姬姓。 仞：古代长度单位。仞的长度说法不一。据清人陶方琦《说文仞字八尺考》认为，周制一仞为八尺，汉制为七尺，东汉末期为五尺六寸。㉟ 特：只。 ㊱ 子华子：古代道家人物。传说为战国时魏人。 ㊲ 死：指为坚守自己的志向而舍弃生命，而不是终其天年的自然死亡。 ㊳ 迫生：指苟且偷生，使生命的天性完全受到压抑。 ㊴ 六欲：指生、死及耳、目、口、鼻的欲望。 ㊵ 弥：益，更加。 ㊶ 无有所以知：指丧失生命。所以知，用以知道六欲的方法，即知觉。 ㊷ 雷：打雷。 ㊸ 电：闪电。 ㊹ 比：相似。 ㊺ 非腐鼠之谓也：并不是连腐臭的老鼠也吃。 ㊻ 败：腐败变质。（费鸿虹）

【鉴赏】 人的生命对于我们来说只有一次，是人最可宝贵的东西。正因为如此，正视生命，保养生命就是一个永恒的话题。战国时期，养生思想已经十分发达，形成杨朱为我以及庄子后学等学派，养生是道家学派的核心话题之一。本篇的主旨是讲养生之术。

养生必先懂得尊重生命，也就是“贵生”的道理。所以《贵生》一开篇便说：“圣人深虑天下，莫贵于生。”圣人如果要想治理天下，一定先尊重个体的生命。《吕氏春秋》的立论基点是治理国家，这是贯串每一篇的指导思想。而在道家看来，能够治理国家的人，必定是能够养生的人。《老子》第十三章：“故贵以身为天下，若可寄天下；爱以身为天下，若可托天下。”《庄子·在宥》：“故曰贵以身为天下，则可以托天下；爱以身为天下，则可以寄天下。”这是《吕氏春秋》立论的基点。这种观念与先秦时期儒家的理念也是一致的。孔子就曾说：“己所不欲，勿施于人。”（《论语·卫灵公》）即一切都从自身做起，然后推而广之。按照这个思路，作为人君的理想代表圣人，必须尊重治下平民的生命，尊重天下百姓的生命，还得先从尊重自身生命开始，从自身的养生说起。所以说“惟不以天下害其生者也，可以托天下”。

那么，如何养生呢？《贵生》篇主要是从“养身”与“养心”两个方面作论述。首先是养身。“耳虽欲声，目虽欲色，鼻虽欲芬香，口虽欲滋味，害于生则止”，只要饮食、音乐等对人的身体直接产生伤害的，那么必须进行控制。这个层面可以说是食养。食养为现代中医养生之术的主要内容之一，其应用范围最为广泛，内容包括了医、药、食、茶、酒以及民俗等文化对人体的调节。“由此观之，耳目鼻口不得擅行，必有所制”，这是就养身而说的。

但是，本篇所着重强调的是“养心”。养生先养心，其根本也在于养心。现代养生学认为养心就是要心胸宽阔，遇事不怒，想得开，放得下，始终保持心情的平和。养心也要心静自然，不要过分地追求自己达不到的东西，要知足者常乐。本篇则认为，凡有害于生命的事就不去做，这就是养生的方法。文中列举了子州支父借口调养身体拒绝尧让天下；王子搜不肯为君，感叹做国君能招来祸患；鲁君礼聘颜阖，颜阖逃避鲁国国君的征召，好比随侯用宝珠去射麻雀，以这种方式来拒绝富贵等事理，说明不肯以君位来伤害生命的态度。生命是贵重的，但是世俗君子却轻身逐物，以这种方式来对待生命，必然是不能懂得生命的真谛的。

养心，关键在于要做到"心斋"。"心斋"是庄子在《人间世》中提出来的体道方法。《人间世》说："若一志，无听之以耳而听之以心，无听之以心而听之以气。听止于耳，心止于符。气也者，虚而待物者也。唯道集虚。虚者，心斋也。""斋"，原属祭祀时的要求，其形式有用水沐浴、不饮酒、不茹荤、不闻舞乐、不近女色等。但这只是外在形式上的斋，庄子提出的"心斋"，是体道的修养历程，是一个由外而内、层层递进的内省过程。在这个过程中，心志专一("若一志")是"心斋"的重要基础。对于外，要放下耳目听闻对外物的执著。《徐无鬼》说："目之于明也殆，耳之于聪也殆。"耳朵、眼睛是人认识外部世界的主要器官，但当人过于依赖这些器官时，往往就会被外物所蒙蔽，离本性越来越远，所以应"无听之以耳而听之以心"，即循耳目而内通于心。对于人的内心，要洗去个人心中的知、欲，使心不被贪欲所蒙蔽，不被智巧所诱导，诚如《天地》篇所言："机心存于胸中，则纯白不备。纯白不备，则神生不定。神生不定者，道之所不载也。"机心，即功利之心，人要从功名利禄势位富贵等"机心"中超拔出来，以艺术的心态对待人生，直追大道，让人与大自然"天人合一"，才是真正的尊重生命。从这个意义上说，"道之真，以持身；其绪余，以为国家；其土苴，以治天下"，道的实体是用来保全身体的，体道的最高境界就是养生，全生。不会体道的人，往往用道的剩余来治理国家，用它的渣滓来治理天下。因而人们不能损害身体舍弃生命去追求满足物质的需求和欲望。

当然，这里的意思也并不完全像庄子所说的那样“逍遥于世外”，《吕氏春秋》整体的思想倾向是积极入世的。本篇所言的“养生”，主要是反对过分沉溺于追求物质欲望。如果那样的话，就成了“迫生”。《贵生》篇引子华子的话说：“全生为上，亏生次之，死次之，迫生为下。”“迫生”，就是人在社会上为了私欲而逼迫自己生存。“迫生”是生存方式中最低下的，实际上还不如“死”。《太平经》说：“天地之性，万物各自有宜。当任其所长，所能为。所不能为者，而不可强也。”人在社会上生存，不能为了追求物欲，违背自然规律，强迫自己去适应，扭曲自己的生命。《太平御览》卷六百六十八引《黄老经》：“士能遗物，乃可议生。生本无邪，为物所婴；久久易志，志欲外无。能守以道，为贵生。”士如果能摆脱外在物质的束缚，以无功利的心态对待人生，才可以同他讨论养生。养生本来就是纯真无邪的，如果为外物所束缚，久而久之，人的心志就会发散，而对养生不利。这段话可以作为本篇贵生思想的注脚。

“迫生”思想在当时是有针对性的。《吕氏春秋》引述儒家思想也是很多的，但是却很少看到引述孟子的话语和思想，这是一个值得关注的现象。在对待人的生命问题上，孟子有段名言：“生，亦我所欲也；义，亦我所欲也；二者不可得兼，舍生而取义者也。”（《孟子·告子上》）孟子强调“舍生取义”，也就是“义大于生”，在人的一生中，时时刻刻记着不能违背“义”，在两者不能调和的时候，为了“义”而不惜牺牲自己的生命。在《吕氏春秋》的作者看来，“舍生取义”的态度就是“迫生”，是违背自然规律的。“尊生者，非迫生之谓也。”从中可以看出，这里的养生思想含有顺应自然的意思在内。

从上文的分析中已经可以看出，《吕氏春秋》关于养生的思想主要来自道家。《黄氏日钞》对本篇的评价即为：“贵生言耳目鼻口，必有所制。然谓不以天下国家害其生，是老庄之说耳。”但是，我们千万不要忘了，《吕氏春秋》所论都有明确的现实指向，吕不韦这样说也包括对秦始皇的教育在内。这一点千万不要忽视。

（许富宏）

当染

墨子见染素丝者而叹曰[1]:"染于苍则苍,染于黄则黄,所以入者变,其色亦变,五入而以为五色矣。故染不可不慎也。"

非独染丝然也,国亦有染[2]。舜染于许由、伯阳[3],禹染于皋陶、伯益[4],汤染于伊尹、仲虺[5],周武王染于太公望、周公旦[6],此四王者所染当,故王天下,立为天子,功名蔽天地,举天下之仁义显人必称此四王者。夏桀染于干辛、歧踵戎[7],殷纣染于崇侯、恶来[8],周厉王染于虢公长父、荣夷终[9],幽王染于虢公鼓、祭公敦[10],此四王者所染不当,故国残身死,为天下僇[11],举天下之不义辱人必称此四王者。齐桓公染于管仲、鲍叔,晋文公染于咎犯、郄偃[12],荆庄王染于孙叔敖、沈尹蒸[13],吴王阖庐染于伍员、文之仪[14],越王句践染于范蠡、大夫种[15]。此五君者所染当,故霸诸侯,功名传于后世。范吉射染于张柳朔、王生[16],中行寅染于黄籍秦、高强[17],吴王夫差染于王孙雄、太宰嚭[18],智伯瑶染于智国、张武[19],中山尚染于魏义、椻长[20],宋康王染于唐鞅、田不禋[21]。此六君者所染不当,故国皆残亡,身或死辱,宗庙不血食[22],绝其后类,君臣离散,民人流亡,举天下之贪暴可羞人必称此六君者。凡为君,非为君而因荣也,非为君而因安也,以为行理也[23]。行理生于当染[24],故古之善为君者,劳于论人而佚于官事[25],得其经也[26]。不能为君者,伤形费神,愁心劳耳目,国愈危,身愈辱,不知要故也。不知要故则所染不当,所染不当,理奚由至?六君者是已。六君者,非不重其国、爱其身也，所染不当也。存亡故不独是也，帝王亦然。

非独国有染也。孔子学于老聃、孟苏夔、靖叔㉗。鲁惠公使宰让请郊庙之礼于天子㉘，桓王使史角往㉙，惠公止之㉚，其后在于鲁，墨子学焉。此二士者，无爵位以显人，无赏禄以利人，举天下之显荣者必称此二士也。皆死久矣，从属弥众，弟子弥丰，充满天下，王公大人从而显之，有爱子弟者随而学焉，无时乏绝。子贡、子夏、曾子学于孔子㉛，田子方学于子贡㉜，段干木学于子夏㉝，吴起学于曾子㉞。禽滑釐学于墨子㉟，许犯学于禽滑釐㊱，田系学于许犯㊲。孔、墨之后学显荣于天下者众矣，不可胜数，皆所染者得当也。

〔**注释**〕 ① 墨子：即墨翟。春秋、战国之际思想家，墨家学派的创始人。鲁国人，作过宋国大夫，死于楚国。 ② 染：这里指“熏陶”、“熏染”的意思。 ③ 许由：古代传说中的高士，字武仲。相传舜想把天下让给许由，许由不接受，隐居于箕山。 伯阳：尧时的贤人，传说为舜七友之一。 ④ 皋陶(yáo)：舜的法官。 伯益：舜臣，与皋陶同族。 ⑤ 汤：商王朝的建立者。亦称天乙、成汤。 伊尹：商汤的大臣，名挚，原是汤妻陪嫁之臣，后辅佐汤灭桀，建立商朝，被尊为阿衡(宰相)。 仲虺(huī)：汤的左相。 ⑥ 武王：周武王，周文王之子，名发。 太公望：姜姓，一说姓吕，名尚，号太公望。辅佐武王灭商，建立周王朝，被封于齐。 周公旦：武王之弟，辅成王，封之于鲁。 ⑦ 桀：相传夏代最后一个君王，暴虐荒淫。 干辛、歧踵戎：夏桀的两个臣子。 ⑧ 纣：商代最末的君主。帝乙之子，名受，号帝辛。 崇侯、恶来：殷纣的两个臣子。 ⑨ 周厉王：穆王四世孙，名胡。 虢(guó)公长父、荣夷终：周厉王的两个卿士。 ⑩ 周幽王：宣王子，名宫涅。死后，西周结束。 虢公鼓、祭公敦：周幽王的两个卿士。 ⑪ 僇(lù)：通“戮”，辱。 ⑫ 晋文公：春秋时晋君，名重耳，献公之子。 咎犯：即狐偃，字子犯，晋卿，因是晋文公的舅父，也称舅犯。 郄(xì)偃：当是“郭偃”，郭偃即卜偃，晋献公时为掌卜大夫。 ⑬ 荆庄王：即楚庄王，楚穆王之子，名旅。 孙叔敖：春秋楚令尹。 沈尹蒸：春秋时楚国大夫。 ⑭ 阖庐：亦作“阖闾”，春秋末年吴国国君。伍员(yún)：吴大夫，名员，字子胥，本楚国人，父兄为楚平王所杀，逃至吴国，后辅佐吴王阖庐击败楚国。 文之仪：吴大夫，名之仪。 ⑮ 句践：春秋时越王。 范蠡：名蠡，字少伯，楚人，别号陶朱公。 大夫种(zhǒng)：越大夫，字少禽，楚人。 ⑯ 范吉射：春秋时晋卿，名吉射，谥昭子。公元前497年，范氏、中行氏联合发难，攻打赵氏，结果反被智氏、赵氏、韩氏、魏氏四家逐出晋国。 张柳朔、王生：范吉射的两个家臣，都死于范氏之难。 ⑰ 中行(háng)寅：晋卿荀寅，谥文子。 黄籍秦、高强：荀寅的两个家臣。 ⑱ 夫差：吴王阖闾子。 王孙雄：吴大夫。 太宰嚭(pǐ)：吴太宰伯嚭。 ⑲ 智伯瑶：名瑶，晋国荀首的后代，又称荀瑶，晋哀公时为执政大臣，谥号襄子。 智国、张武：智氏的两个家臣。他们劝说智伯纠合韩、魏，把赵襄子围在晋阳，结果韩魏赵三家暗地联合，反灭掉智氏。 ⑳ 中山：春秋国名，为魏所灭。 尚：人名，疑是中山最后一个国君中山桓公。 魏义、椻(yàn)长：中山国的两个大夫。 ㉑ 宋康王：战国时期宋国最后一个国君，名偃，以荒淫贪暴著称，诸侯称他“桀宋”，即位四十七年被齐、楚、魏三国所灭。 唐鞅、田不禋(yīn)：宋大夫。 ㉒ 血食：指受祭祀。古代祭祀用牲，故称血食。 ㉓ 行理：实施大道。理，义理。 ㉔ 当染：感染合宜得当。 ㉕ 论：选择。 佚：通“逸”，安闲。 ㉖ 经：道，这里指正确的方法。 ㉗ 孟苏夔、靖叔：当是与孔子同时的两位有道之人。 ㉘ 鲁惠公：鲁孝公之子。 宰让：鲁大夫。 郊：祭天。 庙：祭祖。 天子：指周平王。 ㉙ 史角：名叫角的史官。 ㉚ 止之：把他留了下来。 ㉛ 子贡：姓端木，名赐，字子贡。也作子赣。春秋时卫人，孔子弟子。 子夏：卜商，字子夏。春秋卫人，孔子弟子。 曾子：春秋时鲁南武城人，名参，字子舆。孔子弟子。 ㉜ 田子方：战国时魏国的贤士，魏文侯尊他为师。 ㉝ 段干木：战国时魏国的隐士，很受魏文侯的尊重。 ㉞ 吴起：战国时魏国人，军事家。 ㉟ 禽滑(gǔ)釐：墨子的弟子。或作“禽滑厘”、“禽滑黎”。 ㊱ 许犯：墨家后学弟子。 ㊲ 田系：墨家后学弟子。(费鸿虹)

【鉴赏】 本篇与《墨子·所染》内容几乎相同，应当是吸取墨家思想而为自己所用，阐发治国的道理。一开始就以墨子见给素丝染色这个日常现象出发，引申到舜受到许由、伯阳的熏陶，禹受到皋陶、伯益的熏陶，商汤受到伊尹、仲虺的熏陶，武王受到太公望、周公的熏陶。因为这四位所受到的都是圣贤之人的教育引导，故能够统治天下，造福万民。而夏桀受到干辛、歧踵戎熏染，商纣受到崇侯、恶来的熏染，周厉王受到虢公长父、荣夷终的熏染，周幽王受到虢公鼓、祭公敦的熏染，因为所受教育引导不当而致国破身死，被天下耻笑。下文再举春秋以来所染当与所染不当的例子，从正反两个方面说明，一个人与他所处的外在环境，所接受的教育不同而不同的道理。对此王充在《论衡·率性》篇中说："夫人之性犹蓬纱也，在所渐染而善恶变也。"

这个道理在中国古代有着普遍的认识。《荀子·劝学》即说："蓬生麻中，不抚自直。白沙在涅，与之俱黑。"还有"孟母三迁"的故事，说的都是外在环境对人的决定性作用。这种观点与西方近代环境决定论有诸多相似之处。

不可否认，环境决定论关注人的成长与环境调教之间的关系，关注后天教养内容和教育方法以及这些环境因素在人才成长与发展中的重要作用。但是这种完全把人所受到的教育归之于环境的看法是不全面的。像齐桓公、晋文公、楚庄王等春秋五位霸主，不仅善于向贤人学习，还有他们自身的素质，他们本人主动性、能动性和创造性是不能否定的。这也是环境决定论的最大失误。美国儿童心理学家霍尔说过："一两的遗传胜过一吨教育。"强调个体的发展不可忽视遗传的作用。高尔顿曾在《天才的遗传》一书中写道："一个人的能力乃由遗传得来，其受遗传的程度如同机体的形态和组织之受遗传决定一样。"由此，他得出名人家族中出名人的比率大大超过一般人，从而认为这就是能力受遗传决定的证据。但是，从古代帝王的世系来看，遗传的作用也不能过分夸大。决定着个体的发展，内因与外因应该并重，遗传与环境互相作用和影响，共同决定着个体的发展，对于不同的心理因素，它们所起作用的比例是不同。他们提醒我们不要过多地去考虑遗传和环境的对立，而应更多地去考虑二者是如何交织在一起促进个体的发展变化的。这是学习鉴赏这一篇必须指出的。

当然，本篇所言不仅在于强调一国之君该如何选择环境，学习提高自身素质。本篇的后半部分道出了本文的目的：为君者应"劳于论人而佚于官事"。《吕氏春秋》主张"君道圆，臣道方"，也就是说作为一国之君，主要责任是善于运用手中的权杖管理好官员，而不去处理具体的事务。在这个思想指导下，国君治理国家应选择贤人作为"染"的对象，一方面让自己接受贤人的教育，使自己变成贤君；另一方面，也利用贤人来治理国家，使国家得到根本的治理，百姓平安幸福。这是吕不韦吸取墨子思想而为自己所用的用心所在。

（许富宏）

功 名

由其道[①]，功名之不可得逃，犹表之与影[②]，若呼之与响[③]。善钓者，出鱼乎十仞之下，饵香也；善弋者[④]，下鸟乎百仞之上，弓良也；善为君者，蛮夷反舌殊俗异习皆服之[⑤]，德厚也。水泉深则鱼鳖归之，树木盛则飞鸟归之，庶草茂则禽兽归之，人主贤则豪杰归之。故圣王不务归之者[⑥]，而务其所以归[⑦]。

强令之笑不乐[⑧]，强令之哭不悲。强令之为道也，可以成小而不可以成大。

缶醯黄[⑨]，蜹聚之[⑩]，有酸，徒水则必不可[⑪]。以狸致鼠[⑫]，以冰致蝇，虽工不能[⑬]。以茹鱼去蝇[⑭]，蝇愈至，不可禁，以致之之道去之也。桀、纣以去之之道致之也，罚虽重，刑虽严，何益！

大寒既至，民暖是利；大热在上，民清是走。是故民无常处，见利之聚，无之去。欲为天子，民之所走，不可不察。今之世，至寒矣，至热矣，而民无走者[⑮]，取则行钧也[⑯]。欲为天子，所以示民，不可不异也。行不异，乱虽信今，民犹无走。民无走，则王者废矣，暴君幸矣，民绝望矣。故当今之世，有仁人在焉，不可而不此务[⑰]；有贤主，不可而不此事[⑱]。

贤不肖不可以不相分，若命之不可易，若美恶之不可移。

桀、纣贵为天子，富有天下，能尽害天下之民，而不能得贤名之。关龙逢、王子比干能以要领之死争其上之过[19]，而不能与之贤名。名固不可以相分，必由其理。

〔注释〕 ① 由：遵循。 ② 犹表之与影：就像日影无法摆脱测日影用的标竿。表，古代测日影、定时刻所立的标竿。 ③ 响：回声。 ④ 弋：射猎。 ⑤ 蛮夷：古代南方民族称蛮，东方民族称夷。这里泛指华夏之外的四方各族。 反舌：指四方各族语音与华夏不同。 ⑥ 务：勉力从事。 ⑦ 所以归：使……归附的条件。 ⑧ 强(qiǎng)令：强硬命令。 ⑨ 缶：瓦器。圆腹，小口，有盖，用以汲水或盛水。 醯(xī)：醋。⑩ 蜹(ruì)：同“蚋”，蚊类。 ⑪ 徒：只，仅仅。 ⑫ 狸：这里指猫。 致：招引。⑬ 工：精巧。 ⑭ 茹鱼：臭鱼。 ⑮ 走：奔向。 ⑯ 取则行钧也：天下君主所作所为都是一样的坏啊。钧，通“均”。 ⑰ 不此务：即不务此，不勉力从事这件事。 ⑱ 不此事：即不事此，不致力这件事。 ⑲ 关龙逢(péng)：夏桀之臣。传说夏桀暴虐无道，关龙逢极力劝谏，被桀所杀。 王子比干：殷纣的叔伯父(一说纣的庶兄)。传说纣荒淫暴虐，比干犯颜强谏，被纣剖心而死。 要：古“腰”字。 领：脖子。 争(zhèng)：诤谏。(费鸿虹)

【鉴赏】 《吕氏春秋》是吕不韦聚集门客编撰而成的。吕不韦聚集门客的时候，已经是秦国的相国，封为文信侯，而此时秦王嬴政尚未成年，可谓大权在握。与其他诸子著述不同，吕不韦是以统治者的姿态来编撰此书的，所以其立足点是站在如何为君、如何治理国家之上的。故为君之道，是《吕氏春秋》中反复论述的一个话题。本篇又名“由道”，其主旨即在论述为君之道。从内容上看，主要分为三个方面：

首先，君主个人须具有良好的德行，以自己的恩德来使人心归服。“善为君者，蛮夷反舌殊俗异习皆服之，德厚也”，“人主贤，则豪杰归之”，只有人君德行深厚，广大人民才能被感化而心服，豪杰才会归顺。《论语·颜渊》说：“君子之德风，小人之德草，草上之风必偃。”这个比喻很形象地说明了为君者修德的重要性。《六韬·文韬·盈虚》说：“君不肖，则国危而民乱；君贤圣，则国安而民治。祸福在君，不在天时。”其意是说：君主不贤则国家危亡而人民变乱；君主贤明则国家太平而人民安定。所以国家祸福在于君主贤与不贤，而不在于天命的变化。《六韬》虽托名为姜太公，但其年代不晚于战国中晚期则是可以肯定的，这一思想与《吕氏春秋》是十分接近的，可见《吕氏春秋》的这种思想是当时社会较为普遍的看法。黄宗羲《明夷待访录・原君》在说为君之道难时说：“不以一己之利为利，而使天下受其利；不以一己之害为害，而使天下释其害；此其人之勤劳必千万于天下之人。夫以千万倍之勤劳，而己又不享其利，必非天下之人情所欲居也。”为君有德，必然勤劳辛苦而无所得，所以许由、子州支父等人采用隐居逃避的手段，不愿为人君。这一点比马基雅维利的为君之道论要高明得多。他在《君主论》中说：“必须理解，一位君主，尤其是一位新君主，不能够实践那些被认为是好人应作的所有事情，因为他要保持国家，常常不得不背信弃义，不讲仁慈、悖乎人道，违反神道。”这种为君可以不择手段的“君术”理论，对当代的统治者产生了深远的影响。反观《功名》篇，主张为君之道要崇尚德行，可见古代中国人的智慧。

其次，要善于察觉一个时期里面老百姓的需求，知悉人民大众的利益所在。“民无常处，见利之聚。无之，去”，老百姓到哪个地方主要是那个地方有利可图，如果无利可图，那么他们就会离开。因此，作为一国之君主，“欲为天子，民之所走，不可不察”，一定要了解老百姓的需求，关心百姓的利益诉求。《论语・尧曰》说：“所重：民、食、丧、祭。宽则得众，信则民任焉，敏则有功，公则说。”也就是说，统治者重视的是老百姓的日常生活需求。《论语・颜渊》篇记载，鲁哀公曾问道于孔子的弟子有若：“年饥，用不足，如之何？”有若答道：“百姓足，君孰与不足？百姓不足，君孰与足？”有若的回答实际上秉承了孔子所提倡的尊重民众切身利益的思想。在实行统治中，重视“民”的利益，而不是“君”的利益；在发展经济中，以“民”富为中心，使“民”安居乐业。在此基础之上，维护“君”的利益，富足“君”的天下。《六韬・文韬・国务》指出：“为国之大务，爱民而已”。“爱民奈何？利而无害，成而无败，生而无杀，与而无夺，乐而无苦，喜而无怒。”要给予人民利益而不要损害他们,要促进人民生产而不要破坏他们,要保护人民的生命而不要杀害他们,要给予人民实惠而不要掠夺他们,要使人民安乐而不使他们痛苦,要使人民喜悦而不使他们愤怒。只有切实维护老百姓的利益,君主才能得到民众的拥护,国家才能治理得好,君主的名声亦才能得到传扬。本篇篇名曰“功名”,为民办实事才可谓功啊!

最后,尊重民意。除了知悉民众的利益所在之外,作为君主,为君之道最根本的还是要尊重民意。人民喜好的、向往的东西你就努力给予他;人民厌恶的,反对的东西你就千万别给予他,强加于他。本篇在这里说道:“强令之笑不乐,强令之哭不悲。强令之为道也,可以成小而不可以成大。”强制出来的笑不快乐,强制出来的哭不悲哀,强制命令的做法,只可以成就虚名,而不能成就大业。如果违背民众的意愿,像桀、纣那样,“罚虽重,刑虽严,何益”。尊重民意,在《吕氏春秋》其他篇章中也有论述。如《顺民》篇说:“先王先顺民心。”又说“凡举事必先审民心然后可举”,都可与本篇相印证。可见尊重民意的确是作为君主必须高度重视的问题。

尊重民意,是中国古代的民本思想的体现。中国古代统治者很早就有“爱民”、“重民”、“尊民”、“亲民”的意识。“夏后帝启崩,子帝太康立。帝太康失国,昆弟五人,须于洛汭,作《五子之歌》。”(《史记·夏本纪》)其中有“民可近,不可下;民惟邦本,本固邦宁”(《尚书·五子之歌》)的见解,这当是现存的我国古代关于民本思想的最早记载。殷代有识见的统治者即已提出必须“重我民,无尽刘”,即敬爱民众,奉承民意,不要随意伤害民众。据《尚书·盘庚》记载,商王“视民利用迁”,根据民众的需求而迁都。周武王克殷,访于箕子,请教治国之道,《尚书·洪范》篇即为箕子向武王陈述之治国大法。文中陈述了九种治国方略,一再提到对“庶民”利益的关注和重视:“凡厥庶民,有猷有为有守,汝则念之;不协于极,不罹于咎,皇则受之。”所有的庶民,只要有计谋,有作为,有操守,你就要关心他们。如果有人不符合法则,但还没有陷入犯罪,你就要容纳他们。自夏、商、周以来,尊重民意,为民谋利,一直是为君之道的题中之义,这一点被吕不韦所继承。但是,就吕不韦当政时期的所作所为来看,吕不韦并没有按照这里所说的为君之道去做。他率兵继续了秦国统一六国的传统，并亲自灭掉了卫国，吞并了大量的土地，违背被攻占国家的民意，与书中所言是极其矛盾的。

由此可以看出，本篇所论的为君之道，是相对于统治者而言的，是站在统治者立场的，其本质是为了维护统治阶级的统治地位服务的，其价值取向是君本位而非民本位，是虚伪的。这一点与孟子完全站在民众的立场是不可同日而语的。当然，如果真正按照这样的为君之道去治理国家，在集权制度不可更改的情况下，是可以缓和各阶层矛盾的，人民的利益在一定程度上也能够得到保障，其积极性也不应否定。

（许富宏）

季春纪第三

尽 数

天生阴阳寒暑燥湿，四时之化，万物之变，莫不为利，莫不为害。圣人察阴阳之宜，辨万物之利以便生[①]，故精神安乎形，而年寿得长焉。长也者，非短而续之也，毕其数也[②]。毕数之务[③]，在乎去害[④]。何谓去害？大甘[⑤]、大酸、大苦、大辛、大咸，五者充形则生害矣。大喜、大怒、大忧、大恐、大哀，五者接神则生害矣。大寒、大热、大燥、大湿、大风、大霖、大雾，七者动精则生害矣。故凡养生，莫若知本，知本则疾无由至矣。

精气之集也[⑥]，必有入也[⑦]。集于羽鸟与为飞扬[⑧]，集于走兽与为流行[⑨]，集于珠玉与为精朗[⑩]，集于树木与为茂长，集于圣人与为敻明[⑪]。精气之来也，因轻而扬之[⑫]，因走而行之，因美而良之，因长而养之，因智而明之。

流水不腐，户枢不蝼，动也[13]。形气亦然，形不动则精不流，精不流则气郁。郁处头则为肿为风[14]，处耳则为挶为聋[15]，处目则为䁾为盲[16]，处鼻则为鼽为窒[17]，处腹则为张为疛[18]，处足则为痿为蹶。

轻水所多秃与瘿人[19]，重水所多尰与躄人[20]，甘水所多好与美人[21]，辛水所多疽与痤人[22]，苦水所多尪与伛人[23]。

凡食无强厚，味无以烈味重酒，是以谓之疾首[24]。食能以时，身必无灾。凡食之道，无饥无饱，是之谓五藏之葆。口必甘味，和精端容，将之以神气。百节虞欢[25]，咸进受气[26]。饮必小咽，端直无戾[27]。

今世上卜筮祷祠[28]，故疾病愈来。譬之若射者，射而不中，反修于招，何益于中？夫以汤止沸，沸愈不止，去其火则止矣。故巫医毒药[29]，逐除治之，故古之人贱之也，为其末也。

〔**注释**〕 ① 便生：给生命带来好处。便，利。 ② 毕其数：(使寿命)终其天年。毕，尽。数，寿数，人的自然寿命。 ③ 务：要务。 ④ 去：避开。 ⑤ 大：指过分，超过正常限度。 ⑥ 精气：指形成万物的阴阳元气。 ⑦ 入：这里指所入之形。⑧ 与：等于说“因”，凭借。 ⑨ 流：流动，这里引申为行走。 ⑩ 精朗：据下文当作“精良”。 ⑪ 夐(xiòng)明：聪明睿智。夐，远。 ⑫ 因：依。 轻：指轻盈的形体，即上文的“羽鸟”之类。 扬：使……飞翔。 ⑬ 流水不腐，户枢不蝼(lóu)，动也：流动的水不会腐恶发臭，转动的门轴不会生虫朽烂，这是由于不断运动的缘故。户枢，门上的转轴。蝼，蝼蛄，这里指生虫蛀蚀。 ⑭ 肿：指头肿。 风：指面肿。 ⑮ 挶(jú)：耳病。 ⑯ 䁾(miè)：眼眶红肿。 ⑰ 鼽(qiú)：窒，指鼻道堵塞不通。 ⑱ 张、疛(zhǒu)：都是腹部疾病。张，腹部胀满。疛，小腹疼痛。 ⑲ 轻水：含盐分及其他矿物质过少的水。 所：处所，地方。 瘿(yǐng)：颈部生囊状瘤。 ⑳ 重水：含盐分及其他矿物质过多的水。 尰(zhǒng)：脚肿。 躄(bì)：不能行走。 ㉑ 好、美：这里都指身体健美。 ㉒ 辛水：水味辛辣。 疽(jū)：结成块状的毒疮。浅薄者为痈(yōng)，深厚者为疽。 痤(cuó)：痈。 ㉓ 尪(wāng)：骨骼弯曲症。胫、背、胸骨骼弯曲都称“尪”。 伛(yú)：脊背弯曲。 ㉔ 疾首：导致疾病的开端。 ㉕ 百节：指周身关节。 虞：娱，舒适。 ㉖ 咸：都。 受气：受到精气的滋养。 ㉗ 戾：乖戾。这里是扭转的意思。 ㉘ 上：尚，崇尚。 ㉙ 毒药：这里指治病的药物。其味多苦辛，故称毒药。(费鸿虹)

【鉴赏】 这是一篇阐述“精气”理论的专篇。“精气”是什么？这是一个抽象的难以理解的概念。为了让人们容易理解，篇章一开头，从日常生活中人们比较关心的养生说起，通过对日常事物或事理的观察，娓娓道来，认为保全性命的关键在于让一个人尽可能活到他应该活到的岁数，这也是本篇篇名“尽数”的来源。一个人能否活到他应该活到的岁数，关键在于避开危害。这个危害就是大寒、大热、大燥、大湿、大风、大霖、大雾等造成的对人的“精气”的损害。这样就自然而然地提出了本篇所要论述的中心“精气”说。文中提出“凡养生，莫若知本”的观点，这个“本”就是精气。

精气既然是养生之本，那么，首要的问题是：精气是什么呢？“精气之集也，必有入也。集于羽鸟与为飞扬，集于走兽与为流行，集于珠玉与为精朗，集于树木与为茂长，集于圣人与为夐明。精气之来也，因轻而扬之，因走而行之，因美而良之，因长而养之，因智而明之。”精，本义是细米，引申为一切细微的东西。《老子》第二十一章说：“道之为物，惟恍惟惚，惚兮恍兮，其中有象；恍兮惚兮，其中有物。窈兮冥兮，其中有精。其精甚真，其中有信。”这里的“精”，是一种极其细微的东西。《庄子·秋水》说：“夫精，小之微也。”精，就是细微，它是属于有质和有形的东西。老庄那里，精就是细微的物质存在。

老子的思想被稷下道家继承并发展，在稷下道家那里，“精”被“精气”取代。《管子·内业》说：“精也者，气之精者也。”按照《管子》的说法，“精”是气中精微的部分，“精气”即藏于宇宙万物中一种精微的物质。《管子·内业》篇说:“凡物之精,此则为生。下生五谷,上为列星。流于天地之间,谓之鬼神;藏于胸中,谓之圣人。”精气不仅是精微的物质,而且是世界的本原,精气决定了大千世界万事万物的本性。这是《吕氏春秋》“精气”说的来源。但是本篇所论的“精气”与稷下道家“精气论”还是有着细微的区别。精气聚集,鸟就会飞,兽就会跑,珍珠就会明亮,玉石就会光润,树木就能开花结果,圣人就能聪明睿智。这也就是说,“精气”使得一个物体之所以是这个物体而不是别的物体的最本质的东西,是物之“性”。

《吕氏春秋》对“精气”的阐述主要是针对人的养生来说的。就人体来说,精气是构成人体和维持生命活动的精微物质,也是人体生长发育及各种功能活动的物质基础。《管子·内业》说:“人之所失以死,所得以生也。”人失去精气便死,获得精气便生。《黄帝内经·素问·金匮真言论》中说:“夫精者,生之本也。”东汉王充说:“人之所以生者,精气也。”(《论衡·论死》)说的都是精气对于人的生命的极端重要性。

其次,精气畅通是人的身体健康的根本保证。《吕氏春秋·达郁》篇说:“凡人三百六十节,九窍五脏六腑。肌肤欲其比也,血脉欲其通也,筋骨欲其固也,心志欲其和也,精气欲其行也,若此则病无所居而恶无由生矣。”人的九窍五脏六腑依靠血脉而通,精气之行血脉才通,所以精气畅通是人身体健康的根本保证。《管子·内业》说:“气道乃生。”道,即导。意思是,精气在身体中顺畅通达了,人才有生命。《管子·内业》说:“精存自生,其外安荣,内藏以为泉原,浩然和平,以为气渊。渊之不涸,四体乃固;泉之不竭,九窍遂通。”这就是说,精气存于心中则身体健康、肌肤丰满、四肢强壮、九窍通达。养生,就是要让精气流动起来。“流水不腐,户枢不蝼,动也。形气亦然,形不动则精不流,精不流则气郁”,精气郁积,人体的血脉就不会畅通,人就会生病。所以本篇说:“形不动则精不流,精不流则气郁。郁处头则为肿为风,处耳则为挶为聋,处目则为𥌒为盲,处鼻则为鼽为窒,处腹则为张为疛,处足则为痿为蹷。”形体不运动,那么精气就运转不畅,进而容易引起气郁。如果郁积在头部,就表现为头肿,面肿;如果郁积在耳部，就表现为耳疾，听不到声音；如果郁积在眼部，就表现为眼眶红肿，看不见东西；如果郁积在鼻部，就表现为鼻子不通；如果郁积在腹部，就表现为腹部胀满，小腹疼痛；如果郁积在足部，就表现为走路不稳，足部酸痛。所以，人必须要运动，以保证人体内的精气畅通。

最后，说如何保养精气。在养生理论中，根据来源、功能和作用，精又可分为"先天精"与"后天精"。其中"先天精"又叫"元精"，是人生长发育的基础。《黄帝内经・灵枢・经脉》："人始生，先成精。"指的就是"先天之精"。"后天精"又称"脏腑之精"，主要来源于后天五谷饮食之营养，通过肺的呼吸，脾胃的消化和肠的吸收，从而将营养物质的精微部分转化到人的各个脏体。人的身体健康，与所饮用的水有关，与所吃的食品也有关。"轻水所多秃与瘿人，重水所多尰与躄人，甘水所多好与美人，辛水所多疽与痤人，苦水所多尪与伛人"，水中含盐分和矿物质过少的地方，多有头上无发和脖子上生瘤子的人，水中含盐分和矿物质过多的地方，多有脚上浮肿以致颠簸不能正常走路的人，水味甜美的地方，多有美丽健康的人，水味辛辣的地方，多有身上长疮和痈疽的人，水味苦涩的地方，多有患鸡胸和驼背的人。所以人要选择饮用合适的水，吃可口的饭菜，保持不饥不饱的状态，让五脏保持安适的状态，精气才能得到滋养。如果不注意饮食的节制，反而动不动就去求医问卜，这就像"以汤止沸，沸愈不止"，是不能得到健康的。只有"食无强厚味"，"饮必小咽"，让形体端直、骨肉不受损伤、血液通畅，"尽数"才有可能。

（许富宏）

先　己

汤问于伊尹曰："欲取天下①，若何？"伊尹对曰："欲取天下，天下不可取。可取，身将先取。"凡事之本，必先治身，啬其大宝[②]。用其新，弃其陈，腠理遂通，精气日新，邪气尽去，及其天年，此之谓真人。

昔者，先圣王成其身而天下成，治其身而天下治。故善响者不于响于声[③]，善影者不于影于形，为天下者不于天下于身。《诗》曰："淑人君子[④]，其仪不忒[⑤]。其仪不忒，正是四国[⑥]。"言正诸身也[⑦]。故反其道而身善矣[⑧]；行义则人善矣；乐备君道[⑨]，而百官已治矣，万民已利矣。三者之成也，在于无为[⑩]。无为之道曰胜天[⑪]，义曰利身，君曰勿身[⑫]。勿身督听，利身平静，胜天顺性。顺性则聪明寿长，平静则业进乐乡[⑬]，督听则奸塞不皇[⑭]。故上失其道则边侵于敌，内失其行，名声堕于外。是故百仞之松，本伤于下而末槁于上[⑮]。商、周之国，谋失于胸，令困于彼[⑯]。故心得而听得，听得而事得，事得而功名得。五帝先道而后德，故德莫盛焉；三王先教而后杀，故事莫功焉；五伯先事而后兵，故兵莫强焉。当今之世，巧谋并行、诈术递用[⑰]，攻战不休，亡国辱主愈众，所事者末也。

夏后相与有扈战于甘泽而不胜[⑱]，六卿请复之[⑲]，夏后相曰："不可。吾地不浅[⑳]，吾民不寡，战而不胜，是吾德薄而教不善也。"于是乎处不重席[㉑]，食不贰味[㉒]，琴瑟不张，钟鼓不修，子女不饬[㉓]，亲亲长长[㉔]，尊贤使能，期年而有扈氏服[㉕]。故欲胜人者必先自胜，欲论人者必先自论，欲知人者必先自知。

《诗》曰："执辔如组[㉖]。"孔子曰："审此言也可以为天下。"子贡曰："何其躁也？[㉗]"孔子曰："非谓其躁也，谓其为之于此而成文于彼也。[㉘]"圣人组修其身，而成文于天下矣，故子华子曰："丘陵成而穴者安矣[29]，大水深渊成而鱼鳖安矣，松柏成而涂之人已荫矣[30]。"

孔子见鲁哀公，哀公曰："有语寡人曰[31]：'为国家者，为之堂上而已矣。'寡人以为迂言也[32]。"孔子曰："此非迂言也。丘闻之，得之于身者得之人[33]，失之于身者失之人。不出于门户而天下治者，其惟知反于己身者乎[34]！"

〔注释〕 ① 取：治理。 ② 啬：爱惜。 大宝：指上句的"身"。 ③ 善响者不于响于声：善于发出回声的人不致力于改善回声，而在于改善产生回声的声音。响，回声。 ④ 淑人：善良的人。 ⑤ 仪：仪容。 忒(tè)：差错。 ⑥ 正是四国：这是给四方各国作出榜样。正，使……正。 ⑦ 言正诸身也：这说的正是端正修养自身啊。 ⑧ 反：返回。 ⑨ 备：读"服"，实施。 ⑩ 无为：道家提倡的处世原则，即顺应自然，不妄为。 ⑪ 胜天：听凭天道，任其自然。胜，听凭。 ⑫ 义曰利身，君曰勿身：此二句承上句省，应为"无为之义曰利身，无为之君曰勿身"。勿身，指凡事不亲自去做。 ⑬ 乡：通"向"，趋向。 ⑭ 皇：通"惶"，惶惑。 ⑮ 槁：枯干。 ⑯ 令：政令。 困：窘困。 彼：指外。 ⑰ 递：更迭，一个接一个。 ⑱ 夏后相：当是"夏后启"之讹。启，禹的儿子，姒(sì)姓。相传禹提名伯益作继承人，禹死后，伯益推让，隐居箕山，启于是继承王位，在位九年。一说启杀伯益自立。后，君。 有扈：即下文有扈氏，古国名，故址在今陕西省户县北。 甘泽：古地名。 ⑲ 六卿：天子设六军，六军的主将称六卿。 ⑳ 浅：狭，窄小。 ㉑ 处：居处。 重(chóng)席：两层席。 ㉒ 贰味：重(chóng)味，多种菜肴。 ㉓ 饬：通"饰"，修饰打扮。 ㉔ 亲亲长长：前一个"亲"是亲近的意思，前一个"长"是敬爱的意思。 ㉕ 期(jī)年：一年。 ㉖ 执辔(pèi)如组：见《诗·郑风·大叔于田》，意为手执缰绳驭马如同编织花纹一样。辔，驾驭牲口的缰绳。组，编织。 ㉗ 何其躁也：照此治理天下未免太急躁了！子贡认为这句诗的意思是说执辔动作像编织花纹一样，手不能停。躁，急躁不安。 ㉘ 其为之于此，而成文于彼也：丝线在手中编织，而花纹却在手外成形。 ㉙ 穴者：指穴居的动物。 ㉚ 涂之人：行路人。 涂，通"途"。 荫：树荫。这里指待在树荫下休息。 ㉛ 语(yù)：告诉。 ㉜ 迂：迂远，不切实际。 ㉝ 得之于身者得之人：在自身有所得的人在别人那里也会有所得。 ㉞ 其惟知反于己身者乎：这恐怕只有懂得自身修养的国君才能做到吧！(费鸿虹)

【鉴赏】 据《列子·说符》载，一次楚庄王问詹何说："怎样才能把国家治理好呢?"詹何垂首回答说："下臣只懂得如何治理自身，不懂得如何治理国家。"庄王诚恳地说："我继承了君位，希望向先生求教奉守宗庙社稷的道理。"詹何回答说："下臣未曾听说有君王自身治理好了而国家却很混乱的，也未曾听说君王自身胡乱行事国家却治理得好的。所以，依下臣之见，治国的根本在于自身，下臣不敢拿枝节问题来回答。"庄王赞许说："很有道理!"这个故事的真实性已经无法考证，但是列子在这里借詹何之口所说的道理却是很深刻的。这个道理就是作为一国之君，治理国家必须从自身做起。本篇所论即此。

首先，论为君之道在于治身。本篇一开头，就描述了商汤与伊尹的对话，汤问伊尹："欲取天下，若何?"伊尹对曰："欲取天下，天下不可取。可取，身将先取。"这段对话揭示了治理天下的根本在于治身。开宗明义，点出主题。为了证明这个主题，作者从一般的现象说起，"凡事之本，必先治身"，治身是处理一切事务的根本。既然如此，像治理天下这样的大事，更要依靠国君个人的治身才能达到。所以说："昔者，先圣王成其身而天下成，治其身而天下治。"古代的圣王都是因为先提高强化自身的修养，然后才治理好天下的。

治身，就是国君先要求自己把该做的事情做好。这种观念是先秦时期的一种普遍的观念，儒家最为强调这一点。《春秋繁露·仁义法》载："孔子谓冉子曰：'治民者，先富之而后加教。'语樊迟曰：'治身者，先难后获。'以此之谓治身与治民，所先后者不同矣。"孔子是把国君的治身视在前，治民视在后。为什么先己后人呢?《论语·子路》引孔子的话说："其身正，不令而行；其身不正，虽令不从。"又说："苟正其身矣，于从政乎何有? 不能正其身，如正人何?"孔子的思想多被其弟子继承，形成儒家"修齐治平"的思想。《大学》说："古之欲明明德于天下者，先治其国；欲治其国者，先齐其家；欲齐其家者，先修其身；欲修其身者，先正其心……心正而后身修，身修而后家齐，家齐而后国治，国治而后天下平。自天子以至于庶人，壹是皆以修身为本。"其实不仅是儒家，带有浓厚法家色彩的《管子》，也是这样看的。在《中匡》中齐桓公问管仲：国君怎样才能建立人民爱戴、邻国亲睦、天下信任的威信？管仲回答说：“始于为身，中于为国，成于天下。”治身为首位，其次才是治国，最终才治天下。这与本篇“欲胜人者必先自胜，欲论人者必先自论，欲知人者必先自知”的看法是一致的。

对于古人为什么总是把治身放在治国治民之前，许多人也曾苦苦思考这个问题。孟子找到了人性的依据，认为人的本性是善的，只要推广“一念之本心”，天下就能得到治理了。晋朝葛洪也对此作了深入的分析，他在《抱朴子内篇·地真》里说：“一人之身，一国之象也。胸腹之位，犹宫室也；四肢之列，犹郊境也；骨节之分，犹百官也。神犹君也，血犹臣也，气犹民也。故知治身则能治国也。夫爱其民所以安其国，养其气所以全其身。民散则国亡，气竭则身死。死者不可生也，亡者不可存也。”这是说，国家就像我们人的身体，“故知治身则能治国也”。把一个国家等同于一个人，这种看法不能不说是大胆。倒是苏绰在《六条诏书》中的说法，比较通达。他说：“凡人君之身者，乃百姓之表，一国之的也。表不正，不可求直影；的不明，不可责射中。今君身不能自治，而望治百姓，是犹曲表而求直影也；君行不能自修，而欲百姓修行者，是犹无的而责射中也。”作为人君的自身，实际上是百姓的表率，一个国家的榜样。如果国君连自身都不能治好，还想治好百姓，就像没有靶的而射箭一样！这种通俗比喻的说法，比葛洪的类比论证更容易让人接受。这些都有助于我们进一步理解本篇的主张。

其次，治身的方法在于“无为”。与儒家强调修身不同，《吕氏春秋》中的治身吸收的是道家的思想，即无为。无为就是顺应自然，不求有所作为。这样自然就能得到“百官已治”、“万民已利”。《老子》第三十七章说：“道常无为而无不为。”林希逸《老子口义》：“无为无不为，自然而然也。”无为，就是自然而然。《老子》第四十八章又说：“取天下常以无事，及其有事，不足以取天下。”治理国家要常清净不扰民，如果政事繁杂，就不配治理国家了。所以河上公注曰：“取天下常以无事，不当烦劳也。及好有事，则政教烦，民不安，故不足以治天下也。”河上公的注是契合老子本意的。

无为，即不妄为，顺应自然。《庄子·天道》："夫帝王之德，以天地为宗，以道德为主，以无为为常。无为也，则用天下而有余；有为也，则为天下用而不足。故古之人贵夫无为也。""无为"才能使天下有余而富足。这种思想被《吕氏春秋》所继承。《吕氏春秋》"十二纪"纪首这一篇，也主要是根据"春生、夏长、秋收、冬藏"来安排的，体现的就是顺应天道的思想。结合"十二纪"纪首来看，本篇所主张的治身方法在于"无为"，其实质就是要求国君顺应四时节令、尊重自然规律，不违背天意而为。这实际上也是对"治身"的要求。

上文已经说到《功名》篇的主旨也是论为君之道，要求君主个人须具有良好的德行，以自己的恩德来使人心归服；要善于察觉一个时期里面老百姓的需求，知悉人民大众的利益所在；同时提出为君之道最根本的还是要尊重民意，对人民喜好的、向往的东西你就努力给予他，而人民反对的东西，不能强加于他。本篇继续这个主题，但侧重点不同，亦由此可见为君之道在《吕氏春秋》中的地位。

（许富宏）

孟夏纪第四

尊　师

神农师悉诸[①]，黄帝师大挠[②]，帝颛顼师伯夷父[③]，帝喾师伯招[④]，帝尧师子州支父，帝舜师许由，禹师大成贽[⑤]，汤师小臣[⑥]，文王、武王师吕望[⑦]、周公旦，齐桓公师管夷吾，晋文公师咎犯、随会[⑧]，秦穆公师百里奚、公孙枝[⑨]，楚庄王师孙叔敖、沈尹巫[⑩]，吴王阖闾师伍子胥、文之仪，越王句践师范蠡、大夫种。此十圣人、六贤者未有不尊师者也。今尊不至于帝，智不至于圣，而欲无尊师，奚由至哉？此五帝之所以绝，三代之所以灭。

且天生人也，而使其耳可以闻，不学，其闻不若聋；使其目可以见，不学，其见不若盲；使其口可以言，不学，其言不若爽[11]；使其心可以知，不学，其知不若狂。故凡学，非能益也[12]，达天性也。能全天之所生而勿败之，是谓善学。子张[13]，鲁之鄙家也[14]；颜涿聚[15]，梁父之大盗也，学于孔子。段干木[16]，晋国之大驵也[17]，学于子夏。高何、县子石[18]，齐国之暴者也，指于乡曲[19]，学于子墨子。索卢参[20]，东方之钜狡也[21]，学于禽滑黎。此六人者，刑戮死辱之人也，今非徒免于刑戮死辱也，由此为天下名士显人，以终其寿，王公大人从而礼之，此得之于学也。

凡学，必务进业，心则无营[22]，疾讽诵[23]，谨司闻[24]；观欢愉，问书意；顺耳目，不逆志[25]；退思虑[26]，求所谓[27]；时辨说[28]，以论道；不苟辨，必中法[29]；得之无矜[30]，失之无惭，必反其本。

生则谨养，谨养之道，养心为贵[31]；死则敬祭，敬祭之术，时节为务[32]，此所以尊师也。治唐圃[33]，疾灌寖[34]，务种树[35]；织葩屦[36]，结罝网[37]，捆蒲苇；之田野，力耕耘，事五谷；如山林，入川泽，取鱼鳖，求鸟兽，此所以尊师也。视舆马，慎驾御；适衣服，务轻暖；临饮食，必蠲洁[38]；善调和[39]，务甘肥；必恭敬；和颜色[40]，审辞令；疾趋翔[41]，必严肃，此所以尊师也。

君子之学也，说义必称师以论道，听从必尽力以光明。听从不尽力，命之曰背；说义不称师，命之曰叛；背叛之人，贤主弗内之于朝[42]，君子不与交友。故教也者，义之大者也；学也者，知之盛者也[43]。义之大者，莫大于利人，利人莫大于教。知之盛者，莫大于成身，成身莫大于学。身成，则为人子弗使而孝矣，为人臣弗令而忠矣，为人君弗强而平矣[44]，有大势可以为天下正矣。故子贡问孔子曰："后世将何以称夫子？"孔子曰："吾何足以称哉！勿已者[45]，则好学而不厌，好教而不倦，其惟此邪？"天子入太学，祭先圣[46]，则齿尝为师者弗臣[47]，所以见敬学与尊师也。

〔注释〕 ① 师：以……为师。 悉诸：姓悉，名诸，传说为神农之师。 ② 大挠：传说为黄帝史官，创造了以天干地支相配纪日的方法。 ③ 颛顼（zhuān xū）：传说中的古帝名，号高阳氏。 伯夷父（fǔ）：传说为颛顼之师，又称伯夷。父，古代对男子的敬称。④ 喾（kù）：传说中的古帝名，号高辛氏。 伯招：传说为帝喾之师。 ⑤ 大成贽（zhì）：传说为禹的老师。 ⑥ 小臣：指伊尹，商王朝的开国功臣。 ⑦ 吕望：即姜太公，号太公望。 ⑧ 随会：即士会，字季，晋大夫，又称随季或范季，死后称随武子、范武子。⑨ 秦穆公：嬴姓，名任好。成公弟，一说为春秋五霸之一。 百里奚：姓百里，名奚，秦大夫。 公孙枝：姓公孙，名枝，字子桑，秦大夫。 ⑩ 沈尹巫：春秋时楚国大夫。⑪ 爽：不能言。 ⑫ 益：增加。 ⑬ 子张：姓颛孙，名师，字子张，孔子的弟子。⑭ 鄙：鄙陋。 ⑮ 颜涿聚：名庚，字涿聚，春秋齐大夫。 ⑯ 段干木：战国初魏国的贤士，隐居不仕。 ⑰ 驵（zǎng）：牲畜交易的经纪人，古时集市贸易中为买卖双方撮合从中取得佣金的人。 ⑱ 高何、县子石：战国时人，墨子的弟子。 ⑲ 指：指斥。 乡曲：乡里。 ⑳ 索卢参：复姓索卢，名参，墨家学派禽滑黎的弟子。 ㉑ 钜狡：十分狡诈的人。 ㉒ 营：通"荧"，惑乱。 ㉓ 疾：努力，尽力。 讽：背诵。 ㉔ 司（sì）：通"伺"，等候。 ㉕ 志：指老师的心意。 ㉖ 退：回来。 ㉗ 所谓：老师所言之道。 ㉘ 辨说：指推理。辨，通"辩"。 ㉙ 中法：合乎法度。 ㉚ 无：通"毋"。 矜：自负贤能。㉛ 养心：这里指使老师心情愉快。 ㉜ 时节：合于四时之节。 ㉝ 唐圃：园地。唐，通"塘"，堤。圃，种植果木瓜菜的园子。 ㉞ 寖：今作"浸"，灌溉。 ㉟ 务：致力。 树：种植。 ㊱ 葩屦：葩，一说应为"萉（féi）"。萉屦，即后人所谓麻鞋。 ㊲ 罝（jū）：捕兔网。 ㊳ 蠲（juān）：清洁。 ㊴ 调和：调和五味。 ㊵ 颜色：脸色。 ㊶ 趋翔：行步有节奏的样子。翔，同"跄"。 ㊷ 内（nà）：接纳。 ㊸ 知（zhì）：才智。 ㊹ 强（qiǎng）：勉强。 ㊺ 勿已者：一定要提的话。已，止。 ㊻ 太学：这里指明堂，古代帝王宣明政教的地方。 ㊼ 齿：并列。 弗臣：不作为臣子看待。（费鸿虹）

【鉴赏】 尊师重学是古今中外的人们都十分重视的问题。俄国著名科学家、教育家罗蒙诺索夫曾说过:“现在,我怕的并不是那艰苦严峻的生活,而是不能再学习和认识我迫切想了解的世界。对我来说,不学习,毋宁死。”在罗蒙诺索夫看来,学习对他来说,其重要性甚至超过了自己的生命。我国清代著名诗人郑板桥也曾就此写过一首诗。这首诗名叫《新竹》,诗中是这样写的:“新竹高于旧竹枝,全凭老干为扶持。明年再有新生者,十万龙孙绕凤池。”写出了人们都需要接受前人的知识和老师的教育这样的一个哲理。本篇与下一篇《诬徒》,旨在论述善于学习并尊重老师,集中反映了吕不韦关于学习以及教育的思想。

本篇一开头即列举古代十六位圣贤尊师学习的事例,神农氏以悉诸为师,黄帝以大挠为师,颛顼以伯夷父为师,帝喾以伯招为师,帝尧以子州支父为师,帝舜以许由为师,禹以大成贽为师。三皇五帝都尊师重学。汤以小臣为师,周文王以姜太公为师,周武王以周公旦为师。汤、文王、武王等三王也是重学尊师。齐桓公以管夷吾为师,晋文公以咎犯、随会为师,秦穆公以百里奚、公孙枝为师,楚庄王以孙叔敖、沈尹巫为师,吴王阖闾以伍子胥、文之仪为师,越王句践以范蠡、大夫种为师。这是春秋五霸重学尊师。因为他们都十分重视向自己的臣属学习,所以他们成为圣人,成就了功业。即使是像鲁国的鄙俗小人颛孙师(子张),梁父山上的大盗颜涿聚,晋国集市上做买卖的段干木,齐国残暴的高何、县子石,狡诈无比的索卢参,他们六个原是“刑戮死辱之人”,因为从贤能之师学习而成为“天下名士显人”。从上面的正反两面的事例中,可以看出,无论是圣贤还是不肖之人,只要尊重老师、努力学习,都能功垂后世,名扬青史。所以说:“教也者,义之大者也;学也者,知之盛者也。”

谭嗣同在制定《浏阳算学馆增订章程》中就说:“为学莫重于尊师。”学习就必须做到尊重老师。尊重老师,就要做到老师活着的时候,要小心奉养;老师往生了,要恭敬祭祀。尊重老师,就要为老师整修田园,努力灌溉,积极耕种,减轻老师生活上的困难;尊重老师,就要改善老师的生活,帮助老师去编麻鞋,织渔网,走进山林,猎取野兽,备办车马;尊重老师,还要对老师言语恭敬，虚心听从老师的教诲，对老师的主张要发扬光大。所以修养身心，没有什么能比学习接受教育更重要的了。

《吕氏春秋》对学习和教育的重视，还见于另一专篇《劝学》篇。《劝学》篇说："古之圣王未有不尊师者也，尊师则不论其贵贱贫富矣。"这里提出尊敬老师，不论你的身份是高还是低，都要对老师尊敬。又说："圣人生于疾学，不疾学而能为魁士名人者，未之尝有也。疾学在于尊师，师尊则言信矣，道论矣。"提出只有尊师才能言而有信，人们也才能信任你；只有尊师，也才能论道。就在这一篇中还举曾子两例为证。曾子说："君子在道路上行走，其中父亲还在的可以看出来；其中有老师的也可以看出来。对那些父亲、老师都不在的，其他的人又能怎么样呢？"这是说对待老师就像对待自己的父亲一样啊。曾点派他的儿子曾参外出，过了约定的日期还没有回来。人们都来看望曾点说："怕不是遇难了吧？"曾点说："即使他要死，我还活着，他怎么敢去死？"孔子被囚禁在匡，颜渊最后才到。孔子说："我以为你死了。"颜渊说："您还健在，我怎么敢死？"颜回对待孔子，就像曾参之事父也。古代的贤人，其尊师若此。这就把尊师提高到事父的高度。后世有一种说法"一日为师，终身为父"，不能不说没有受到《吕氏春秋》的影响。

《吕氏春秋》中的重学尊师思想主要来源于儒家。《论语·述而》："子曰：三人行，必有我师焉。择其善者而从之，其不善者而改之。"孔子是大教育家，十分重视教育对人的作用。受孔子思想影响，儒家思想都十分重视教育，提倡尊师重教。《礼记·学记》说："玉不琢，不成器；人不学，不知道。"《荀子》也有专篇《劝学》，说"学不可以已"，提出"君子博学而日参省乎己，则知明而行无过矣"等思想。由此可以看出儒家的尊师重教思想对《吕氏春秋》的影响。

本篇还透露出吕不韦的另一番用心。前文已经说到，吕不韦是以师的身份自诩的。吕不韦为相时期，是秦庄襄王。庄襄王是没有多少本领的，其拥有秦国的王位也是依靠吕不韦的策划。所以从本篇所举的"十六位圣贤"所师的对象来看，吕不韦是自比周公和管仲的。即使庄襄王死后，继位的是秦王嬴政，吕不韦也是以长者的口气训诫嬴政的，意思是要秦王嬴政像齐桓公以管仲为师那样对待自己。这一层的意思也是解读此篇不可错过的。

（许富宏）

诬 徒

达师之教也[1]，使弟子安焉，乐焉，休焉，游焉，肃焉，严焉[2]。此六者得于学，则邪辟之道塞矣，理义之术胜矣。此六者不得于学，则君不能令于臣，父不能令于子，师不能令于徒。人之情，不能乐其所不安，不能得于其所不乐。为之而乐矣，奚待贤者，虽不肖者犹若劝之[3]。为之而苦矣，奚待不肖者，虽贤者犹不能久。反诸人情，则得所以劝学矣。子华子曰[4]："王者乐其所以王，亡者亦乐其所以亡，故烹兽不足以尽兽[5]，嗜其脯则几矣[6]。"然则王者有嗜乎理义也，亡者亦有嗜乎暴慢也，所嗜不同，故其祸福亦不同。

不能教者，志气不和，取舍数变，固无恒心[7]，若晏阴喜怒无处[8]；言谈日易，以恣自行，失之在己，不肯自非，愎过自用[9]，不可证移[10]。见权亲势及有富厚者[11]，不论其材，不察其行，驱而教之[12]，阿而谄之，若恐弗及。弟子居处修洁[13]，身状出伦[14]，闻识疏达，就学敏疾[15]，本业几终者[16]，则从而抑之，难而悬之[17]，妒而恶之。弟子去则冀终[18]，居则不安[19]，归则愧于父母兄弟，出则惭于知友邑里。此学者之所悲也，此师徒相与异心也。人之情，恶异于己者，此师徒相与造怨尤也[20]。人之情，不能亲其所怨，不能誉其所恶，学业之败也，道术之废也，从此生矣。善教者则不然，视徒如己。反己以教，则得教之情矣[21]。所加于人，必可行于己，若此则师徒同体。人之情，爱同于己者，誉同于己者，助同于己者，学业之章明也，道术之大行也，从此生矣。

不能学者，从师苦而欲学之功也[22]，从师浅而欲学之深也。草木鸡狗牛马不可谯诟遇之[23]，谯诟遇之则亦谯诟报人，又况乎达师与道术之言乎！故不能学者，遇师则不中[24]，用心则不专，好之则不深，就业则不疾，辩论则不审[25]，教人则不精[26]；于师愠[27]，怀于俗[28]，羁神于世[29]；矜势好尤[30]，故湛于巧智[31]，昏于小利，惑于嗜欲；问事则前后相悖，以章则有异心[32]，以简则有相反，离则不能合，合则弗能离，事至则不能受[33]。此不能学者之患也。

〔注释〕 ① 达师：通达事理的老师。 ② 休：安闲。 游：优游，悠闲自得。 肃：庄重。 严：严肃。 ③ 为之而乐矣，奚待贤者？虽不肖者犹若劝之：一件事如果做起来就感到快乐，不用说贤人，即使没有才干的人也会努力去做。劝，努力从事。 ④ 子华子：古代道家人物。 ⑤ 尽兽：尽食所煮的野兽。 ⑥ 嗜：喜好。 脯（fǔ）：干肉。 几：近，差不多。 ⑦ 固：本来。 ⑧ 晏：晴朗无云。 处：常。 ⑨ 愎（bì）过：坚持错误。愎，任性，执拗。 ⑩ 证：谏。 移：改变。 ⑪ 权亲势：一说当作“亲权势”。 ⑫ 驱：驰。 ⑬ 居处：指平时，日常。 修洁：指操守洁白美善。 ⑭ 身状：即身貌。 出伦：出众。伦，同辈，同类。 ⑮ 就学：学生去向老师请教。 ⑯ 本业：指主要的学业。 ⑰ 难：诘难。 悬：这里有疏远的意思。 ⑱ 冀：希望。 终：卒业。 ⑲ 居：止，留下。 ⑳ 人之情，恶异于己者，此师徒相与造怨尤也：人之常情，憎恶跟自己心智不合的人，这是老师和学生彼此结下怨恨的原因。怨尤，怨恨，不满。 ㉑ 情：真谛。这里指教育的真谛。 ㉒ 苦（gǔ）：粗劣。 功：精良。 ㉓ 谯诟：粗暴、过分的意思。 ㉔ 中：通“忠”。 ㉕ 不审：指是非不明。 ㉖ 教：效法。 ㉗ 于师愠（yùn）：一说当作“愠于师”。愠，恼怒。 ㉘ 怀于俗：安于凡庸。怀，安。 ㉙ 羁：牵制，束缚。 ㉚ 矜势好尤：自恃权势，好犯过失。尤，罪过，过失。 ㉛ 湛：通“沉”，沉没，沉溺。 ㉜ 章：明。这里指言辞详明。 有，通“又”。 ㉝ 事至则不能受：即使再费力气也不能有所成就。事，从事，努力。至，极。受，这里有成的意思。（费鸿虹）

【鉴赏】 诬徒，原意是欺骗弟子的意思，这里是说老师如果教不得法，实际等同于陷害学生。上文《尊师》讨论了尊师重教对一国之君主的重要性。既然尊师重教如此重要，那么，作为事关教育的双方教师与学生又如何去做呢？本篇的中心是论述老师如何教育学生以及学生如何向老师学习的原则与方法。

首先，论述教师如何教育学生。教师实施教育的目的就是让学生感到快乐，这是教师必须遵守的一个原则。既要让学生在学习过程中感到快乐，也要使学生因为所学到的知识而使自己的人生更加精彩而感到快乐。文中一开头就说：“达师之教也，使弟子安焉，乐焉，休焉，游焉，肃焉，严焉。”通达事理的老师施行教育，能使学生感到安心、快乐、休闲、从容、庄重、严肃。这是站在学生的角度来认识教育问题，实际上含有充分发挥学生的主动性的意义在内。这种思想认识来源于子华子。《子华子·北宫子仕》：“夫人之常情，誉同于己者，助同于己者，爱同于己者。爱之反则憎必有所立矣。助之反则挤必有所在矣，誉之反则毁必有所归矣。”因为人之常情，人们一般都不喜欢让自己不安心的事物，总是与称誉自己的人相互亲近，总是与帮助和爱护自己的人亲近；不会和自己所不喜欢的人亲近，而总是憎恨、排挤、诋毁自己不亲近的人，不会从自己所不喜欢的事物中有所获得。一件事，如果做起来感到快乐，不用说是贤人，就是不肖的人也会努力去做。所以子华子说：“王者乐其所以王，亡者亦乐其所以亡。”相反，一件事，如果做起来不快乐，那么不用说是不肖的人，即使是贤人也不会努力去做，这就是人之常情。这个道理，作为教师一定要懂得并用之于教育学生。

在上述原则指导下，老师要达到理想的教学效果，还必须坚持另一个原则"视徒如己,反己为教"。把学生当成自己,按照自己喜欢的方式返回去教育学生,"则得教之情矣"。凡施加给学生的,自己一定要先做到,如果这样,就达到了"师徒同体"的境界,这样的老师才是真正的善于进行教育的人。"视徒如己"的教育原则是十分先进的教育思想,即使放在今天也闪耀着思想的光芒。现代著名的教育家陶行知先生说:"真教育是心心相印的活动,唯独从心里发出来的,才能打到心的深处。"他还说:"我要有一句话奉劝办学同志,这句话就是'待学生如亲子弟'。"这些都是对老师与学生之间建立良好关系的精辟论述。陶行知还对理想的师生关系作出憧憬,说:"教师对学生,学生对教师,教师对教师,学生对学生,精神都要融洽,都要知无不言,言无不尽。一校园中,人与人的隔阂完全打通,才算是真正的精神交通,才算是真正的人格教育。"《吕氏春秋》的教育思想与现代教育思想相比也是丝毫不逊色的。

其次,本文用大量的篇幅批评了不善于教学的老师和不善于学习的学生。就老师而言,有的老师心态不平和,把自己日常生活中的不满带给学生,教育学生时情绪变化波动大;有的老师,自己有了过失,却不愿正视错误,作自我批评,不接受他人的批评意见而有所改变;有的老师,对有权的人或者有钱的人,不考察对方的品行,而迎合他们,唯恐奉承不及;有的老师,对学业成就优秀,品德美善的学生,不鼓励表扬,反而压制、疏远,甚至嫉妒、厌恶他们。这些老师犯了志气不和、喜怒无处、言谈日易、愎过自用、趋炎附势、妒忌成性的错误。遇到这样的老师,是求学的人最为悲伤的事。而学业的败坏,道术的废弃,也就由此产生。

就学生而言,也要善于学。"不能学者,从师苦而欲学之功也,从师浅而欲学之深也",意思是不善于学习的人,跟随老师学习粗心大意,自己却还想学得精通,跟随老师学习浅尝辄止,反而认为自己学得深入。自己用心不专,反而怨恨老师,整天沉溺于巧诈,安心于平庸,迷恋于蝇头小利,怎么可能正确地对待学习呢。"用心则不专"、"就业则不疾"、"辩论则不审"、"羁神于世"、"矜势好尤",这些都是错误的学习态度。《礼记·学记》

说："不善学者，师勤而功半，又从而怨之。"意思是不善于学习的学生，往往不善于自我谴责，反而埋怨老师教得不好。这样的人怎么可能成为像尧、舜一样的圣贤之人呢，又怎么可能成为春秋时期的霸主呢？这显然是不可能的。

《吕氏春秋》的目的是为了治理国家，《诬徒》等关于教育的论述为秦国统一天下之后实施教育奠定了基础。可惜，《吕氏春秋》的教育思想在秦国应该没有得到实施，只停留在了纸面上。有幸的是，这些思想一直流传了下来，对我们今天的老师和学生来说，也有着很大的借鉴意义。

（许富宏）

用 众

善学者，若齐王之食鸡也，必食其跖数千而后足[①]，虽不足，犹若有跖。物固莫不有长，莫不有短，人亦然。故善学者，假人之长以补其短[②]。故假人者遂有天下。

无丑不能[③]，无恶不知。丑不能，恶不知[④]，病矣，不丑不能，不恶不知，尚矣[⑤]。虽桀、纣犹有可畏可取者[⑥]，而况于贤者乎！故学士曰[⑦]："辩议不可不为[⑧]。"辩议而苟可为[⑨]，是教也[⑩]。教大议也。辩议而不可为，是被褐而出[⑪]，衣锦而入[⑫]。

戎人生乎戎[⑬]，长乎戎，而戎言不知其所受之。楚人生乎楚，长乎楚，而楚言不知其所受之。今使楚人长乎戎，戎人长乎楚，则楚人戎言，戎人楚言矣。由是观之，吾未知亡国之主不可以为贤主也，其所生长者不可耳。故所生长不可不察也。

天下无粹白之狐[14]，而有粹白之裘，取之众白也。夫取于众，此三皇、五帝之所以大立功名也。凡君之所以立，出乎众也。立已定而舍其众，是得其末而失其本。得其末而失其本，不闻安居。故以众勇无畏乎孟贲矣[15]，以众力无畏乎乌获矣，以众视无畏乎离娄矣[16]，以众知无畏乎尧、舜矣。夫以众者，此君人之大宝也。田骈谓齐王曰[17]："孟贲庶乎患术[18]，而边境弗患；楚、魏之王，辞言不说[19]，而境内已修备矣，兵士已修用矣，得之众也。"

〔注释〕 ① 跖(zhí)：指鸡爪掌。 ② 假：凭借，利用。 ③ 无：通"毋"，不可。丑：以……为耻。 ④ 恶(è)：以……为耻。 病：困窘。 ⑤ 尚：上。 ⑥ 畏：敬畏。 ⑦ 学士：本指在学的贵族子弟，这里指有学问的人。 ⑧ 不可不为：当作"不可为"。 ⑨ 苟：如果。 ⑩ 是教也：这是指施教者而言。 ⑪ 被(pī)：披。 褐：兽毛或粗麻织成的短衣，古时贫贱之人所穿。这里比喻没有学问，愚昧无知。 ⑫ 衣锦：穿着华丽的衣裳。衣，穿。锦，华美的丝织衣裳，古时富贵之人所穿。这里比喻学业已成，贤明通达。 ⑬ 戎：古代泛指我国西部的少数民族。 ⑭ 粹：纯粹。 ⑮ 孟贲：战国时卫国的勇士，据说可以生拔牛角。 ⑯ 离娄：传说为黄帝时视力最好的人，能见针末于百步之外。 ⑰ 田骈(pián)：战国时齐人。 ⑱ 庶乎患术：几乎担心没有办法。庶，庶几，几乎。术，策略，办法。 ⑲ 辞言不说：这里是不贵言辞的意思。（费鸿虹）

【鉴赏】 本篇承接上文谈尊师重教的思路，主旨在讲学习的重要性。主要从三个方面来论述：

首先，学习的过程是自我完善的过程。《史记・樗里子甘茂列传》记载，有一次甘茂出使齐国，需要渡过一条大河。船夫说："河水是个小的间隔，你自己都不能渡过去，还能到君主那里去游说吗？"甘茂回答说："不对。你不了解，事物各有它的长处。那种谨慎老实、诚恳厚道的臣子可以让他们侍奉君主，却不可以叫他们带兵打仗。骐骥騄駬这样的好马，能够日行千里，如果把它们放到屋子里，让它们捕老鼠，还赶不上一只小野猫。干将可算是锋利的宝剑，天下闻名，可是木匠用它做木工活，还比不上一把普通的斧头。现在用船桨划船，让船顺着水势起伏漂流，我不如你；然而游说各个小国大国的君主，你就不如我了。”甘茂这里所说的，就是人都是有长处的，但也都有自己的缺点。爱国主义诗人屈原在《卜居》中说：“夫尺有所短，寸有所长。物有所不足，智有所不明，数有所不逮，神有所不通。”正因为如此，孔子说：“三人行，必有我师焉；择其善者而从之，其不善者而改之。”（《论语·述而》）这个道理，《吕氏春秋》是有明确认识的。本篇说：“物固莫不有长，莫不有短，人亦然”，“虽桀、纣犹有可畏可取者”，就是像夏桀和商纣那样使人感到畏惧害怕的国君，也有他们可取的地方。既然这样，如果你要成为完人，你就必须要“假人之长以补其短”。这种把学习看成是人格的自我完善的过程是十分精辟的见解，极具现代意识。

其次，本篇揭示了学习过程是一个不断积累智慧的过程，也就是“集众智”的过程。《慎子·知忠》说：“狐白之裘，盖非一狐之皮也。”用狐狸腋下的白毛做成的裘衣，并不是一张狐狸皮所能做得成的，必须要用很多的狐狸皮才能做成。这就是所谓的“集腋成裘”。《庄子·逍遥游》说：“且夫水之积也不厚，则其负大舟也无力。覆杯水于坳堂之上，则芥为之舟；置杯焉则胶，水浅而舟大也。风之积也不厚，则其负大翼也无力。”只有大水才能承载得起大船，只有大风才能承载得起大鹏，这是说“积厚”的道理。要想成为圣人，必须要长期而广泛地学习。本篇所说的“天下无粹白之狐，而有粹白之裘，取之众白也”，就是继承了前人的思想。“故以众勇无畏乎孟贲矣，以众力无畏乎乌获矣，以众视无畏乎离娄矣，以众知无畏乎尧、舜矣。”依靠众人的勇敢就不怕孟贲了，依靠众人的力量就不怕乌获了，依靠众人的眼力就不怕离娄了，依靠众人的智慧就不怕赶不上尧舜了。这都是善于借力和借智的结果啊！

日常生活中，往往会出现这样的现象，那就是大凡智商一般，情商比较高的政治领袖往往比较容易取得成功；相反，智商高而情商低的人物，纵使英雄盖世，也只能称雄一时，最后往往免不了走上失败身死的下场。

究其背后的原因，就是“众力”与“独力”，“众智”与“独智”之间比拼的结果。情商高的人，往往就是善于吸取并使用别人智慧的人。汉高祖刘邦在总结自己成功经验时，说道：“夫运筹策帷帐之中，决胜于千里之外，吾不如子房。镇国家，抚百姓，给馈饷，不绝粮道，吾不如萧何。连百万之军，战必胜，攻必取，吾不如韩信。此三者，皆人杰也。吾能用之，此吾所以取天下也。项羽有一范增，不能用，此其所以为我擒也。”刘邦虽然把胜利的原因归结为他能识人用人，但其实质是善于“用众”，讲究团体的智慧。项羽则是不善于使用“众智”，只想凭借自己的“独智”和“独力”，其结果自然只能落得失败的下场。可见对于一国之君而言，善于“用众”是多么的重要。所以说：“夫以众者，此君人之大宝也。”

最后，本篇还揭示了学习能使平凡的人成为圣人的道理。“圣人”，在战国之前，一般是指历史上英明的君主或大臣的称呼。到了战国时期，圣人成为各家讨论的时代话题，并被人为拔高，带有理想化的色彩。比如儒家的代表人物孟子和荀子把圣人看作是最高的人格标准，但是如何做能成为圣人，主要是看自身修养的程度，一般人是不能够成为圣人的。道家的代表人物庄子，把圣人看作是精神自由的理想人物，现实中的人是无法做得到的。法家以韩非子为代表，把圣人看作是善于处理政事的理想君主，这样的君主现实中也是没有的。就《吕氏春秋》来看，圣人的意思与战国之前相同，主要指历代有成就的君主或大臣，是历史中曾经有过的真实的人，并没有神奇的色彩。这些人都有共同的特点，那就是善于运用众人的智慧。“夫取于众，此三皇、五帝之所以大立功名也。”而作为一国之君，“凡君之所以立，出乎众也”。与同时代其他诸子比较，《吕氏春秋》对圣人的认识带有唯物主义的色彩，显示出进步意义。

《三国志·吴志·孙权传》中记载吴王孙权的话说：“天下无粹白之狐，而有粹白之裘，众之所积也。夫能以驳致纯，不惟积乎？故能用众力，则无敌于天下矣；能用众智，则无畏于圣人矣。”孙权的上述感言既来自于向前人的学习，也恰恰是他的成功经验。在上任之初，孙权既无战功，也无政绩，且内有山越叛乱，外有曹魏虎视眈眈。但孙权能屡创来犯之强敌，并非因其能征善战、谋略出众，而是由于他善用“众力”、“众智”。曹操感叹“生子当如孙仲谋”，所赞叹的就是他善于依靠集体力量，积聚众人的智慧。

除了强调学习的重要性之外，本篇还说到学习环境的选择问题。“戎人生乎戎，长乎戎，而戎言不知其所受之；楚人生乎楚，长乎楚，而楚言不知其所受之。今使楚人长乎戎，戎人长乎楚，则楚人戎言，戎人楚言矣。由是观之，吾未知亡国之主不可以为贤主也，其所生长者不可耳。故所生长不可不察也。”这段是关于人生长环境的论述，也是十分富有启发意义的。

（许富宏）

仲夏纪第五

适　音

耳之情欲声[①]，心不乐，五音在前弗听[②]。目之情欲色，心弗乐，五色在前弗视[③]。鼻之情欲芬香，心弗乐，芬香在前弗嗅。口之情欲滋味，心弗乐，五味在前弗食[④]。欲之者，耳目鼻口也；乐之弗乐者，心也。心必和平然后乐，心必乐然后耳目鼻口有以欲之，故乐之务在于和心，和心在于行适。

夫乐有适，心亦有适。人之情，欲寿而恶夭，欲安而恶危，欲荣而恶辱，欲逸而恶劳。四欲得，四恶除，则心适矣。四欲之得也，在于胜理[⑤]，胜理以治身则生全以[⑥]，生全则寿长矣；胜理以治国则法立，法立则天下服矣。故适心之务在于胜理。

夫音亦有适。太巨则志荡[⑦]，以荡听巨则耳不容，不容则横塞[8]，横塞则振。太小则志嫌[9]，以嫌听小则耳不充，不充则不詹[10]，不詹则窕[11]。太清则志危[12]，以危听清则耳谿极[13]，谿极则不鉴[14]，不鉴则竭。太浊则志下，以下听浊则耳不收，不收则不抟[15]，不抟则怒，故太巨、太小、太清、太浊，皆非适也。

何谓适？衷，音之适也。何谓衷？大不出钧[16]，重不过石[17]，小大轻重之衷也。黄钟之宫，音之本也[18]，清浊之衷也。衷也者适也，以适听适则和矣。乐无太[19]，平和者是也。故治世之音安以乐[20]，其政平也；乱世之音怨以怒，其政乖也[21]；亡国之音悲以哀，其政险也。凡音乐通乎政而移风平俗者也[22]，俗定而音乐化之矣。故有道之世，观其音而知其俗矣，观其政而知其主矣。故先王必托于音乐以论其教。清庙之瑟，朱弦而疏越[23]，一唱而三叹[24]，有进乎音者矣；大飨之礼，上玄尊而俎生鱼[25]，大羹不和[26]，有进乎味者也。故先王之制礼乐也，非特以欢耳目[27]、极口腹之欲也，将以教民平好恶[28]、行理义也。

〔注释〕 ① 情：本能。 ② 五音：宫、商、角、徵、羽。这里泛指音乐。 ③ 五色：青、黄、赤、白、黑。这里泛指各种色彩。 ④ 五味：酸、苦、甘、辛、咸。这里泛指美味。 ⑤ 胜(shēng)理：依循事物的规律。胜，任。 ⑥ 以：通“矣”。 ⑦ 太巨：过分巨大。 荡：摇动。 ⑧ 横塞：充溢阻塞。 ⑨ 嫌：通“慊(qiǎn)”，不满足。 ⑩ 詹(dàn)：足。 ⑪ 窕(tiǎo)：细而不满。 ⑫ 危：高。 ⑬ 谿极：空虚疲困。 ⑭ 鉴：察，鉴别。 ⑮ 抟(zhuān)：专一。 ⑯ 大不出钧：指钟的音律度最大不得超过钧所发之音。钧，通“均”，古代度量钟的音律度的器具。 ⑰ 重不过石：指钟的重量最重不超过一石。石，古代重量单位，一百二十斤为一石。 ⑱ 黄钟之宫，音之本也：古乐中的十二律以黄钟之宫为本，用“三分损益法”依次相生，所以说“黄钟之宫，音之本也”。 ⑲ 无：通“毋”。 太：指上文的“太巨”、“太小”、“太清”、“太浊”。 ⑳ 以：相当于“而”。 ㉑ 乖：乖谬。 ㉒ 凡音乐通乎政，而移风平俗者也：大凡音乐，与政治相通，并起着移风易俗的作用。 ㉓ 疏越(huó)：镂刻的小孔。疏，镂刻。越，穴，瑟底的小孔。 ㉔ 一唱而三叹：宗庙奏乐，一人唱歌，三人应和。唱，领唱。叹，继声合唱。这里是说，宗庙祭祀，奏乐演唱规模很小(张双棣等《吕氏春秋译注》)。㉕ 上：献上。 玄尊：盛玄酒的酒器。玄酒，指上古行祭礼时所用的水。水本无色，古人习以为黑色，故称"玄酒"。 俎(zǔ)：古代祭祀时用的礼器。这里是把……盛在俎中的意思。 ㉖ 大(tài)羹：古代祭祀时所用的带汁的肉。 和：指调和五味。㉗ 特：只，仅仅。 ㉘ 平：端正。(费鸿虹)

【鉴赏】 本篇是关于音乐理论的专篇，主要论述"和乐"的思想。

在中国古代音乐美学思想中，"和"具有非常重要的意义和巨大的影响。"和"本来是一种乐器的名称，是一种把一些高低不同音管组合在一起以发响的乐器，类似于笙，其本身就有把差异统一在一起的意义。在儒家的音乐美学思想中，"和"是评价音乐的一个重要标准。《论语·八佾》："《关雎》，乐而不淫，哀而不伤。"快乐不让人感到过分，悲伤不让人感到伤心过度。这就是"中和"之美。叶朗在《中国美学史大纲》中讲到："孔子的整个美学就是强调'和'。"《吕氏春秋》也是把"和乐"当作最高的追求。《大乐》篇说："形体有处，莫不有声。声出于和，和出于适。和适先王定乐，由此而生。"又说："凡乐，天地之和，阴阳之调也。"音乐是天地间的和声，这与《乐记》"乐者，天地之和也"的说法是一致的。

和乐，必须具备两个前提：一是"心适"，二是"音适"。怎样才算"心适"？"四欲得，四欲除，则心适矣"，寿、安、荣、逸，四种欲望，人们如果能够得到，心就会平静；夭、危、辱、劳，四种情况是人们担心害怕的，如果去掉，心也会安静。就演奏者来说，"心适"，演奏起来的音乐就会感染人；就听众来说，"心适"，就能以无功利的心态欣赏乐曲，得到美的熏陶。所以说"心适"是和乐的一个前提。不仅如此，和乐还要"音适"。何谓"音适？""太巨则志荡，以荡听巨则耳不容"，声音不能过大，过大就会使人心智摇荡；"太小则志嫌，以嫌听小则耳不充"，声音也不能太小，太小就会使人不会满足；"太清则志危，以危听清则耳谿极"，声音也不能太清，太清就会使人困倦；“太浊则志下，以下听浊则耳不收”，声音也不能太浊，太浊使人心烦气躁。所以太巨、太小、太清、太浊，“皆非适也”。怎样才算“音适”？要做到“衷”，即声音大小，清浊要适中。这样以“心适”听“音适”，即以畅快的心情听取适中的音乐，就达到“和”的境界了。

正如德国音乐家亨策所说的：“音乐是政治的一个明确的组成部分。”《吕氏春秋》所论音乐之“和”，其目的最终都是指向政治，达到执政治理之和谐。所以本篇的意图也是“观乐论政”。自西周以来，天子至于诸侯倡导以“礼乐”治天下。所以“乐”在先秦时期是治理国家的一个重要话题，在承担教化民众、维护社会秩序上发挥着重要的作用。《论语·八佾》：“人而不仁如礼何，人而不仁如乐何。”孔子认为，“乐”是感染人心、陶冶人性以及培养“仁”的精神的一个重要的行为方式。《乐记》：“凡音者，生人心者也。情动于中，故形于声，声成文谓之音。是故治世之音安以乐，其正和；乱世之音怨以怒，其正乖；亡国之音哀以思，其民困。声音之道，与正通矣。”正，即政。音乐是政治的影像，通过音乐可以看出政治的兴衰。又说“是故审声以知音，审音以知乐，审乐以知政，而治道备矣”。这都是把“乐”与政治，乐与国家治理紧密联系起来。但是，随着形势的发展，礼乐文明受到了挑战，社会最终走向了礼崩乐坏的局面。维护社会秩序的“礼”逐渐被“兵”取代，而“乐”也被“法”所替代。如墨子就提出了“非乐”，认为音乐并不能发挥治理国家的作用，反而给了统治者追求享乐的理由。《荀子·乐论》引墨子的话：“乐者，圣王之所非也，而儒者为之，过也。”在战国纷繁的复杂局面下，倡导礼乐确实不能起到立竿见影的效果，因为礼乐教化在治国的过程中，作用的发生是一个缓慢的过程。而“兵”和“法”的效率则要高得多。所以在各国之间存在生死存亡的窘迫局面下，各诸侯国国君只能用“兵”或“法”来解决现实问题。“礼乐”式微是必然的。

但是到了吕不韦时期，情况又不一样了。秦国一家独大，并即将统一天下。面对着空前统一的广大地域和被征服的各诸侯时刻记着复仇与反叛的局势，吕不韦从历史经验出发，认为不能继续实施秦国传统以来的“兵”和“法”策略，还得依靠礼乐制度来教化民众。由于“礼”所代表的制度已经相当落后，而且秦国自穆公任用商鞅变法以来，已经建立起了比较先进的制度，吕不韦对“礼”已经不感兴趣。不过，他认为“乐”的教化作用还是不能忽视的。所以本篇说：“凡音乐通乎政，而移风平俗者，俗定而音乐化之矣。故有道之世，观其音而知其俗矣，观其政而知其主矣。故先王必托于音乐以论其教。”这反映了吕不韦治理国家与秦国传统不同的地方，也是他的进步所在。

吕不韦的这种思想，应该是接受了荀子的影响。《荀子·乐论》说：“以道制欲，则乐而不乱；以欲忘道，则惑而不乐。”意思就是说，人的审美能力是不同的，道德水准也是有差别的，如果不正确地引导就可能走入歧途。《乐论》还说：“乐者，圣人之所乐也，而可以善民心，其感人深，其移风易俗，故先王导之以礼乐而民和睦。”荀子在战国后期倡导以“乐”治国，重视音乐的教化，固然与其秉承儒家自孔子以来的“礼”的传统有关，但也灌注了新的时代内涵。荀子的“礼”已经包涵“法”的内容，体现出与时俱进的思想。即便如此，吕不韦也不是完全接受荀子的思想，而是有所选择。吕不韦高度重视“乐”在治理国家中的作用，但却不像荀子那样强调“礼”，体现出自主性与创新性。有人认为《吕氏春秋》“杂家”之杂是杂纂，明显有失公允，这在《吕氏春秋》的音乐思想中可以看出。

（许富宏）

季夏纪第六

制乐

欲观至乐[①]，必于至治[②]。其治厚者其乐治厚，其治薄者其乐治薄，乱世则慢以乐矣[③]。今室闭户牖，动天地，一室也[④]。故成汤之时[⑤]，有谷生于庭，昏而生[⑥]，比旦而大拱[⑦]，其吏请卜其故。汤退卜者曰[⑧]：“吾闻祥者福之先者也[⑨]，见祥而为不善，则福不至；妖者祸之先者也[10]，见妖而为善，则祸不至。"于是早朝晏退[11]，问疾吊丧，务镇抚百姓[12]，三日而谷亡。故祸兮福之所倚，福兮祸之所伏[13]，圣人所独见，众人焉知其极。

周文王立国八年，岁六月，文王寝疾五日而地动[14]，东西南北，不出国郊[15]，百吏皆请曰："臣闻地之动，为人主也。今王寝疾五日而地动，四面不出周郊，群臣皆恐，曰'请移之'。"文王曰："若何其移之也[16]？"对曰："兴事动众[17]，以增国城[18]，其可以移之乎。"文王曰："不可。夫天之见妖也，以罚有罪也。我必有罪，故天以此罚我也。今故兴事动众，以增国城，是重吾罪也[19]。不可。"文王曰："昌也请改行重善以移之[20]，其可以免乎[21]。"于是谨其礼秩皮革以交诸侯[22]，饬其辞令币帛以礼豪士[23]，颁其爵列等级田畴以赏群臣[24]。无几何[25]，疾乃止。文王即位八年而地动，已动之后四十三年，凡文王立国五十一年而终，此文王之所以止殃翦妖也[26]。

宋景公之时[27]，荧惑在心[28]，公惧，召子韦而问焉[29]，曰："荧惑在心，何也？"子韦曰："荧惑者，天罚也[30]；心者，宋之分野也[31]。祸当于君。虽然，可移于宰相。"公曰："宰相所与治国家也，而移死焉，不祥。"子韦曰："可移于民。"公曰："民死，寡人将谁为君乎[32]？宁独死。"子韦曰："可移于岁[33]。"公曰："岁害则民饥，民饥必死。为人君而杀其民以自活也，其谁以我为君乎？是寡人之命固尽已，子无复言矣。"子韦还走[34]，北面载拜曰[35]："臣敢贺君。天之处高而听卑[36]。君有至德之言三，天必三赏君。今夕荧惑其徙三舍[37]，君延年二十一岁。"公曰："子何以知之？"对曰："有三善言，必有三赏。荧惑必三徙舍，舍行七星[38]，星一徙当一年，三七二十一，臣故曰君延年二十一岁矣。臣请伏于陛下以伺候之。荧惑不徙，臣请死。”公曰：“可。”是夕荧惑果徙三舍。

〔**注释**〕 ① 至乐：最和谐、完美的音乐。 ② 至治：最完美的政治。 ③ 慢以乐：慢，怠慢，轻忽。以，通“已”，已经。 ④ 今窒闭户牖，动天地，一室也：虽关闭门窗，在一室之中即可感动天地。窒，阻塞。牖(yǒu)，窗。 ⑤ 成汤：即商汤，商开国之君。 ⑥ 昏：黄昏时。 ⑦ 比：及，等到。旦：天亮。 大拱：两手合围。 ⑧ 退：使……退，辞退。 ⑨ 祥：吉凶的征兆。这里指吉兆。 ⑩ 妖：怪异、邪恶的事物。 ⑪ 晏：晚。 退：指退朝休息。 ⑫ 镇抚：安抚。 ⑬ 祸兮福之所倚，福兮祸之所伏：《老子·五十八章》中有此二句，意思是祸福相互依存，互相影响，互相转化。倚，依靠。伏：隐藏。 ⑭ 寝疾：卧病在床。 ⑮ 国郊：国都。郊，邑外为郊。 ⑯ 若何：怎么。 其：语气词。 ⑰ 兴事：征发徭役。 ⑱ 国城：国都的城墙。 ⑲ 重：加重。 ⑳ 昌：周文王名昌。 改行重善：改变过去的行为，增加美善的品德。 ㉑ 其：语气词，表推测的语气。 ㉒ 谨：慎重对待。 礼秩：礼仪法度。 皮革：皮革、币帛在古代通常作为贵重的贡品或相互赠送的礼物。 ㉓ 饬(chì)：整顿。 ㉔ 爵列：爵位。 田畴：泛指已耕作的田地。一般谷地为田，麻地为畴。 ㉕ 无几何：没过多久。 ㉖ 止殃翦妖：止息祸殃，灭除怪异。翦，灭除。 ㉗ 宋景公：春秋时宋国国君，名栾。 ㉘ 荧惑在心：火星出现在心宿的位置。 ㉙ 子韦：宋国的太史。 ㉚ 荧惑者，天罚也：古人认为荧惑为执法之星，主天罚。 ㉛ 心者，宋之分野也：古人把天上的星宿位置跟地上州国的位置相对应，即是分野。心宿即与宋国对应。故说，心宿是宋国的分野。古人迷信，常以天象的变异来比附州国的吉凶。 ㉜ 谁为君：给谁做君。 ㉝ 岁：一年的农业收成。 ㉞ 还(xuán)走：离开所立之处，表示敬畏惶恐。 ㉟ 北面：面向北。古代君主座位设在朝堂北面，君主面向南而坐。 载：通“再”。 ㊱ 卑：这里指地上的一切。 ㊲ 舍：星的运行停留之处。 ㊳ 舍行七星：迁徙一舍当行经七颗星。（费鸿虹）

【鉴赏】 本篇虽名为“制乐”，但实际内容与音乐没有关系，而是说灾异的兴灭在于人事的善恶，是战国时期天人感应思想比较集中的表述。所谓天人感应，意思是天和人同类相通，相互感应，天能干预人事，人亦能感应上天，自然灾害和统治者的错误之间有着因果联系。“凡灾异之本，尽生于国家之失”。天子违背了天意，不仁不义，天就会出现灾异进行谴责和警告；如果政通人和，天就会降下祥瑞作为鼓励。

天人感应之说，源自儒家六经中的《尚书》。其中《洪范》一篇说：“曰肃，时雨若；曰乂，时旸若；曰晰，时燠若；曰谋，时寒若；曰圣，时风若。曰咎征：曰狂，恒雨若；曰僭，恒旸若；曰豫，恒燠若；曰急，恒寒若；曰蒙，恒风若。”意思是说君主的施政态度能影响天气的变化。君王行为肃敬，天就及时下雨；君王行为符合道义，天就及时晴朗；君王行为明智，天就及时变暖；君王行为谋划周到，天就及时寒冷。君王行为圣智，天就及时刮风。君王行为可以招致的坏征兆是：行为狂妄，就老是下雨；行为不合常规，就老是天晴；行为贪图安逸，天就老是炎热；行为过急，就老是寒冷；行为昏蒙，就老是刮风。《洪范》一般认为是商代的贤人箕子所作，可见天人感应思想的源远流长。这一思想被孔子所继承。孔子作《春秋》，认为灾异是国君失德而引发的。战国楚竹简《鲁邦大旱》载孔子曾说：“邦大旱，毋乃失诸刑与德乎?”又劝国君“正刑与德，以事上天”。《春秋》之所以重灾异，是因为孔子认为天人之间有感应关系，人类的行为会上感于天，天会根据人类行为的善恶邪正下应于人，上天应人的方式即是用灾异来谴告人，使人反省改过。《易·坤文言》：“积善之家必有余庆，积不善之家必有余殃。”《礼记·中庸》：“国家将兴，必有祯祥；国家将亡，必有妖孽。见乎蓍龟，动乎四体。”不仅儒家持此看法，墨家的代表人物墨子也说：“爱人利人者，天必福之，恶人贼人者，天必祸之。”也是把各类自然界的异常现象与人事联系在一起。意思就是说，如果自然界出现了异常现象，一定是君主做错了事。换句话说，如果君主做错了事，上天一定会加以惩罚。惩罚的结果就是以奇异的天象或自然灾害来表示。这也是所谓“天谴”的由来。

本篇继承了天人感应思想，并用三个例子作描述。

成汤在位的时候，庭中长出一颗奇异的谷子，黄昏时发芽，到了天亮，已经有两手合围那么粗了。汤的臣下请求占卜异谷出现的原因。汤辞退占卜的臣子，说："我听说，吉祥的事物是福的先兆，但是如果遇到吉兆，却不做善事，福就不会降临。怪异的事物是灾祸的先兆，但是如果遇到怪异而做善事，灾祸就不会降临。"于是他早上朝，晚退朝，勤于政事，探问病人，吊唁死者，务求安抚百姓。三日之后，庭中的异谷就消失了。

周文王即位第八年的那一年，文王生病了，卧床五天之后，国都周边发生了地震。百官都请求说："请把灾祸移走。"文王说："怎样做才能移走呢？"大臣们都回答说："征发徭役，发动民众，加固国都的城墙。"文王说："不行。上天显现怪异是借以惩罚有罪的人。我必定有罪，所以天借此惩罚我。如果今天专门为此征发徭役，这是加重我的罪过。我愿意改变过去的行为，增加美善的品德，或许可以免除灾祸吧。"于是文王慎重对待礼法，用以结交诸侯；整饬礼品，礼贤下士；颁布政令将天地赏赐给群臣，没过多久，文王的病就好了。

宋景公的时候，火星出现在心宿的位置。景公很害怕，向子韦询问。子韦说："火星代表上天的惩罚，心宿是宋国的分野，灾祸当降临在国君您的身上。"然后子韦建议，景公可以把灾祸转嫁给宰相，景公拒绝了；再建议转嫁给百姓，又被景公拒绝了；最后建议转嫁给农业收成，景公更是不答应。子韦立即向景公道喜，说今夜火星一定后退三舍，这是老天爷对您的奖赏。结果，当天夜里，火星果然就退避三舍。

这里举了成汤对待异谷、文王应付地震、宋景公询问火星三个事例，说明了《吕氏春秋》是承认天人之间是存在相互感应的因果关系的。不过，本篇的目的并不是侧重讲天人之间的相互感应，而是有所侧重，即只要君主行善事，修德爱民，有所作为，异端就会消除，天谴就会终止，其积极意义是显而易见的。不仅如此，《吕氏春秋》"天人感应"思想含有对君主约束的意义在内，而这一点被后世所继承和发扬。

"天人感应"说到了西汉时期，被董仲舒所继承与发扬。董仲舒论证"天人感应"主要有两个意图：一是维护"天子"权威，董仲舒认为论证皇帝是“天子”，代表天来统治下民的，所以君权的至上权威性是不容怀疑的；二是约束以“天谴”，君权也是有约束的，上天会出现灾异来警告皇帝，皇帝不因为至高无上就可以胡来。这两点当中，尤以后者意义更大。

《史记·儒林列传》说董仲舒“以《春秋》灾异之变推阴阳所以错行”，董仲舒继承了《公羊传》中的灾异说。《汉书·董仲舒传》载他应汉武帝之对策云：“臣谨案春秋之中，视前世已行之事，以观天人相与之际，甚可畏也。国家将有失道之败，而天乃先出灾害以谴告之，不知自省，又出怪异以警惧之，尚不知变，而伤败乃至。以此见天心之仁爱人君而欲止其乱也。”这才是董仲舒“天人感应”说的真正目的所在。很显然，董氏的思想秉承了《吕氏春秋》“天人感应”说的积极性。

这一点后世的帝王也有着清楚的理解。北魏孝文帝就说，这种理论实际上是“圣人惧人君之放怠，因之以设诫”。也就是说，这套理论就是为了防止皇帝胡来而专门设置的。北宋神宗时，王安石为了变法，提出“天变不足畏”。曾经任宰相的富弼说：“人君所畏惟天，若不畏天，何事不可为者？”富弼的意思是说，皇帝的权力很大，在人世间没人可以超越和管束，只有“天”能让皇帝感到害怕。谁都知道天变不足畏，但是问题是，如果皇帝连“天”都不怕，那么还有什么事情做不出来？强调“天谴”不是说神化天，目的其实是为了约束人间的帝王的。富弼说的一段话，充分体现了“天人感应”理论在皇帝制度中存在的本质意义，也由此可见《吕氏春秋》的价值所在。

（许富宏）

孟秋纪第七

荡 兵

古圣王有义兵而无有偃兵[①]。兵之所自来者上矣[②]，与始有民俱[③]。凡兵也者威也，威也者力也。民之有威力，性也[④]。

性者所受于天也，非人之所能为也，武者不能革[5]，而工者不能移[6]。兵所自来者久矣，黄、炎故用水火矣，共工氏固次作难矣[7]，五帝固相与争矣。递兴废[8]，胜者用事[9]。人曰"蚩尤作兵[10]"，蚩尤非作兵也，利其械矣[11]。未有蚩尤之时，民固剥林木以战矣[12]，胜者为长[13]。长则犹不足治之，故立君。君又不足以治之，故立天子。天子之立也出于君，君之立也出于长，长之立也出于争。争斗之所自来者久矣，不可禁，不可止，故古之贤王有义兵而无有偃兵。

家无怒笞，则竖子婴儿之有过也立见[14]，国无刑罚，则百姓之悟相侵也立见；天下无诛伐，则诸侯之相暴也立见[15]。故怒笞不可偃于家，刑罚不可偃于国，诛伐不可偃于天下，有巧有拙而已矣。故古之圣王有义兵而无有偃兵。

夫有以饐死者[16]，欲禁天下之食，悖[17]；有以乘舟死者，欲禁天下之船，悖；有以用兵丧其国者，欲偃天下之兵，悖。夫兵不可偃也，譬之若水火然，善用之则为福，不能用之则为祸。若用药者然，得良药则活人[18]，得恶药则杀人，义兵之为天下良药也亦大矣。

且兵之所自来者远矣，未尝少选不用[19]，贵贱长少贤者不肖相与同，有巨有微而已矣。察兵之微[20]：在心而未发，兵也；疾视[21]，兵也；作色[22]，兵也；傲言[23]，兵也；援推[24]，兵也；连反[25]，兵也；侈斗[26]，兵也；三军攻战，兵也。此八者皆兵也，微巨之争也[27]。今世之以偃兵疾说者[28]，终身用兵而不自知，悖，故说虽强，谈虽辨[29]，文学虽博[30]，犹不见听[31]。故古之圣王有义兵而无有偃兵。兵诚义[32]，以诛暴君而振苦民[33]，民之说也[34]，若孝子之见慈亲也，若饥者之见美食也；民之号呼而走之[35]，若强弩之射于深谿也[36]，若积大水而失其壅堤也。中主犹若不能有其民[37]，而况于暴君乎！

〔注释〕 ① 义兵：主张正义的战争。 偃(yǎn)兵：废止战争。偃，止息。兵，这里指战争。 ② 兵之所自来者上矣：战争的由来相当久远了。上，久。 ③ 与始有民俱：它是和人类一起产生的。俱，一起。 ④ 性：天性。 ⑤ 革：改变。 ⑥ 工者：有才能的人。 ⑦ 共(gōng)工氏：传说中古代的部族首领，与颛顼争为帝，失败被杀。次：通"恣"，恣意。 作难(nàn)：发难。 ⑧ 递：更迭，替代。 ⑨ 用事：指治理天下。 ⑩ 作兵：始制造兵器。兵，兵器。 ⑪ 利其械矣：使兵器更锋利而已。利，使……利。械，兵器。 ⑫ 剥：砍削。 ⑬ 长：指首领。 ⑭ 怒：斥责。 笞(chī)：用鞭、杖、竹板等抽打。 竖子：僮仆。 婴儿：指儿童。 过：过失、过错。 立见(xiàn)：立刻出现。见，出现。 ⑮ 暴：侵侮。 ⑯ 以：因为。 饐(yē)：通"噎"。 ⑰ 悖：惑，荒谬。 ⑱ 活：使……活。 ⑲ 少选：须臾，一会儿。 ⑳ 兵：广义上的战争，既指争斗之心也指争斗的行为，包括狭义的战争。 ㉑ 疾视：怒目而视。 ㉒ 作色：因生气而变脸色。 ㉓ 傲言：言辞傲慢。 ㉔ 援推：推挽。这里指以手相搏。援，拉。 ㉕ 连反：以足相搏。 ㉖ 侈斗：这里是群斗的意思。侈，恣意放纵。 ㉗ 争：差异的意思。 ㉘ 疾说(shuì)：极力游说。 ㉙ 辨：通"辩"。 ㉚ 文学：指文献经典。 ㉛ 见听：被听取采用。 ㉜ 兵诚义：(若)战争确实伸张正义。 ㉝ 振：拯救。 ㉞ 说：通"悦"。 ㉟ 民之号呼而走之：人民呼喊着奔向它。走，奔向。 ㊱ 谿：山谷。 ㊲ 中主：一般的君主。(费鸿虹)

【鉴赏】 本篇是一篇关于是否废止战争的专篇。偃兵，即废止战争。战国时期，随着形势的发展，秦国谋求统一六国，不断发动战争，山东六国为了各自的利益，彼此之间也经常混战，造成生灵涂炭，民不聊生。于是一些思想家提出了制止战争的主张，他们的想法有两种：一种是"偃兵"，一种是"救守"。偃兵是企图用政治外交的办法制止战争。在春秋末期，宋国的向戌，主张"弭兵"，"弭兵"就是偃兵。本篇就涉及其中著名的"偃兵说"。

战国时期，持"偃兵说"比较坚定的有两家：一家是以宋钘、尹文为代表的道家学派的一个分支，另一家是名家。

《庄子·天下》篇在评论宋钘、尹文学派时说："以禁攻寝兵为外，以情欲寡浅为内。"指出宋钘、尹文学派对外主张禁攻寝兵，也就是废止战争。"见侮不辱，救民之斗；禁攻寝兵，救世之战。以此周行天下，上说下教。虽天下不取，强聒而不舍者也"，他们主张，受到欺侮不以为耻辱，以此来解救人民的争斗；禁止攻打，放下兵器，以这种方式来解救世间的战争。本着这种意旨周行天下，对上游说诸侯停止战争，对下教育百姓，不要争斗。虽然天下的人并不接受，但依然劝说不停。从《庄子》的记载中，可见宋钘、尹文学派是力主偃兵的。

名家也是积极宣传鼓吹"偃兵说"的。《吕氏春秋·应言》中记载了一个公孙龙"偃兵"的故事：大约在公元前279年至公元前248年间，公孙龙从赵国带领弟子到燕国去说服燕王"偃兵"。公孙龙用如何消除战争的话劝说燕昭王，昭王说："很好。我愿意跟宾客们商议这件事。"公孙龙说："我私下里估计大王您不会消除战争的。"昭王说："为什么?"公孙龙说："从前，大王您想打败齐国，天下杰出的人士中那些想打败齐国的人，大王您全都收养了他们；那些了解齐国的险阻要塞和君臣之间关系的人，大王您全都收养了他们；那些虽然了解这些情况但却不想打败齐国的人，您还是不肯收养他们。最后果然打败了齐国，并以此为功劳。如今大王您说：我很赞成消除战争。可是在您的朝廷里都是善于用兵的人，所以我知道，您是不会消除战争的。"燕昭王无话可说。在这里虽然公孙龙是反驳燕昭王，但是也不难看出以公孙龙为代表的名家，在政治上是主张"偃兵说"的。

名家的另一位代表人物惠施也主张偃兵，反对用暴力统一天下。《韩非子·内储说上》："张仪欲以秦、韩与魏之势伐齐、荆，而惠施欲以齐、荆偃兵。"《吕氏春秋·爱类》：惠施为了偃兵而不惜"王齐王"，公元前334年，魏惠王与齐威王会于徐州并互尊对方为王，打破了周天子独尊的局面。按说，"王齐王"与惠施去尊的主张背道而驰，但惠施认为，齐王连年征战的目的就是称王称霸，为了消弭征战，减轻老百姓的痛苦，唯有尊齐威王为王，“今可以王齐王而寿黔首之命，免民之死，是以石代爱子头也，何为不为？”由此可见，惠施的目的主要还是在于制止战争。

与上述学派不同，《吕氏春秋》是反对“偃兵说”的。因为，“兵之所自来者上矣，与始有民俱。凡兵也者，威也，威也者，力也。民之有威力，性也。性者所受于天也，非人之所能为也，武者不能革，而工者不能移。”从战争的起源来说，“兵”出于人性，是人“天性”的产物。争夺资源让自己生存是人的本能，所以战争是人的本性所决定的，是不可避免的。这在公孙龙的话中也可看出来。《吕氏春秋》中《审应览》载，公孙龙曾与赵惠文王论偃兵。赵王问公孙龙说：“寡人事偃兵十余年矣，而不成，兵不可偃乎？”公孙龙回答说：“赵国的蔺、离石两地被秦侵占，王就穿上丧国的服装，布冠而束发；东攻齐得城，而王加膳置酒，以示庆祝。这怎能会偃兵？”对此，《庄子·徐无鬼》一针见血地指出：“爱民，害民之始也；为义偃兵，造兵之本也。”那些国君，为了笼络人心，故意打着爱民的幌子，“偃兵”只是为了更好地发动战争，吞并他人的土地，实则是“害民之始”。所以本篇说：“兵不可偃也。”

在反驳了“偃兵”说之后，再从历史的角度，回顾了自黄帝、炎帝以来，战争一直是解决纠纷的手段。“兵所自来者久矣，黄、炎故用水火矣，共工氏固次作难矣，五帝固相与争矣。”人类社会自祖先炎黄开始，就有了争斗与战争，一直延续到今天。所以在战国时代，要求偃兵是不可能实现的空想。这里的论述十分精辟，作者从人类历史发展的客观实际出发，从社会进化过程中存在的内在矛盾与斗争关系出发，认为在人类以往的历史上，战争作为一种客观存在物，它的发生发展是不以个人意志为转移的。这种观点其实是一种具有历史唯物论成分的进步观点。不仅如此，本篇指出，一国之君的废立，必定依赖于军队。“天子之立也出于君，君之立也出于长，长之立也出于争。争斗之所自来者久矣，不可禁，不可止”。这种思想是“枪杆子里面出政权”的先声。

既然自古以来，“兵不可偃”，那么就要正确对待用兵的问题。本篇认为：“夫兵不可偃也，譬之若水火然，善用之则为福，不能用之则为祸。”那么什么样的用兵才称得上是“善用之”？只有“义兵”才是根本的用兵之道。“兵诚义，以诛暴君而振苦民，民之说也，若孝子之见慈亲也，若饥者之见美食也，民之号呼而走之，若强弩之射于深谿也，若积大水而失其壅堤也。”最后得出结论“有义兵而无有偃兵”。

本篇关于战争的观点在当时具有进步意义。第一，揭示了在战国纷争的时局中，战争是不可避免的，没有军队的保护与防御，必然会国破家亡，为了生存，只有打破“偃兵”说的幻想；第二，提出用“义兵”代替“偃兵”是符合时代潮流的。虽然战争是不可避免的，但是也不能滥用武力，不能杀伐过度。“义兵”说给战争划出了一条底线，即战争始终是为了人民的利益，符合人民的愿望。这样的战争才是“正义之师”。孟子提出过“仁义之师”，幻想用“王道”来统一天下，而不是用战争来统一天下。由此可见，《吕氏春秋》的“正义之师”说比孟子的“仁义之师”说还要高出一筹。

（许富宏）

禁塞

夫救守之心，未有不守无道而救不义也。守无道而救不义，则祸莫大焉，为天下之民害莫深焉。

凡救守者，太上以说[①]，其次以兵。以说则承从多群，日夜思之，事心任精[②]，起则诵之，卧则梦之，自今单唇干肺[③]，费神伤魂，上称三皇五帝之业以愉其意，下称五伯名士之谋以信其事[④]。早朝晏罢[⑤]，以告制兵者[⑥]，行说语众[⑦]，以明其道。道毕说单而不行[⑧]，则必反之兵矣。反之于兵，则必斗争，之情[⑨]，必且杀人[⑩]，是杀无罪之民以兴无道与不义者也。无道与不义者存，是长天下之害而止天下之利，虽欲幸而胜，祸且始长[⑪]。

先王之法曰："为善者赏，为不善者罚。"古之道也，不可易。今不别其义与不义，而疾取救守[12]，不义莫大焉，害天下之民者莫甚焉。故取攻伐者不可，非攻伐不可；取救守不可，非救守不可，取惟义兵为可。兵苟义，攻伐亦可，救守亦可。兵不义，攻伐不可，救守不可。使夏桀、殷纣无道至于此者，幸也；使吴夫差、智伯瑶侵夺至于此者，幸也；使晋厉、陈灵、宋康不善至于此者[13]，幸也。若令桀、纣知必国亡身死，殄无后类[14]，吾未知其厉为无道之至于此也；吴王夫差、智伯瑶知必国为丘墟，身为刑戮，吾未知其为不善无道侵夺之至于此也；晋厉知必死于匠丽氏[15]，陈灵知必死于夏征舒[16]，宋康知必死于温[17]，吾未知其为不善之至于此也。此七君者，大为无道不义：所残杀无罪之民者，不可为万数[18]；壮佼老幼胎膜之死者，大实平原[19]。广堙深谿大谷[20]，赴巨水[21]，积灰填沟洫险阻[22]，犯流矢，蹈白刃[23]，加之以冻饿饥寒之患。以至于今之世，为之愈甚，故暴骸骨无量数，为京丘若山陵[24]。世有兴主仁士，深意念此，亦可以痛心矣，亦可以悲哀矣。

察此其所自生[25]，生于有道者之废，而无道者之恣行。夫无道者之恣行，幸矣[26]。故世之患，不在救守，而在于不肖者之幸也。救守之说出，则不肖者益幸也，贤者益疑矣[27]。故大乱天下者，在于不论其义而疾取救守。

〔**注释**〕 ① 太上以说：最先用的是言辞。说，言辞。 ② 事：役使。 任：用。精：精神，精力。 ③ 单唇：唇力殚尽。单，通"殚"，尽。 干肺：肺气干枯。干，竭，尽。 ④ 信：使……得到证明。 ⑤ 晏罢：晚上退朝。罢，止。 ⑥ 制兵者：指敌方的主帅。制，统领，支配。 ⑦ 行：传布，宣扬。 ⑧ 道毕说单：道理讲完，言辞说尽。毕，尽。单，通"殚"，尽。 ⑨ 情：真实情况。 ⑩ 且：将。 ⑪ 且：乃。 ⑫ 疾：极力。 ⑬ 晋厉：指晋厉公，春秋时期晋国国君，名寿曼。厉公七年游匠丽氏，被晋卿栾书、中行偃囚禁，第二年被杀。 陈灵：指陈灵公，春秋时期陈国国君，名平国。灵公与夏姬私通，后被夏姬之子夏征舒射杀。 宋康：战国时宋国国君，名偃。 ⑭ 殄(tiǎn)：灭绝。 ⑮ 匠丽氏：晋大夫。 ⑯ 夏征舒：字子南，陈国大夫。 ⑰ 温：战国时魏邑。 ⑱ 不可为万数：不可以万为单位计数。 ⑲ 壮佼：指青壮年。佼，健壮。 膭(dú)：指流产的胎儿，死胎。 实：满，遍。 ⑳ 堙(yān)：填塞。 ㉑ 赴巨水：流入大河。 ㉒ 洫(xù)：田间水道。小的叫沟，大的叫洫。 ㉓ 犯流矢，蹈白刃：冒着飞矢，踏着利刃。 ㉔ 京丘：古代战争之后，胜者为了炫耀武功，收集敌人的尸首，封土成高冢(zhǒng)，称为京丘，也称京观。京，高大。 ㉕ 察此其所自生：考察这种情况产生的根源。 ㉖ 幸：心存侥幸。 ㉗ 疑：这里是恐惧的意思。(费鸿虹)

【鉴赏】 本篇是承接上篇而来的，上篇是批驳“偃兵”，本篇批驳“救守”。“救守”就是反对侵略战争，主张援助被侵略的诸侯国，帮助其防守城市，认为这样可以使侵略的国家不能得逞。如果各诸侯国都知道侵略是不能得逞的，自然不发动战争了。本篇不赞成“救守”，从以下几个方面加以反驳：

首先，“救守”不仅不能造福百姓，反而是“为天下之民害莫深焉”。因为“未有不守无道而救不义”的，原来打着“救守”旗号的，没有不是护卫无道之君，救援不义之战的。所以，“救守”并不能从根本上维护正义。这是救守的危害性所在。这主要是因为“救守”方法所导致的。

“凡救守者，太上以说，其次以兵”，主张救守的，一般只有两种方法，游说和用兵。“道毕说单而不行，则必反之兵矣。反之于兵，则必斗争，之情，必且杀人，是杀无罪之民以兴无道与不义者也。”游说即使费尽九牛二虎之力也不会有人去听，道理讲完了，还是兵戎相见，诉诸武力。一旦打起来，就必然会杀人。无辜的平民就会遭殃，所以倡导“救守”的人实际是维护了无道的君主，反而使天下的百姓深受其害。

这里说到的“救守”方法，“太上以说，其次以兵”，主要是墨家的主张。有一个成语叫“墨守成规”，说的就是墨家重视“救守”。“墨守”实际上是一种后发制人的战略战术，其基本内容包括两个方面：一是外交，二是战备。外交，就是游说，希望通过外交谈判来阻止战争。墨子为了阻止战争，曾多次四处游说。《墨子·公输第五十》记述，墨子"行十日十夜"面见战争的教唆者公输盘，对于公输盘在"义"上的糊涂，墨子以"杀所不足，而争所有余，不可谓智；宋无罪而攻之，不可谓仁；知而不争，不可谓忠；争而不得，不可谓强"的"四不"论让公输盘哑口无言；又以"臣见大王之必伤义而不得"说服了准备讨伐宋国的楚王。墨家的主张反映了人民希望在和平环境中发展生产的愿望，揭露和斥责战争的不义，这在当时是有进步意义的。但是在天下分裂，诸侯争霸的情况下，靠游说止战，恐怕只是一种幻想。《左传·桓公二年》载，"宋殇公立，十年十一战，民不堪命。"孟子说："春秋无义战。"在这种情况下，真正迫使战争狂人们老老实实的只有实实在在的实力。所以，墨子亲自参与弱国的防守，设计发明攻城或防守城机械，帮助被侵略国家守城，达到以兵止兵的目的。这是另外一种"救守"的方式。墨子和公输盘的实力较量是这样的："公输盘九设攻城之机变。子墨子九距之。公输盘之攻械尽。子墨子之守圉有余。"通过对战争的模拟来告诉公输盘，所谓的新式武器"云梯之械"是不足恃的。但是正如司马迁所说"诸侯恣行，政由强国"，弱国终究难以抵挡强国的攻杀，最终被更强大的秦统一了。可见墨家所说的"救守"是失败的。

对于救守的主张，《吕氏春秋》认为是错误的。《振乱》说："凡为天下之民长也，虑莫如长有道而息无道，赏有义而罚不义。今之世，学者多非乎攻伐，非攻伐而取救守。取救守则乡之所谓长有道而息无道，赏有义而罚不义之术不行矣。"意思就是说，现在学者有许多反对攻伐，主张救守。如果被攻伐的国君是个暴君，是个无道之君，救守实际上是帮助了无道之君。这样，无道的人受不了罚，有道的人也得不了赏。这是违反老百姓的愿望的。不仅如此，更因为"救守"没有区分战争的"正义"与"非正义"性质，直接阻挡秦国统一的进程，实际上给老百姓带来的是更深重的灾难。

本篇说："先王之法曰：'为善者赏，为不善者罚。'古之道也，不可易。今不别其义与不义，而疾取救守，不义莫大焉，害天下之民者莫甚焉。故取攻伐者不可，非攻伐不可，取救守不可，非救守不可，取惟义兵为可。兵苟义，攻伐亦可，救守亦可。兵不义，攻伐不可，救守不可。"先王的法典说："对行善的人给予奖赏，对作恶的人给予惩罚。"这是自古以来的原则，不可更改。如今不区分正义与不正义，却力主救守，没有比这更不义的事了，给天下百姓带来的危害没有比这更严重的了。因此，一概采用攻伐不可，一概反对攻伐也不可；一概采用救守不可，一概反对救守也不可。唯有兴正义之师才可以实施攻伐与救守。如果军队不是正义之师，那么就既谈不上攻伐，也谈不上救守。只有依靠"义兵"攻伐无道，才能救民于水火。《振乱》篇说："今之世，学者多非乎攻伐。非攻伐而取救守，取救守则乡之所谓长有道而息无道，赏有义而罚不义之术不行矣。"又说："夫攻伐之事，未有不攻无道而罚不义也。攻无道而伐不义，则福莫大焉，黔首利莫厚焉。禁之者，是息有道而伐有义也。"

《吕氏春秋·振乱》还说："是非其所取而取其所非也，是利之而反害之也，安之而反危之也。为天下之长患、致黔首之大害者，若说为深。夫以利天下之民为心者，不可以不熟察此论也。"意思就是说，救守的主张同老百姓的取舍是相反的。表面上看起来，是对老百姓有利，实际上是对老百姓有害。表面上是叫老百姓安，实际上是叫老百姓危。所以这种主张不合乎天下的长远利益，实际上是老百姓的大害。真正为老百姓谋利益的人，对于救守的主张应该仔细研究，仔细考察。

本篇得出结论说：对于战争，只应该问它是义或不义。"兵苟义，攻伐亦可，救守亦可。兵不义，攻伐不可，救守不可。"就是说，如果是义兵，救守是对的，攻守也是对的；如果是不义之兵，攻伐是错误的，救守也是错的。本篇说："夫救守之心，未有不守无道而救不义也。守无道而救不义，则祸莫大焉，为天下之民害莫深焉。"这里把战争中的"义"或"不义"作为衡量战争是"取"或"非"的标准，充分肯定"正义"之战的必要性，反映了人们战争观的历史进步性。因为在战国时期的历史环境中，战争是不可避免的，既然不可避免，就要弘扬正义之战，反对不义之战。事实上，自从吕不韦在秦当政以来，一直在实践着《吕氏春秋》的"义兵"思想。据杨宽先生《战国史》的考证，战国晚期以后，秦在进行兼并战争中不再以大量杀戮士兵及人民群众的生命为目的，这同昭襄王时期秦每战动辄斩首数十万是有明显区别的。这种思想一直延续到现在，对指导今天的战争也是有意义的。

（许富宏）

仲秋纪第八

简　选

世有言曰："驱市人而战之[①]，可以胜人之厚禄教卒[②]；老弱罢民[③]，可以胜人之精士练材[④]；离散系系[⑤]，可以胜人之行陈整齐[⑥]；锄櫌白梃[⑦]，可以胜人之长铫利兵[⑧]。"此不通乎兵者之论。今有利剑于此，以刺则不中，以击则不及，与恶剑无择[⑨]，为是斗因用恶剑则不可。简选精良，兵械铦利[⑩]，发之则不时，纵之则不当，与恶卒无择，为是战因用恶卒则不可。王子庆忌、陈年犹欲剑之利也[⑪]。简选精良，兵械铦利，令能将将之，古者有以王者、有以霸者矣，汤、武、齐桓、晋文、吴阖庐是矣。

殷汤良车七十乘，必死六千人[⑫]，以戊子战于郕[⑬]，遂禽推移、大牺[⑭]，登自鸣条[⑮]，乃入巢门[⑯]，遂有夏[⑰]。桀既奔走，于是行大仁慈，以恤黔首，反桀之事，遂其贤良[⑱]，顺民所喜，远近归之，故王天下。

武王虎贲三千人[⑲]，简车三百乘[⑳]，以要甲子之事于牧野而纣为禽[㉑]。显贤者之位，进殷之遗老[㉒]，而问民之所欲，行赏及禽兽[㉓]，行罚不辟天子[㉔]，亲殷如周，视人如己，天下美其德，万民说其义[㉕]，故立为天子。

齐桓公良车三百乘，教卒万人，以为兵首[26]，横行海内，天下莫之能禁，南至石梁[27]，西至酆郭[28]，北至令支[29]。中山亡邢[30]，狄人灭卫[31]，桓公更立邢于夷仪[32]，更立卫于楚丘[33]。

晋文公造五两之士五乘[34]，锐卒千人，先以接敌，诸侯莫之能难[35]。反郑之埤[36]，东卫之亩[37]，尊天子于衡雍[38]。

吴阖庐选多力者五百人，利趾者三千人[39]，以为前陈[40]，与荆战，五战五胜，遂有郢。东征至于庳庐[41]，西伐至于巴、蜀[42]，北迫齐、晋，令行中国[43]。

故凡兵势险阻，欲其便也；兵甲器械，欲其利也；选练角材，欲其精也[44]；统率士民，欲其教也。此四者，义兵之助也，时变之应也[45]，不可为而不足专恃[46]，此胜之一策也。

〔注释〕 ① 市人：市场上的人。这里指为了打仗而临时聚集起来的乌合之众。 ② 厚禄：指禄秩丰厚的武士。 教卒：受过训练的兵士。 ③ 罢(pí)民：疲惫的百姓。罢，通"疲"。 ④ 练材：技艺熟练的勇武之士。 ⑤ 离散系系：这里指散乱无纪的囚徒。 ⑥ 行陈(háng zhèng)：军队的队列。"陈"的这个意义后来写作"阵"。 ⑦ 櫌(yōu)：平民的农具。 白梃：白茬的木棒。 ⑧ 铫(tiáo)：古代兵器。一说即长矛。 ⑨ 恶：劣。 择：区别。 ⑩ 铦(xiān)：与"利"义同，锋利。 ⑪ 王子庆忌：春秋时吴王僚之子，以勇捷有力闻名。 陈年：古代齐国的勇士。 ⑫ 必死：指代不怕死的勇士。 ⑬ 郕(chéng)：古地名。故地在今山东宁阳县北。 ⑭ 禽：捕捉。后写作"擒"。 推移、大牺：夏桀之臣。 ⑮ 登：进发。 鸣条：古地名，又名高侯原，在今山西运城安邑镇北。 ⑯ 巢门：当是夏桀国都城门之名。 ⑰ 有：占有。 ⑱ 遂：举荐。 ⑲ 虎贲(bēn)：勇士之称。 ⑳ 简车：精选的战车。 ㉑ 要(yāo)：成。 甲子之事：指周武王在甲子那天打败商纣的战事。 牧野：古地名，在今河南淇县南。 ㉒ 进：举荐。 ㉓ 及：及于。 ㉔ 行罚不辟天子：指诛杀商纣王。辟，避开。 ㉕ 说：赞美。 ㉖ 兵首：军队的前锋。 ㉗ 石梁：古地名，在今江苏铜山县。 ㉘ 酆郭：当作"酆鄗(hào)"。酆，在今陕西户县东。或作"丰"。鄗，在今陕西西安市西南。 ㉙ 令支：春秋时山戎属国，故址在今河北迁安县一带。 ㉚ 中山：春秋时白狄别族国名，战国时为中山国，故址在今河北定县、唐县一带。 邢：古国名，周公之子封于此，故址在今河北邢台县境。 ㉛ 狄人灭卫：公元前660年，狄人杀卫懿公于荧泽，所以说“灭”。 ㉜ 夷仪：古地名，在今山东聊城县西。 ㉝ 楚丘：古地名，在今河南滑县东。 ㉞ 造：造就，训练出。 两：这里有技能的意思。 五乘：兵车一乘，甲士三人，五乘合十五人。 ㉟ 难(nàn)：拒，抵挡。 ㊱ 反：覆，毁。 埤(bì)：即“埤堄(nì)”，城上有孔(或呈凹凸形)的矮墙，也称女墙。 ㊲ 东：使……向东。 亩：指田垄。 ㊳ 衡雍：春秋郑地，在今河南省原阳县。 ㊴ 利趾者：善于奔跑的人。 ㊵ 前陈：前锋。 ㊶ 庳庐：古地名。 ㊷ 巴、蜀：二古国名，故址在今四川境内。 ㊸ 中国：春秋时地处中原的华夏各诸侯国。 ㊹ 角材：指武士。角，较量。 ㊺ 时变：时势的变化。 应：适应。 ㊻ 不可为而不足专恃：据上下文意当作“不可不为”。意思是，不能没有，也不能一味依赖它。专，独，单一。恃，依赖。(费鸿虹)

【鉴赏】 本篇与上文一脉相承。“正义之师”要真正发挥“义兵”的作用，如果没有战斗力也是不行的。如要提高“义兵”的战斗力，必须简选精良，兵械锐利，“义兵”才能实现。篇名“简选”，意即选拔精良的部队，提高作战能力。本篇是关于如何提高军队质量、增强部队战斗力的专论。

首先必须注重兵员素质，选拔智力较高、作战勇敢、体魄强壮的士兵。这就是“简选精良”。战争是军队与军队的对抗，军队是人组成的，实际上是人与人之间的对抗。尽管天时、地利、武器装备能发挥很大的作用，但归根结底，仗是人打的，要依靠人的主观能动性的发挥。因此，兵员、将帅的素质决定了部队的素质，并且从根本上决定了战争的胜负。在《简选》篇中，作者特别把“选练角材”视为“义兵之助”的四个因素之一：“凡兵势险阻，欲其便也；兵甲器械，欲其利也；选练角材，欲其精也；统帅士民，欲其教也；此四者，义兵之助也，时变之应也，不可为而不足专恃，此胜之一策也。”“选练角材”，即选拔训练武士兵员都希望他们精锐强壮。在军事历史上，中国古代很早就意识到选拔兵员的重要性。《孙子兵法·地形》篇曰：“兵无选锋，曰北。”意思是说，如果不对战士进行选拔，挑选精锐的士兵组成突击队，必然会失败。《六韬·武锋》：“凡用兵之要，必有武车、骁骑、驰阵、选锋。”选锋，也是选拔精锐的士兵进行作战。《孙膑兵法·篡卒》说："兵之胜在于篡卒，其勇在于制。"篡卒，就是精选士兵。《孙膑兵法·威王问》："选卒力士者，所以绝阵取将也。"选择精锐士兵，目的是为了冲锋陷阵。《吕氏春秋》继承了前代兵家的这一精兵思想，并重点论述了选练精锐与"义兵"致胜的关系。作者在文中首先对当时社会上流传的"武士不选"就可以作战的言论进行了批判，认为"世有言曰，驱市人而战之，可以胜人之厚禄教卒；老弱罢民，可以胜人之精士练材，离散系系，可以胜人之行阵整齐；锄白梃，可以胜人之长铫利兵"的说法是"不通乎兵者之论"，提出"精士练材"，表现了作者对选兵练卒的重视。本篇认为，只有"简选精良"，"令能将将之"，才能完成"义兵"的使命。如殷汤有"必死六千人"，故能"王天下"。武王虎贲三千人，虎贲即是精锐的武士，故能"立为天子"。晋文公"造五两之士五乘，锐卒千人，先以接敌，诸侯莫之能难"。

其次要靠"士卒之教"，即对士兵进行加强战斗力的军事教育与军事训练。军事教育与训练是实现人和武器结合的最重要环节，是提高军队战斗力的基本途径。《国语·鲁语下》："天子有虎贲，习武训也。"意思就是说，像虎贲一样精锐的武士，都是训练出来的。战国时期著名的军事家吴起曾经指出："夫人常死其所不能，败其所不便。故用兵之法，教戒为先。"(《吴子·治兵》)治兵之要，教戒为先。不教则不明，不练则不习。将领或士兵在作战中战死往往是由于其军事技能不熟练，作战失败的原因也主要是由于战术不灵活，由此强调军队军事训练的重要性。《孙膑兵法·教法》云："善教者于本，不临军而变，故曰五教：处国之教一，行行之教一，处军之教一，处阵之教一，隐而不想见利战之教一。"意思是说，对于那些善于教育管理的人来说，带兵的根本原则是不能随意改变的。所以将这些教育称为"五教"：在国内选拔士兵时，要进行教育与训练；在行军过程中，要进行教育与训练；在军队扎营时，要进行教育与训练；在临阵布兵准备迎敌时，要注意教育与训练；在部队隐蔽设伏时，还要教育与训练。对军队进行全程的教育与军事训练是孙膑重要的军事思想。《尉缭子·勒卒令》："三军之众，有分有合，为大战之法。教成试之以阅。"也是强调训练后接受检阅，然后才能参战。本篇继承了前人的思想，提出“统率士民，欲其教也”，并列举齐桓公“教卒万人”，乃可以“横行海内”的事例。清代军事家曾国藩也强调部队必须严格训练以增加战斗力。在他看来，“小仁者，大仁之贼……宽纵不可以治军”（曾国藩《笔记二十七则》）。他制定了非常严格的营规，对作息、警戒、操练、扎营、行军、服装、号令等都有明确的要求。对这些规定，曾国藩要求勤于落实。他说：“营官之要全在一人勤字。训练勤，则弱卒亦成劲旅矣。稽查勤，则哨队咸守营规矣。”（《曾文正公批牍》卷二）

再次要靠“兵械铦利”，即精良的武器装备。武器装备是士兵智慧、力量、四肢的延伸和拓展，有武器跟没有武器，有精良的武器跟只有劣质的武器，在其他因素差不多的情况下，战争的结果是大不一样的。而且，在很大程度上，装备技术的水平还影响军事思想和战略战术的水平。殷汤有“良车七十乘”，武王有“简车三百乘”，齐桓公有“良车三百乘”，这些战车是取得胜利的保障。所以说“兵甲器械欲其利”也是“义兵之助”。

如果军队具备了上面三个方面的条件，那就像一名武士，有强壮的体魄，有了高超的剑术，手持一把锋利无比的宝剑，最后再善于利用地势条件，就具备了打败所有敌人的条件了。

（许富宏）

季秋纪第九

顺　民

先王先顺民心，故功名成。夫以德得民心以立大功名者，上世多有之矣。失民心而立功名者，未之曾有也。得民必有道，万乘之国，百户之邑，民无有不说[①]。取民之所说而民取矣，民之所说岂众哉！此取民之要也。

昔者汤克夏而正天下，天大旱，五年不收，汤乃以身祷于桑林，曰："余一人有罪，无及万夫。万夫有罪，在余一人。无以一人之不敏[2]，使上帝鬼神伤民之命。"于是翦其发[3]，鄜其手[4]，以身为牺牲[5]，用祈福于上帝[6]，民乃甚说，雨乃大至。则汤达乎鬼神之化，人事之传也。

文王处岐事纣，冤侮雅逊[7]，朝夕必时[8]，上贡必适，祭祀必敬。纣喜，命文王称西伯，赐之千里之地。文王载拜稽首而辞曰："愿为民请炮烙之刑[9]。"文王非恶千里之地，以为民请炮烙之刑，必欲得民心也。得民心则贤于千里之地，故曰文王智矣。

越王苦会稽之耻，欲深得民心，以致必死于吴[10]。身不安枕席，口不甘厚味[11]，目不视靡曼[12]，耳不听钟鼓。三年苦身劳力，焦唇干肺，内亲群臣，下养百姓，以来其心[13]。有甘脆不足分[14]，弗敢食。有酒流之江，与民同之。身亲耕而食，妻亲织而衣。味禁珍，衣禁袭[15]，色禁二[16]。时出行路，从车载食，以视孤寡老弱之渍病困穷颜色愁悴不赡者[17]，必身自食之。于是属诸大夫而告之曰[18]："愿一与吴徼天下之衷[19]。今吴、越之国相与俱残，士大夫履肝肺[20]，同日而死，孤与吴王接颈交臂而偾[21]，此孤之大愿也。若此而不可得也，内量吾国不足以伤吴，外事之诸侯不能害之，则孤将弃国家，释群臣[22]，服剑臂刃[23]，变容貌，易名姓，执箕帚而臣事之[24]，以与吴王争一旦之死。孤虽知要领不属[25]，首足异处，四枝布裂[26]，为天下戮[27]，孤之志必将出焉[28]。"于是异日果与吴战于五湖[29]，吴师大败，遂大围王宫，城门不守，禽夫差，戮吴相[30]，残吴二年而霸。此先顺民心也。

齐庄子请攻越，问于和子[31]。和子曰："先君有遗令曰：'无攻越。越，猛虎也。'"庄子曰："虽猛虎也，而今已死矣。"和子曰以告鸮子[32]，鸮子曰："已死矣以为生[33]。"故凡举事，必先审民心，然后可举。

〔注释〕 ① 说：通"悦"，喜悦。 ② 不敏：不才，自谦之词。 ③ 翦其发：剪去头发，古代的一种刑罚。 ④ 鄌：一说当是"磿(lí)"。磿，通"櫪"，压挤。"櫪手"是古代的一种刑罚。用绳连小木棍五根。套入手指收紧，状如后来的"拶(zǎn)指"。商汤自受此刑罚表示自责。 ⑤ 牺牲：供祭祀用的纯色体全的牲畜。 ⑥ 用：以。 ⑦ 冤侮：遭受冤枉、轻慢。 雅：正，合乎规范。 逊：顺。 ⑧ 朝夕必时：早晚朝拜不失其时。 ⑨ 请炮烙之刑：请求除去炮烙之刑。炮烙，殷纣所用的酷刑。 ⑩ 致必死：决心以死拼命。 ⑪ 厚味：指美味。 ⑫ 靡曼：指美色。 ⑬ 来：使……归依，后写作"徕"。 ⑭ 有甘脆不足分：有甜美的食物不够分。甘脆，甘美的食物。 ⑮ 袭：衣外加衣。 ⑯ 色禁二：禁用二色饰物。 ⑰ 渍：病。 愁悴：忧愁憔悴。 赡：充足。 ⑱ 属(zhǔ)：聚集。 ⑲ 徼(yāo)：求。 衷：正。 ⑳ 履肝肺：形容战争残酷激烈。 ㉑ 接颈交臂：描写肉搏之状。 偾(fèn)：僵仆，这里指死。 ㉒ 释：舍弃。 ㉓ 服：佩戴。 臂：持。 ㉔ 执箕帚：指为仆役。 ㉕ 要(yāo)领不属(zhǔ)：指受腰斩、斩首之刑。属，连。 ㉖ 四枝布裂：古代一种最残酷的刑罚。布，分散。 ㉗ 戮：辱。 ㉘ 出：指付诸实施。 ㉙ 五湖：指太湖。 ㉚ 吴相：指太宰嚭(pǐ)。 ㉛ 和子：春秋时齐国田常的曾孙田和，公元前 386 年始列为诸侯，为田姓齐国第一个国君。 ㉜ 鸮(xiāo)子：齐国之相。 ㉝ 以为生：人们认为它还活着。(费鸿虹)

【鉴赏】 本篇篇名"顺民"，意即顺应民众之欲望，也即满足民众的基本生存欲望。本文一开头便开宗明义，强调得民心是十分重要的。"先王先顺民心，故功名成"，顺应民心，是先前的君王成就功名的原因。"取民之要"，即在于顺应民心。本篇在结尾再次强调："故凡举事，必先审民心，然后可举。"作为治理国家的君主，做任何事都要先看民心所在，然后才可实施。

"顺民"思想与先秦时期儒家思想相当地接近。《尚书·五子之歌》

曰:"民可近,不可下;民惟邦本,本固邦宁。"这是重视民心最早的论述之一。孔子曾形象地说:"君者,舟也;庶人者,水也。水则载舟,水则覆舟。"(《荀子·哀公》)这句话指出民心向背决定了政权的归属。孟子说:"得天下有道,得其民,斯得天下矣。得其民有道,得其心,斯得民矣。得其心有道,所欲与之聚之,所恶勿施尔也。"(《孟子·离娄上》)意思是说,要想取得最高统治权,必须获得民众的拥护;要想获得民众的拥护,必须获得民众的认同;获得民众认同的方法是:民众所喜欢的,就为他们聚积起来;民众所厌恶的,就不要加在他们头上。孟子还说:"民为贵,社稷次之,君为轻。"(《孟子·尽心下》)主张君王执政应以民为本,民心所向即为天下趋势。"是故得乎丘民而为天子,得乎天子为诸侯,得乎诸侯为大夫"(《孟子·尽心下》),只有得民众之心,才能为天子。对此,另一位儒家大师荀子也有精辟论述,其曰:"选贤良,举笃敬,兴孝弟,收孤寡,补贫穷,如是则庶人安政矣。庶人安政,然后君子安位。"(《荀子·王制》)荀子这里强调的是"庶人安政,然后君子安位",实际上是说政治权力必须得到民意的支持。《礼记·缁衣》篇也是儒家著作,其关于"君民关系"的论述也颇为精到,曰:"民以君为心,君以民为体。心庄则体舒,心肃则容敬。心好之,身必安之。君好之,民必欲之。心以体全,亦以体伤;君以民存,亦以民亡。"其"君心民体"之喻,取象生动,寓意深刻。儒家的这种思想后来被归结为一句话:即"得民心者得天下"。本篇可视为是对儒家思想的合理吸收,并对后世产生了积极的影响。

其次,既然得民心如此重要,那么如何才能获得民心呢?这是本篇的重点。《孝经·广致德》:"非至德,其孰能顺民如此,其大者乎。"邢昺疏谓:"若非至德之君,其谁能顺民心如此。"意即只有至德的君主,才能顺应民心。这是儒家的看法。"皇天无亲,惟德是辅"(《尚书·蔡仲之命》),谁有德,天就辅佐谁。而上天惠爱百姓,"惟天惠民"(《尚书·泰誓中》),所以民心也是随惠而定的,谁给予百姓好处,百姓就心向着谁,"民心无常,惟惠之怀"(《尚书·蔡仲之命》)。本篇认为,有德的君主,仅凭自己有德是不能得民心的,取得民心的关键是满足民众的欲望。虽然满足民众的欲望也算是有"德",但是儒家往往强调从"自身"修养开始,然后推广至天下。《吕氏春秋》认为,得民心,要转换立场,站在民众的立场上,关键在于满足民众的欲望。并以历史上凡成就功业者如商汤、周文王、越王勾践为例加以说明。商汤时,天大旱,五年没有收成。这时民心最希望下雨。汤于是去求雨,说:"是我一个人有罪,不要祸及天下人;即使天下人有罪,罪责也都在我一人身上,不要因为我一人的罪过,致使天下人的生命受到鬼神的伤害。"他还剪断自己的头发,用绳连小木棍套入手指以受刑,以自己的身体作祭品,向天帝祷告。雨于是下了起来,人民非常高兴。汤也成就功名,成为一代圣王。周文王事纣,朝拜不失时,进贡不失礼,纣王很高兴,赏他千里沃土。但是文王却说:"我不要千里的土地,只愿替人民请求废除炮烙之刑。"文王这样做,就是为了顺应民心。越王勾践知道只有深得民心然后才能复仇成功,于是他对内安抚群臣,对下教养百姓。有食物不独食,有酒把它倒入江中,与人民共饮。亲身参与耕种,靠妻子纺织穿衣。并用车辆载着食物去探望孤寡老弱。结果大败吴军,攻下吴国国都,灭掉了吴国而称霸于诸侯。汤、文王、越王勾践都能够顺应民心,所以能够成功。

所以如果要称王,必定"先顺民心",顺民心,必定满足民众的欲望,才能成功。"夫以德得民心以立大功名者,上世多有之矣。失民心而立功名者,未之曾有也。得民必有道,万乘之国,百户之邑,民无有不说,取民之所说而民取矣,民之所说岂众哉!此取民之要也。"即凡事是顺应民心民意。"故凡举事,必先审民心然后可举",这是为君者不得不明察的关键。

(许富宏)

孟冬纪第十

安　死

世之为丘垄也[①],其高大若山,其树之若林,其设阙庭、为宫室、造宾阼也若都邑[②]。以此观世示富则可矣，以此为死则不可也[③]。夫死，其视万岁犹一瞚也[④]。人之寿，久之不过百，中寿不过六十。以百与六十为无穷者之虑，其情必不相当矣。以无穷为死者之虑则得之矣。

今有人于此，为石铭置之垄上，曰："此其中之物，具珠玉玩好财物宝器甚多，不可不扫[⑤]，扫之必大富，世世乘车食肉。"人必相与笑之，以为大惑。世之厚葬也，有似于此。自古及今，未有不亡之国也；无不亡之国者，是无不扫之墓也。以耳目所闻见，齐、荆、燕尝亡矣，宋、中山已亡矣，赵、魏、韩皆亡矣，其皆故国矣[⑥]。自此以上者，亡国不可胜数，是故大墓无不扫也。而世皆争为之，岂不悲哉！

君之不令民[⑦]，父之不孝子，兄之不悌弟[⑧]，皆乡里之所釜鬲者而逐之[⑨]，惮耕稼采薪之劳[⑩]，不肯官人事[⑪]，而祈美衣侈食之乐，智巧穷屈[⑫]，无以为之，于是乎聚群多之徒，以深山广泽林薮[⑬]，扑击遏夺[⑭]，又视名丘大墓葬之厚者，求舍便居，以微扫之[⑮]，日夜不休，必得所利，相与分之。夫有所爱所重，而令奸邪盗贼寇乱之人卒必辱之，此孝子忠臣亲父交友之大事。尧葬于谷林[⑯]，通树之；舜葬于纪市[⑰]，不变其肆；禹葬于会稽[⑱]，不变人徒[⑲]；是故先王以俭节葬死也，非爱其费也[⑳]，非恶其劳也，为死者虑也。

先王之所恶，惟死者之辱也。发则必辱，俭则不发，故先王之葬，必俭、必合、必同。何谓合？何谓同？葬于山林则合乎山林，葬于阪隰则同乎阪隰[㉑]，此之谓爱人。夫爱人者众，知爱人者寡。故宋未亡而东冢扫[㉒]，齐未亡而庄公冢扫，国安宁而犹若此，又况百世之后而国已亡乎？故孝子忠臣亲父交友不可不察于此也。夫爱之而反危之，其此之谓乎。《诗》曰："不敢暴虎，不敢冯河。人知其一，莫知其他。㉓"此言不知邻类也。故反以相非，反以相是。其所非方其所是也，其所是方其所非也。是非未定，而喜怒斗争，反为用矣。吾不非斗，不非争，而非所以斗，非所以争。故凡斗争者，是非已定之用也。今多不先定其是非而先疾斗争，此惑之大者也㉔。

鲁季孙有丧㉕，孔子往吊之。入门而左㉖，从客也。主人以玙璠收㉗，孔子径庭而趋㉘，历级而上㉙，曰："以宝玉收，譬之犹暴骸中原也㉚。"径庭历级，非礼也，虽然，以救过也。

〔**注释**〕 ① 丘垄：坟墓。 ② 阙：墓阙，陵墓前两边的石牌坊。 宾阼(zuò)：堂前东西阶。古代宾主相见，宾自西阶而上，主人立于东阶，故西阶称宾，东阶称阼。 ③ 为死：指安葬死者。 ④ 瞚：通"瞬"，眨眼。 ⑤ 扫(hú)：发掘。 ⑥ 故国：古国。 ⑦ 令：善。 ⑧ 悌：敬爱兄长。 ⑨ 所釜(fǔ)鬲(lì)者：用釜鬲吃饭的人。这里指所有人。鬲，古代炊器，陶制，三足，中空。 ⑩ 采薪：打柴。 ⑪ 官：从事。 人事：指耕稼、劳役一类的事。 ⑫ 屈(jué)：竭、尽。 ⑬ 薮(sǒu)：草木茂盛的沼泽地。 ⑭ 遏：阻止，这里是拦截的意思。 ⑮ 便居：方便有利的住所。 微：隐蔽地，暗暗地。 ⑯ 谷林：地名。也作谷陵，即成阳。 ⑰ 纪：地名。舜葬苍梧九疑之山，九疑山下有纪邑。 ⑱ 会稽：山名。在今浙江省绍兴市东南。 ⑲ 变：动，这里是烦扰的意思。 人徒：众人。 ⑳ 爱：吝啬。 ㉑ 阪(bǎn)：山坡。 隰(xí)：潮湿的低洼地。 ㉒ 东冢：指宋文公之墓，因墓在城东，故称东冢。 ㉓ 人知其一，莫知其他：此句见《诗经・小雅・小旻》，这里取"人知其一，莫知其他"句意，批评世人只知爱死者，却不知爱法不当也会带来其他祸害。暴虎：徒手搏虎。 冯(píng)河：徒步渡河。 ㉔ 故反以相非……此惑之大者也：此段内容与全文不合，疑它篇之文错简于此。 ㉕ 季孙：春秋时鲁国最有权势的贵族。 丧：指季平子意如之丧。 ㉖ 左：站到左边。 ㉗ 主人：主丧之人，指季恒子，季平子之子，名斯。 玙璠(yú fán)：鲁国的宝玉。 收：殓，装殓。 ㉘ 径庭：穿行，指自西阶之下越过中庭而向东行。 ㉙ 历级：登阶。 ㉚ 暴(pù)骸：暴露尸骨。 中原：平野，原野。(费鸿虹)

【鉴赏】 本篇与《节丧》篇皆为倡导“薄葬”之说。人总有一死，死后须安葬。中国古代在夏、商之前，丧者葬于郊野。《礼记·檀弓》中就有“古者，墓而不坟”的说法。《易·系辞传下》中也有“古之葬者，厚衣之以薪，藏(葬)之中野，不封不树”的说法。所谓“不封不树”，就是指既不给死者封土堆，也不栽种树木。《汉书·楚元王传·附刘向传》中亦记载：殷汤、周文王、周武王、周公、秦穆公等先王先公的葬地，均“无丘垅之处”。上古的丧葬为薄葬，不封不树，墓与地平齐，这一点也可从今天的考古学上得到证实。

但是到了春秋战国时期，厚葬之风越来越盛行。《淮南子·氾论》说：“厚葬久丧以送死，孔子之所立也。”就是说，厚葬之风是以孔子为代表的儒家建立起来的。在《论语·学而》中，孔子提出了“慎终追远，民德归厚”的主张。意思是要谨慎地办理父母的丧事，并要追念远古的祖先，这样才能使人心归于淳厚。“慎终追远”是儒家丧葬观中的一条重要理论，它被后人赋予了更为丰富的内涵。在《阳货》中，当弟子宰我认为“三年之丧，期已久矣”的时候，孔子批评宰我“不仁”，还说：“子生三年，然后免于父母之怀。夫三年之丧，天下通丧也，予也有三年之爱于其父母乎！”在孔子看来，对死去亲人的“孝”就是要落实到重视丧葬质量之上，否则就是不孝。孟子也说：“亲丧，固所自尽也。”还说：“生，事之以礼；死，葬之以礼，祭之以礼，可谓孝矣。”(《孟子·滕文公上》)他又说：“事，孰为大？事亲为大。”(《孟子·离娄上》)他认为给父母治丧是最大的事情，君子不应该在父母的丧事上节俭，说：“吾闻之也，君子不以天下俭其亲。”(《孟子·公孙丑下》)荀子在《礼论》中具体阐述了自己的厚葬理论。可以说，《礼论》也是代表儒家丧葬观念的一篇重要文献。荀子在《礼论》中说：“礼者，谨于治生死者也。生，人之始也；死，人之终也。终始俱善人道毕矣。”在儒家厚葬观念的影响下，战国以来的秦国重视厚葬。秦始皇即位之后，按惯例即为其修建陵墓，秦陵的规模十分浩大，浪费了大量的人力、财力、物力。

吕不韦站在为国治理的角度反对厚葬，因为这样对国家的治理十分不利。本篇一开头即说：“世之为丘垄也，其高大若山，其树之若林，其设阙庭、为宫室、造宾阼也若都邑。以此观世示富则可矣，以此为死则不可也。”世间大规模修建陵墓是不可以的。为什么不可以呢？因为厚葬无疑是告诉人们，其中“具珠玉玩好财物宝器甚多”，不能不把墓掘开，掘开墓就能发大财，世世代代不愁吃穿。从历史上来看，“自古及今，未有不亡之国也”，也“无不扣之墓也”，没有国家能够永恒的，也没有陵墓不被挖掘的。所以，厚葬只是给后人发财而已。不仅如此，因为墓被掘开，尸骨也就散落在外，人的灵魂也不得安宁，这与死葬让人安宁的意愿完全相反。所以，从“安死”的角度来讲，也不能厚葬。所以“尧葬于谷林”，“舜葬于纪”，“禹葬于会稽”，皆“以俭节葬死也”。

《吕氏春秋》中的节葬思想一般认为来源于墨家。在春秋战国时期，墨家是竭力倡导节葬的。《淮南子·要略》记载说：“墨子学儒者之业，受孔子之术，以为其礼烦扰而不说，厚葬靡财而贫民，服伤生而害事，故背周道而用夏政。”在《墨子·非儒下》中，墨家更把“久丧伪哀以谩亲”，即长期服丧假装哀伤以欺骗死去的双亲，作为否定儒家的理由。墨子否认儒学“厚葬糜财而贫民”而另创新说，他力主薄葬。墨子对社会上的厚葬风气进行了批判和揭露，认为：“然则姑尝稽之，今虽毋法执厚葬久丧者言，以为事乎国家，此存乎王公大人有丧者，曰：棺椁必重，葬埋必厚，衣衾必多，文绣必繁，丘陇必巨；存乎匹夫、贱人、死者，殆竭家室；（存）乎诸侯死者，虚车府。”（《节葬下》）墨子认为王公大人举办丧事，棺木必须多层，埋葬必须深厚，死者的衣服要有许多件，随葬的文绣也必须多而豪华，坟墓还必须高大。这种情况如果发生在穷苦的人家中，肯定会耗尽他们的家产。诸侯死了，就要花光他们所贮藏的财富。要用金玉珠宝首饰装饰死者，还要制造很多帐幕帷幔、钟鼎、剑、羽旌、象牙、皮革等作为陪葬品。把很多财富埋在坟墓里进行厚葬，必然会造成人力物力的极大浪费，从而加重人们的负担，最终容易导致国家和人民的贫困。墨子还说：“今唯无以厚葬久丧者为政，国家必贫，人民必寡，刑政必乱。若法若言，行若道；则不能听治；使为下者行此，则不能从事。上不听治，刑政恬适；下不从事，衣食之财必不足。……治之说无可得焉。”（《节葬下》）在这里，墨子进一步批判了厚葬的危害性。认为如果让主张厚葬久丧的人主持政务，国家必定贫穷，人民必定减少，刑法政治必定混乱。假如效法这种言论，实行这种主张，那么居于上位的人就不可能听政治国；而居于下位的人，也不可能从事生产。居上位的人不能听政治国的话，刑事政务就必定混乱；在下位的人不能从事生产的话，衣食就不能满足。这样下去，天下必然会大乱，国家的治理就无从谈起。

墨家的这种思想被《吕氏春秋》所继承。《节丧》篇说："善棺椁，所以避蝼蚁蛇虫也。今世俗大乱，人主愈侈其葬，则心非为乎死者虑也，生者以相矜尚也。侈靡者以为荣，俭节者以为陋，不以便死为故，而徒以生者之诽誉为务。"死者用棺椁成殓，原本是为了避免尸体被虫吃鼠咬，但是现在的人们进行厚葬，目的并不是为死者着想，而是为了活着的人挣虚荣的面子。但是《吕氏春秋》反对厚葬，并不像墨家那样站在为了维护民众利益的立场上，而是站在让死者"安死"的立场上。所以本篇说："是故先王以俭节葬死也，非爱其费也，非恶其劳也，以为死者虑也。"倡导节葬，不是为了省钱，不是为了节省劳力，而是为了死者考虑。"俭则不发"，俭葬，墓就不会被掘开，所以应该俭葬。

《吕氏春秋》"节葬"、"安死"的主张对后世产生深远的影响。班固《汉书·杨王孙传》载杨王孙要求裸葬的事。杨王孙崇尚黄老之学，生病时对儿子说："我想光着身子入土，以便回到我本来的样子中去。一定不要违背我的想法。我死后做一只口袋装入我的尸体，墓穴挖到地下七尺，把口袋放下去后，从脚下把口袋褪下来，让我的身体直接和土壤接触。"杨王孙的儿子怎么也想不通。后来杨王孙向老朋友回信中解释说：我光着身子入土，以此来矫正社会不正之风。铺张浪费地埋葬实在对死者没什么好处，而社会上的人竟然互相攀比，费尽钱财，让它们烂在地下。要是今天刚埋进去，明天又被盗墓的人挖开，这才真和暴露在野外没什么两样！况且对死者来说，从出生到死去，这是他的必然归宿。回归的人得到了回归，死去的人得到了变化，这是事物各自回到他们的本来面目。回到无知无识、无形无声的本来面目，这才符合道家的主张。从杨王孙的看法中，也可以看出《吕氏春秋》节葬的主张也含有道家“全性葆真”的意思在内。

（许富宏）

异宝

古之人非无宝也，其所宝者异也。孙叔敖疾，将死，戒其子曰[①]：“王数封我矣，吾不受也。为我死，王则封汝，必无受利地。楚、越之间有寝之丘者，此其地不利，而名甚恶，荆人畏鬼，而越人信禨[②]，可长有者，其唯此也。”孙叔敖死，王果以美地封其子，而子辞，请寝之丘，故至今不失。孙敖叔之知[③]，知不以利为利矣，知以人之所恶为己之所喜，此有道者之所以异乎俗也。

五员亡[④]，荆急求之，登太行而望郑曰：“盖是国也，地险而民多知。其主，俗主也，不足与举。”去郑而之许，见许公而问所之。许公不应，东南向而唾[⑤]。五员载拜受赐[⑥]，曰：“知所之矣。”因如吴。过于荆，至江上，欲涉，见一丈人[⑦]，刺小船[⑧]，方将渔，从而请焉。丈人度之[⑨]，绝江[⑩]，问其名族[⑪]，则不肯告，解其剑以予丈人，曰：“此千金之剑也，愿献之丈人。”丈人不肯受，曰：“荆国之法，得五员者，爵执圭[⑫]，禄万檐[⑬]，金千镒[⑭]。昔者子胥过，吾犹不取，今我何以子之千金剑为乎？”五员过于吴[⑮]，使人求之江上则不能得也，每食必祭之，祝曰：“江上之丈人，天地至大矣，至众矣，将奚不有为也？而无以为[⑯]。为矣而无以为之。名不可得而闻，身不可得而见，其惟江上之丈人乎！”

宋之野人，耕而得玉，献之司城子罕[17]，子罕不受。野人请曰："此野人之宝也，愿相国为之赐而受之也。"子罕曰："子以玉为宝，我以不受为宝。"故宋国之长者曰："子罕非无宝也，所宝者异也。"

今以百金与抟黍以示儿子[18]，儿子必取抟黍矣；以和氏之璧与百金以示鄙人[19]，鄙人必取百金矣；以和氏之璧、道德之至言以示贤者，贤者必取至言矣。其知弥精，其所取弥精；其知弥粗，其所取弥粗。

〔注释〕 ① 戒：告诫。后写作"诫"。 ② 禨(jī)：迷信鬼神和灾祥。 ③ 知：智慧。后写作"智"。 ④ 五员(yún)：即伍员。 亡：逃亡。 ⑤ 许公不应，东南向而唾：许公想让伍员投奔吴国，但又不敢得罪楚国这个强大的近邻，只好不应，而代之向吴国所在的东南方以唾示意。 ⑥ 载：通"再"。 ⑦ 丈人：老者。 ⑧ 刺：撑。 ⑨ 度：渡。 ⑩ 绝：横渡。 ⑪ 族：姓。 ⑫ 爵：赐予爵位。 执圭：春秋时诸侯国爵位名称。圭，玉制礼器，形状上尖下方。形制大小因爵位及用途不同而异。天子把圭赐给众臣，让他们执圭朝见，故名"执圭"。 ⑬ 檐(dān)：通"儋"，今作"担"，容积为一石。 ⑭ 镒：古代重量单位，二十两为一镒。一说二十四两为一镒。 ⑮ 过：至。 ⑯ 奚不有为：无不为。奚，何。 无以为：无所以为，即无所求。 ⑰ 司城子罕：春秋时宋国的执政大臣。司城，官名，即司空，相当于相国，执掌国政，为春秋时宋国所设置。 ⑱ 抟(tuán)黍：捏成团的黄米饭。 ⑲ 和氏之璧：相传为琢玉能手卞和在荆山发现，初不为人知，后由楚文王赏识，琢磨成器，命名为和氏璧，成为楚国的国宝。春秋战国之际，几经流落，最后归秦，由秦始皇制成玉玺。(费鸿虹)

【鉴赏】 本篇摒弃了世俗关于"宝"的概念，主张以道德为宝。所谓"宝"，就是把什么东西当作有价值的东西。本篇以"宝"为媒介，实际上是讨论价值观的问题。"异宝"就是弘扬与众不同的价值观，体现了吕不韦作为政治家的价值取向。

那么，本篇到底倡导什么样的价值观呢？

首先，不要把获得个人的利益当作“宝”，当作有价值的东西。这个意思是通过孙叔敖教子的例子来说明的。孙叔敖病了，临死的时候告诫他的儿子说：“大王多次赐给我土地，我都没有接受。如果我死了，大王就会赐给你土地，你一定不要接受肥沃富饶的土地。楚国和越国之间有个寝丘，这个地方土地贫瘠，而且地名很不吉利。楚人畏惧鬼，而越人迷信鬼神和灾祥。所以，能够长久占有的封地，恐怕只有这块土地了。”孙叔敖死后，楚王果然把肥美的土地赐给他的儿子，但是孙叔敖的儿子谢绝了，请求赐给寝丘，所以这块土地至今没有被他人占有。楚王封给孙叔敖儿子肥沃的土地，但是其却遵孙叔敖的遗愿选择贫瘠的土地，这就是不把获得个人的私利当作“宝”。

俗话说：无利不起早。《管子》说：“商人通贾，倍道兼行，夜以续日，千里不远者，利在前也。”(《禁藏》)虽然《管子》中所说的是经商之人，但也可以用作所有人的形象写照。人们都把得利作为“宝”而追求，是人之常情。那么作为一国之臣，如何对待自身的利益？本篇认为，不贪心，不谋私利，应该就是臣子的价值观。因为在一国朝廷之中，如果大家都想着得到肥沃的土地，这样势必会卷入争斗，有争斗必有伤亡，国家也必然有损失。孙叔敖的儿子因为没有肥沃的土地，所以就不会卷入争夺，因而能够保全土地与自己的性命。因此，不贪求个人利益反成了人身最大的安全保障。由此可以看出本篇的目的：教育为臣之人，要“异宝”，不能像常人一样以争得个人的利益为目的，只有这样，国家才能得到治理，而大臣个人也才能保全自身。《吕氏春秋》始终是站在如何治理好国家的立场之上的，于此亦可一见。

其次，帮助他人，只求付出，不图回报。不是为了得到悬赏的钱财而做出卖他人之事，这样的行为才具有真正的价值。文中举江上之人为例加以说明。伍员逃亡，楚国紧急追捕他。他向吴国的方向逃。路过楚国，到了长江岸边，想要渡江。他看到一位老人，撑着小船，正要打鱼，于是走过去请求老人送他过江。老人把他送过江去。伍员问老人的姓名，老人却不肯告诉他。伍员解下自己的宝剑送给老人，说：“这是价值千金的宝剑，我愿意把它送给您。”老人不肯接受，说：“按照楚国的法令，捉到伍员的，授予执圭爵位，享受万石俸禄，赐给黄金千镒。从前伍子胥从这里经过，我尚且不捉他去领赏，如今我接受你的价值千金的宝剑做什么呢？”伍员到了吴国，派人到江边去寻找老人，却无法找到了。人世间，做了有利于别人的事，却毫无所求，名字无法得知，身影无法得见。江上的老人，做到了帮助他人，只求付出而不图回报，不贪图钱财而做出卖他人之事。这是“异宝”，也是《吕氏春秋》一书所倡导的“义”。历史上，为了贪图悬赏的钱财，干出出卖他人之事的人数不胜数，但他们最终都没有好的下场。

第三，不无端地收受他人的财物。宋国的农夫得到一块宝玉，把它送给司城子罕，子罕不接受。说：“你把玉当作宝物，我把不接受别人的赠物当作宝物。”子罕的官职是司城，是掌控了一定权力的政府工作人员。拥有这样身份的一个人，却不贪图接受民众主动献上的财物。本篇的目的很显然，就是教育国家机关的工作人员，为官清廉，不要贪图财物，更不要搜刮百姓。子罕连农夫主动献上的宝玉都不要，很难设想这样的人会去搜刮百姓。如果国家都是这样的人在为国工作，哪里会有天下得不到治理的呢？这也是本篇的用意所在。

而要懂得上述道理，必须要有高尚的道德作支撑。所以本文最后说：把和氏之璧与关于道德的至理名言放在贤人面前，贤人一定是选择至理名言了。到此，本篇的主题已经明白道出：所有人都应该“以德为宝”。无论是孙叔敖、江上老人还是司城子罕，都是道德高尚之人。《吕氏春秋》的这种认识也是渊源有自的。《国语·晋语八》记载叔向贺贫的故事应当是这种认识的先行表达。韩宣子忧贫，叔向贺之。韩宣子说：“我有卿的名声，但是却没有卿之名而带来的实惠，不能与晋国的其他卿相比，我因此感到忧虑。你祝贺我，是什么原因呢？”叔向从正反两个方面举例说：从前栾武子没有百人的田产，他掌管祭祀，家里却连祭祀的器具都不齐全；可是他能够“宣其德行”，遵循法制，名闻于诸侯各国。诸侯亲近他，戎狄归附他，因此使晋国安定下来，执行法度，没有弊病，因而避免了灾难。而那个郤昭子，“其富半公室”，他的财产抵得上晋国公室财产的一半；“其家半三军”，他家里的佣人抵得上三军的一半；他依仗自己的财产和势力，在晋国过着极其奢侈的生活，最后“其身尸于朝，其宗灭于绛”，结果他被陈尸在朝堂上，他的宗族也在绛邑被灭绝。叔向借晋栾氏、郤氏两大家族的兴亡史说明作为朝廷之臣，应“忧德之不建”，而不应当“患货之不足”。只有这样，才能保证自身的安全和家族的绵延。本篇的意义也在于此。

（许富宏）

仲冬纪第十一

长　见

智所以相过[①]，以其长见与短见也。今之于古也，犹古之于后世也。今之于后世，亦犹今之于古也。故审知今则可知古，知古则可知后，古今前后一也。故圣人上知千岁，下知千岁也。

荆文王曰[②]：“苋譆数犯我以义[③]，违我以礼，与处则不安，旷之而不谷得焉[④]。不以吾身爵之[⑤]，后世有圣人，将以非不谷[⑥]。”于是爵之五大夫[⑦]。“申侯伯善持养吾意[⑧]，吾所欲则先我为之，与处则安，旷之而不谷丧焉[⑨]，不以吾身远之，后世有圣人，将以非不谷。”于是送而行之[⑩]。申侯伯如郑[⑪]，阿郑君之心[⑫]，先为其所欲，三年而知郑国之政也[⑬]，五月而郑人杀之。是后世之圣人，使文王为善于上世也。

晋平公铸为大钟[⑭]，使工听之[⑮]，皆以为调矣[⑯]。师旷曰[⑰]：“不调，请更铸之。”平公曰：“工皆以为调矣。”师旷曰：“后世有知音者，将知钟之不调也，臣窃为君耻之[⑱]。”至于师涓，而果知钟之不调也[⑲]。是师旷欲善调钟，以为后世之知音者也。

吕太公望封于齐[20]，周公旦封于鲁，二君者甚相善也，相谓曰："何以治国？"太公望曰："尊贤上功[21]。"周公旦曰："亲亲上恩[22]。"太公望曰："鲁自此削矣。"周公旦曰："鲁虽削，有齐者亦必非吕氏也。"其后齐日以大，至于霸，二十四世而田成子有齐国[23]。鲁日以削，至于觐存[24]，三十四世而亡。

吴起治西河之外[25]，王错谮之于魏武侯[26]，武侯使人召之。吴起至于岸门[27]，止车而望西河，泣数行而下。其仆谓吴起曰："窃观公之意，视释天下若释躧[28]，今去西河而泣，何也？"吴起抿泣而应之曰[29]："子不识。君知我而使我，毕能西河可以王[30]。今君听谗人之议，而不知我，西河之为秦取不久矣，魏从此削矣。"吴起果去魏入楚。有间，西河毕入秦，秦日益大。此吴起之所先见而泣也。

魏公叔痤疾[31]，惠王往问之[32]，曰："公叔之疾，嗟！疾甚矣！将奈社稷何[33]？"公叔对曰："臣之御庶子鞅[34]，愿王以国听之也。为不能听，勿使出境。"王不应，出而谓左右曰："岂不悲哉！以公叔之贤，而今谓寡人必以国听鞅，悖也夫！"公叔死，公孙鞅西游秦，秦孝公听之，秦果用强[35]，魏果用弱。非公叔痤之悖也，魏王则悖也。夫悖者之患，固以不悖为悖。

〔注释〕 ① 过：超过。这里是有差异的意思。 ② 荆文王：即楚文王，春秋时楚国国君。 ③ 苋譆(xiànxī)：楚文王之臣。 ④ 旷之而不谷得焉：久而久之，我从中有所得。旷，久。 不谷：不善之人。这是春秋时诸侯的谦称。谷，善。 ⑤ 不以吾身爵之：如果我不亲自授予他爵位。以，从，由。爵，用如动词，授予爵位。 ⑥ 将以非不谷：将要以此责难我。 ⑦ 五大夫：爵位名。 ⑧ 申侯伯：楚文王之臣。申，春秋时小国，为楚所灭。 持，把握。 养：长养，助长。 ⑨ 丧：失。 ⑩ 行：使……

行。 ⑪ 如：往。 ⑫ 阿(ē)：曲从，迎合。 ⑬ 知：主持，执掌。 ⑭ 晋平公：春秋时晋国国君。 ⑮ 工：指乐工。 ⑯ 调(tiáo)：和谐。 ⑰ 师旷：春秋时著名乐师，名旷，相传他精通审音辨律，因为是盲人，史书又称"瞽旷"。 ⑱ 窃：谦辞，私下。 ⑲ 师涓：春秋时卫灵公的乐官，善音律。 ⑳ 吕太公望：即太公望吕尚。 ㉑ 上：尚，崇尚。 ㉒ 亲亲上恩：亲近亲人，崇尚恩爱。 ㉓ 田成子：即田桓，又名田常。 ㉔ 觐(jǐn)：通"仅"。 ㉕ 西河：指今山西、陕西界上黄河南北流向最南端一段。也指战国时地处黄河西安的魏地。 ㉖ 王错：魏大夫，魏武侯死后二年出奔韩。 谮(zèn)：说坏话诬陷别人。 魏武侯：魏文侯之子。 ㉗ 岸门：魏邑，在今山西省河津县南。 ㉘ 释：舍弃。 躧(xǐ)：同"屣"，鞋。 ㉙ 抿(wěn)泣：擦去眼泪。抿，同"抆"，擦。泣，眼泪。 ㉚ 毕能：竭尽能力。 ㉛ 公叔痤：战国时魏惠王相。 ㉜ 惠王：魏惠王，魏武侯之子，名䓨。 ㉝ 奈……何：把……怎么样。 ㉞ 御庶子鞅：即公孙鞅，卫国人，又名卫鞅。初为魏相公叔痤的家臣，后入秦辅佐秦孝公实行变法，奠定了秦国富强的基础。秦封之于商，号商君，又称商鞅。御庶子，官名。 ㉟ 用：以，因。(费鸿虹)

【鉴赏】 长见，即远见。本篇主要论述作为一国之君一定要具有长远的眼光，与《知接》篇主旨相同。在论证之前，本文先论证长见的重要性，提出"智所以相过，以其长见与短见也"，意思是说：一个人是否智力过人就看他对问题见识的长短。也就是说，人是否具有远见，是否能从眼前推知长远是衡量其智力高低的标准之一，这种观点是十分杰出的认识。

智力或智慧在现代心理学研究中占有重要的地位，现代心理学已形成了许多各具特色的智力理论。中国的古代虽没有形成完整的智力理论，但对智力问题也并非一无所知，事实上中国古代思想家对智力的认识是颇为深刻的，许多见解即使在今天看来亦不失为真知灼见。早在春秋时期，孔子便对人的智力进行了三种水平的划分：即"上智"、"中人"、"下愚"。孔子的这个划分与现代科学心理学将人的智力划分为"超常"、"中常"、"低常"三种水平不谋而合。在对智力或智慧的热烈讨论中，自然也就涉及到评定智力或智慧的标准问题。我国古代思想家在躬身实践与探索中提出了一系列标准，其中之一便是《荀子·非相》篇提出的："以近知远，以一知万，以微知明。”“以近知远”，其涵义是以眼前可见的事物推知遥远的不可见的事物，它是智力或智慧推理能力和预测能力的一种体现。一个人是否聪明智慧，从他的这种“以近知远”的推理和预测能力中可见一斑。本篇所说的“智所以相过，以其长见与短见也”，以及《知接》篇所说的“智者其所能接远也，愚者所能接近也”，都是这个意思。

在论述关于“长见”的重要性之后，吕氏门客就将文笔指向现实，作为一国之君应该具备“长见”的能力。文中列举了多个例证来说明这个问题。楚文王时期，有一个申侯伯，楚文王疏远了他。至于为什么要疏远他，楚文王说：“申侯伯善于把握并迎合我的心意，我想要什么，他就在我之前准备好什么，跟他在一起就感到安逸，久而久之，我从中有所失。如果我不疏远他，后代如有圣人，将要以此责难我。”于是送走了他。楚文王疏远申侯伯是有远见的行为。后来申侯伯到了郑国，曲从郑君的心意，事先准备好郑君想要的一切，经过三年就执掌了郑国的国政，但是仅仅过了五个月，郑国的人就把他杀了。郑国的国君与楚文王相比就是缺乏政治远见了。吴起治理西河，有人在魏武侯面前诋毁他，武侯派人把吴起召回。吴起在临走前说：“如果君主了解信任我，使我尽自己的所能，那么我凭着西河就可以帮助君主成就王业。如今君主听信了小人的谗言，而不信任我，西河被秦国攻取的日子不会久了，魏国从此要削弱了。”吴起是有远见的，而魏武侯则缺乏远见。于是吴起离开了魏国，去了楚国，楚国任用吴起变法，逐渐强大起来。而魏国在吴起离开不久，西河之地就完全被秦国吞并了，秦国日益强大。这正是吴起所预见的事。可见，国君有“长见”是非常重要的。魏国的公叔痤病了，惠王去探望他，说：“公叔您的病，唉！病得很沉重了，国家该怎么办呢？”公叔回答说：“我的家臣御庶子公孙鞅很有才能，希望大王能把国政交给他治理。如果不能任用他，不要让他离开魏国。”公叔痤去世后，魏王并没有把国政付诸于公孙鞅。公孙鞅向西游说秦国，秦孝公听从了他的意见，实行变法，秦国果然强大起来。而魏国也逐渐衰弱下去了。魏王没有远见，有人才但却发现不了，结果丧失了称雄天下的良机。

通过上文列举的事例，可以看出“长见”对国君来说是一项十分重要的政治素质。为相十年的吕不韦本人就是一个很有远见的人。《史记·吕不韦列传》载，安国君儿子子楚，在赵国做人质。“车乘进用不饶，居处困，不得意”。吕不韦在赵国首都邯郸做生意，“见而怜之，曰‘此奇货可居’”。于是往见子楚，说：“吾能大子之门。”子楚心里知道吕不韦有谋略，“乃引与坐，深语”。吕不韦说：秦王老了，安国君得立为太子。我私下听说安国君爱幸华阳夫人。华阳夫人无子，能立合适继位者的人，唯独只有华阳夫人。现在你们兄弟二十多人，而您排行居中，不被关爱，又长期在赵国做人质。一旦大王驾崩，安国君立为王，那么你就不可能得立太子了。于是吕不韦出金贿赂华阳夫人，又亲自帮助子楚游说，终于成功地将子楚立为华阳夫人的继嗣。后来子楚做了秦国国王，封吕不韦为文信侯，任职相国。吕不韦的政治理想也得以实现。当初吕不韦看见子楚的时候，便能看出子楚“奇货可居”，其政治远见确实高人一筹。

不过，《吕氏春秋》能有这样的认识也是继承了前人的思想。《左传·庄公十年》曹刿论战时说：“肉食者鄙，未能远谋。”曹刿就是有远见的人。春秋后期一位重要的政治家、外交家，齐国的晏子，也以有政治远见而闻名。历史上像管仲、曹刿这样的贤人，他们具有的远见以及吕不韦本人的远见，应该是本篇产生的基础。

值得注意的是，文中提出“今之于古也犹古之于后世也，今之于后世亦犹今之于古也，故审知今则可知古，知古则可知后。”这一段揭示了古今前后是一脉相承的，“今”是“古”的发展，而未来的“后”又是“今”的继续，这种把历史看成是有规律的、连续的、发展的认识，在两千多年前是很可贵的。

（许富宏）

季冬纪第十二

士节

士之为人，当理不避其难[①]，临患忘利，遗生行义[②]，视死如归。有如此者，国君不得而友，天子不得而臣。大者定天下，其次定一国，必由如此人者也。故人主之欲大立功名者，不可不务求此人也。贤主劳于求人，而佚于治事③。

齐有北郭骚者④，结罘罔⑤，捆蒲苇，织萉屦⑥，以养其母犹不足，踵门见晏子曰⑦："愿乞所以养母⑧。"晏子之仆谓晏子曰："此齐国之贤者也，其义不臣乎天子，不友乎诸侯，于利不苟取，于害不苟免。今乞所以养母，是说夫子之义也⑨，必与之。"晏子使人分仓粟、分府金而遗之，辞金而受粟。有间，晏子见疑于齐君⑩，出奔⑪，过北郭骚之门而辞⑫。北郭骚沐浴而出见晏子曰⑬："夫子将焉适？"晏子曰："见疑于齐君，将出奔。"北郭子曰："夫子勉之矣⑭。"晏子上车，太息而叹曰："婴之亡岂不宜哉！亦不知士甚矣。"晏子行。北郭子召其友而告之曰："说晏子之义，而尝乞所以养母焉。吾闻之曰：'养及亲者，身伉其难⑮。'今晏子见疑，吾将以身死白之⑯。"著衣冠，令其友操剑奉笥而从⑰，造于君庭⑱，求复者曰⑲："晏子，天下之贤者也，去则齐国必侵矣⑳。必见国之侵也，不若先死。请以头托白晏子也㉑。"因谓其友曰："盛吾头于笥中，奉以托。"退而自刎也。其友因奉以托。其友谓观者曰："北郭子为国故死，吾将为北郭子死也。"又退而自刎。齐君闻之，大骇，乘驲而自追晏子㉒，及之国郊，请而反之。晏子不得已而反，闻北郭骚之以死白己也，曰："婴之亡岂不宜哉！亦愈不知士甚矣。"

〔注释〕 ① 当：面对。 理：义。 ② 遗生：舍生。 ③ 佚(yì)：通"逸"，安逸。 ④ 北郭骚：春秋时齐国的隐士。北郭，姓。骚，名。 ⑤ 罘(fú)：捕兽的网。罔：网。 ⑥ 葩屦(fēijù)：麻鞋。 ⑦ 踵门：走到门上。踵，脚后跟，这里是走的意思。 晏子：春秋时齐国人，名婴，字平仲。 ⑧ 所以养母：用以奉养母亲的东西，这里指粮食。 ⑨ 说：通"悦"，悦服。 ⑩ 见：表被动。 ⑪ 出奔：逃到国外。⑫ 辞：告别。 ⑬ 沐浴：洗发洗身。北郭骚沐浴而出以示恭敬有礼。 ⑭ 夫子勉之矣：您好自为之吧！ ⑮ 伉(kàng)：当，承担。 ⑯ 白：这里是洗清冤诬的意思。⑰ 奉：捧。 笥(sì)：苇或竹制的方形盛器。 ⑱ 造：到……去。 ⑲ 复者：指君庭门前负责传话通禀的下级官吏。 ⑳ 侵：这里指被侵。 ㉑ 托：托付。 ㉒ 驲(rì)：古代驿站专用的车。

【鉴赏】 战国时期，士人在政治、军事、外交等各个舞台上，发挥着举足轻重的作用。《礼记·考工记》谓："坐而论道，谓之王公；作而行之，谓之士大夫。"王公只说不做，士大夫专门负责做事。士作为"执技以事上者"的地位是不高的，但是对士的要求却非常高。《礼记·学记》说："凡学，官先事，士先志。"强调士人从学首要在立志，即注意以立身行道、弘扬先王礼义作为其的追求目标。《荀子·儒效》曰："彼学者，行之，曰士也；敦慕焉，君子也；知之，圣人也。"与君子、圣人相比，士人为学更加注重践履实行。于是有"士者事也"的说法，士因此亦成为为贵族社会服务的政治仆役。

战国时期，爱士，好士，聚集天下之士成为风气。《吕氏春秋·期贤》篇描述当时的情景时说："当今之时世暗甚矣，人主有能明其德者，天下之士，其归之也，若蝉之走明火也。"著名的如齐有孟尝君、赵有平原君、楚有春申君，魏有信陵君，皆聚集天下门客，有的门客数量达数千人之众，吕不韦也是其中之一。《吕氏春秋》就是其集结天下士子集体撰作的结果。《吕氏春秋》中也有大量的篇幅论士。本篇是《吕氏春秋》众多论士中的一片，专门谈士的节操。

本篇通过齐国的隐士北郭骚以死为晏子洗刷冤屈的故事，宣扬了"理不避其难，临患忘利，遗生行义，视死如归"的节操。齐国有个叫北郭骚的人，靠结兽网、编蒲苇、织麻鞋来奉养他的母亲，但仍不足以维持生活，于是他到晏子门上求见晏子说：“希望能得到粮食以奉养母亲。”晏子于是派人把仓中的粮食、府库中的金钱拿出来分给他。过了不久，晏子被齐君猜忌，逃往国外。北郭骚召来他的朋友，告诉他说：“我悦服晏子的道义，曾向他求得粮食奉养母亲。我听说：‘奉养过自己父母的人，自己要承担他的危难。’如今晏子受到猜忌，我将用自己的死为他洗清冤诬。”于是他穿戴好衣冠，让他的朋友拿着宝剑捧着竹匣跟随在后。走到国君朝廷门前，找到负责通禀的官吏说：“晏子是名闻天下的贤人，他若出亡，齐国必定遭受侵犯。与其看到国家必定遭受侵犯，不如先死。我愿把头托付给您来为晏子洗清冤诬。”于是又对他的朋友说：“把我的头盛在竹匣中，捧去托付给那个官吏。”说罢，退下几步自刎而死。他的朋友于是捧着盛了头的竹匣托付给了那个官吏，然后对旁观的人说：“北郭子为国难而死，我将为北郭子而死。”说罢，又退下几步自刎而死。齐君听说这件事，大为震惊，乘着驿车亲自去追赶晏子，请求晏子回去。晏子不得已而返。

晏子给北郭骚粮食，供养其母亲，北郭骚却以生命来回报。这就是士的节操。这个故事诠释了战国时期“士为知己者死”的社会风气。这种风气尤为儒家所推重。孔子曾经说：“士志于道，而耻恶衣恶食者，未足与议也。”(《论语・里仁》)士，要立志于求道，而以满足吃饭穿衣为耻辱。孔子又说：“士而怀居，不足以为士矣！”(《论语・宪问》)士，如果怀念故土，不敢有所作为，就不能称为士。孔子的弟子子张也说：“士见危致命，见得思义，祭思敬，丧思哀，其可已矣。”(《论语・子张》)子张也认为士人应该见危致命，重义轻利，恭敬虔诚。在这种思潮影响以及在特殊的制度安排下，节士得到人们广泛的赞扬。如《战国策・赵策一》中的豫让就是一例。

豫让，开始的时候投范中行氏，但没有得到赏识。后来投靠智伯，得到智伯的宠爱与信任。后来韩、赵、魏三家分晋，杀了智伯，而赵襄子最恨的是智伯，“将其头以为饮器”。豫让遁逃山中，曰：“嗟乎！士为知己者死，女为悦己者容。吾其报知氏之雠矣。”乃发誓为智伯报仇。于是豫让就隐姓埋名化装成一个受过刑的人，潜伏到王宫里用洗刷厕所作掩护，以便趁机刺杀赵襄子。不久被赵襄子识破，豫让被拿下，赵襄子手下的卫士要杀他。赵襄子却制止说：“这是一位义士，我只要小心躲开他就行了。因为智伯死后没留下子孙，他的臣子中有肯来为他报仇的，一定是天下有气节的贤人。”于是赵襄子就把豫让释放了。可是豫让继续图谋为智伯报仇。他全身涂漆，化妆成像一个生癞病的人。同时又剃光了胡须和眉毛，把自己彻底毁容，然后假扮乞丐乞讨，连他的妻子都不认识他，看到他以后只是说：“这个人长像并不像我的丈夫，可是声音却极像，这是怎么回事？”于是豫让就吞下炭，为的是改变自己的声音。不久，赵襄子外出，路过一座桥，豫让埋伏在桥下。结果又被赵襄子的人抓住。赵襄子谴责他说：“你以前是范中行氏的家人，是智伯杀了范中行氏，你不想着替范中行氏报仇，反而投到智伯门下。现在智伯已经死了，你为什么总是想着替他报仇啊？”豫让说：“我侍奉范中行氏，范中行氏只是把我当普通人看待。所以我也以对待普通的人的方式来对待他。我侍奉智伯，智伯把我当成国士，所以我也用对待国士的态度来回报他。”豫让最后伏剑而死。豫让的言行颇具代表性，反映了士知恩必报，报当所偿的风气。这个故事可与本篇北郭骚报偿晏子相对读。

因为士有“士节”，所以《吕氏春秋》倡导：“人主其胡可以不好士。”（《爱士》）有了士的支撑，国家就有人才供使用，也就得到治理。《吕氏春秋》论士，既是对战国士人作用的高度肯定与总结，也是为秦招徕人才，同时壮大、巩固自己势力的需要，当然也有讥刺、谏正秦王嬴政的因素与目的。所以，在中国士文化史上，《吕氏春秋》具有相当高的地位，有承上启下的作用，它肇开汉以降重士、举贤的传统，对后世有着深远的影响。

（许富宏）

应　同

凡帝王者之将兴也，天必先见祥乎下民[①]。黄帝之时，天先见大螾大蝼[②]，黄帝曰："土气胜。"土气胜[③]，故其色尚黄[④]，其事则土[⑤]。及禹之时，天先见草木秋冬不杀[⑥]，禹曰："木气胜。"木气胜，故其色尚青，其事则木。及汤之时，天先见金刃生于水，汤曰："金气胜。"金气胜，故其色尚白，其事则金。及文王之时，天先见火，赤乌衔丹书集于周社[⑦]，文王曰："火气胜。"火气胜，故其色尚赤，其事则火。代火者必将水，天且先见水气胜。水气胜，故其色尚黑，其事则水。水气至而不知，数备[⑧]，将徙于土。天为者时，而不助农于下。类固相召[⑨]，气同则合，声比则应[⑩]。鼓宫而宫动[⑪]，鼓角而角动。平地注水，水流湿。均薪施火[⑫]，火就燥[⑬]。山云草莽[⑭]，水云鱼鳞，旱云烟火，雨云水波，无不皆类其所生以示人。故以龙致雨，以形逐影。师之所处[⑮]，必生棘楚[⑯]。祸福之所自来，众人以为命，安知其所。

夫覆巢毁卵，则凤凰不至；刳兽食胎[⑰]，则麒麟不来；干泽涸渔[⑱]，则龟龙不往。物之从同，不可为记[⑲]。子不遮乎亲[⑳]，臣不遮乎君。君同则来[㉑]，异则去。故君虽尊，以白为黑，臣不能听；父虽亲，以黑为白，子不能从。黄帝曰："芒芒昧昧[㉒]，因天之威[㉓]，与元同气[㉔]。"故曰同气贤于同义，同义贤于同力，同力贤于同居，同居贤于同名。帝者同气，王者同义，霸者同力，勤者同居则薄矣[25]，亡者同名则觕矣[26]。其智弥觕者，其所同弥觕；其智弥精者，其所同弥精；故凡用意不可不精。夫精，五帝三王之所以成也。成齐类同皆有合，故尧为善而众善至，桀为非而众非来。《商箴》云[27]："天降灾布祥，并有其职[28]。"以言祸福，人或召之也。故国乱非独乱也，又必召寇。独乱未必亡也，召寇则无以存矣。

凡兵之用也，用于利，用于义。攻乱则脆[29]，脆则攻者利。攻乱则义，义则攻者荣。荣且利，中主犹且为之[30]，况于贤主乎？故割地宝器卑辞屈服不足以止攻，惟治为足[31]。治则为利者不攻矣，为名者不伐矣。凡人之攻伐也，非为利则因为名也，名实不得，国虽强大者，曷为攻矣！解在乎史墨来而辍不袭卫[32]，赵简子可谓知动静矣[33]。

〔注释〕 ① 见(xiàn)：现，显现。 ② 螾：同"蚓"，蚯蚓。 蝼：蝼蛄。 ③ 胜：过。 ④ 尚：崇尚。 ⑤ 则：法，效法。 ⑥ 杀：凋零。 ⑦ 赤乌：赤色乌鸦。集：止。社：本指土神，这里指祭祀土神的地方。 ⑧ 数备：气数已经具备。 ⑨ 类固相召：固，当作"同"，意为物类相同的就相互招引。 ⑩ 比：并，这里是合的意思。⑪ 鼓：鼓击。 ⑫ 均薪：铺放均匀的柴草。 施火：点火。 ⑬ 就：靠近，接近。⑭ 山云草莽：山上的云呈现草莽的形状。 ⑮ 师之所处：指军队经过的地方。⑯ 棘楚：指丛生多刺的灌木。楚，荆，丛生的灌木。 ⑰ 刳(kū)：剖开而挖空。⑱ 干泽涸渔：把池泽的水弄干来捕鱼。 ⑲ 物之从同，不可为记：事物同类相从的情况，难以尽述。 ⑳ 遮：遏制。 乎：于。 ㉑ 君：当为衍文。 ㉒ 芒芒昧昧：广大纯厚的样子。 ㉓ 殷：循，顺。 威：则，法则。 ㉔ 元：天。 ㉕ 勤者同居则薄矣：辛劳的君主同存于世，德行就不厚道了。勤，劳苦。 ㉖ 觕：低劣。 ㉗ 商箴：古书名。 ㉘ 职：主。 ㉙ 脆：脆弱易破。 ㉚ 中主：中等才能的君主。 ㉛ 惟治为足：只有国家治理得好，才足以阻止敌人的攻伐。 ㉜ 史墨：春秋时晋国史官。 辍：停止。 ㉝ 赵简子：晋国正卿。 知动静：知道该动即动，该静即静的道理。(费鸿虹)

【鉴赏】 本篇篇名“应同”，意即事物都因是同类相应。全篇在总体上分为三个部分：

首先，运用“天人感应”的思想证明事物之间存在着同类相应的道理。文中一开头便说：凡是帝王将要兴起的时候，上天必先呈现出某种征兆。黄帝的时候，上天先让人见到大蚯蚓、大蝼蛄。因为大蚯蚓、大蝼蛄出自于土地，所以黄帝说：“这是土气旺盛。”土气旺盛，而土是黄色的，所以黄帝时期衣服的颜色崇尚黄色。到了夏禹的时候，上天先呈现出草木在秋冬时节不凋零的景象。因为草木还在旺盛的生长，所以夏禹说：“这是木气旺盛。”木气旺盛，所以夏代的衣服颜色崇尚青色，这是取法于木。到商汤的时候，上天先呈现了刀剑从水里出现的事情。因为刀剑属于金属，所以商汤说：“这是金气胜。”金气旺盛，所以商代的衣服颜色崇尚白色，这是取法于金。到了周文王的时候，上天先呈现了赤乌嘴里叼着神书落在周文王祭祀用的屋子上。赤乌的颜色是红色，所以文王说：“这是火气旺盛。”火气旺盛，所以周代的衣服颜色崇尚红色，这是取法于火。代替火的必将是水，上天将先呈现出水气旺盛的景象。水的颜色看起来是黑色，所以新王朝的衣服颜色应该崇尚黑色，这是取法于水。人类社会的活动与大自然之间相互感应，这中间就存在着同类相应的道理。“平地注水，水流湿。均薪施火，火就燥。山云草莽，水云鱼鳞，旱云烟火，雨云水波，无不皆类其所生以示人”，大自然的一切变化都在暗示人类的行动。

《吕氏春秋》的这种思想也是当时流行思潮的一个反映。《易·乾》中有：“同声相应，同气相求。水流湿，火就燥。云从龙，风从虎。圣人作而万物睹。本乎天者亲上，本乎地者亲下，则各从其类也。”意思就是指同类的事物之间的相互感应。水往低湿处流，火往干燥处烧。龙起处必有云，虎扑向猎物必定生风。圣人的作为，自然万物都会有感应。以天为本，向上发展，以地为本，向下扎根，这就是万物各依其类别相互聚合的自然法则。《庄子·渔父》也说：“同类相比，同声相应，固天理也。”凡物同类便互相聚集，同声便互相应和，这是自然的道理。《鬼谷子·摩篇》也说：“故物归类，抱薪趋火，燥者先燃；平地注水，湿者先濡。此物类相应，于势譬犹是也。”物类相应的道理，对于形势的判断也应是这样。

其次，人们应该从大自然的警示中来改变自己的行为。正因为在自然界和人类社会存在大量的“类固相召，气同则合，声比相应”的规律，所以人们应该从大自然所显示的现象中来反思自己的行为。所谓“鼓宫而宫动，鼓角而角动”，人类自己的活动必然也会带来相应的后果。“故以龙致雨，以形逐影。师之所处，必生棘楚”，用龙就能招来雨，凭形体就能找到影子，军队经过的地方，必定长出荆棘来。“覆巢毁卵则凤凰不至，刳兽食胎则麒麟不来，干泽涸渔则龟龙不往。”翻覆掉鸟巢，毁坏鸟卵，凤凰就不会再来；剖开兽腹，吃掉兽胎，那么麒麟就不会再来；抽干池水来捕鱼，那么乌龟虬龙就不会再去。事物同类相从的情况，难以尽述。毁掉鸟巢，剖开兽腹，竭泽而渔，都是人类的行为，人类的行为也会得到大自然相应的报复。所以，国家的治乱存亡，是人本身的行为造成的。就君主来说，只有努力致力于行善，国家才能得到治理。故“尧为善而众善至，桀为非而众非来”。这里不难看出，吕不韦也有教育劝诫秦王嬴政的意思在内。

最后，本篇表达出否定了“命定论”的思想。命，是决定人生贵贱福祸的、带有必然性与神秘色彩的某种异己力量。“我们做一件事，这件事情成功与失败，即此事的最后结果如何，并非做此事之个人之力量所能决定，但也不是以外任何个人或任何一件其他事情所能决定，而是环境一切因素之积聚的总和力量使然。如成，既非完全由于我一个人的力量；如败，亦非我用力不到；只是我一个因素，不足以抗广远的众多因素之总力而已。做事者是个人，最后决定者却并非任何个人。这是一件事实。儒家所谓命，可以说即由此种事实导出的。这个最后的决定者，无以名之，名之曰命。”（张岱年《中国哲学史大纲》）在古代中国，命作为一种人力所不能左右的自然力量，亦称做天命，且早在夏、商时代已很流行。如：“有夏多罪，天命殛之。”（《尚书·汤誓》）“天命玄鸟，降而生商。”（《诗经·商颂·玄鸟》）这里就把夏代的灭亡，殷商兴起说成是由天命决定的。《尚书·康诰》：“天乃大命文王殪戎殷。”这里将周代取代殷商也说成是受天命的支配。

春秋之后,“命”成为诸子阐发争论的一个重要话题。孔子对于“命”基本上持一种无可奈何的观点,如说:“道之将行也与,命也;道之将废也与,命也。公伯寮其如命何?”(《论语·宪问》)既然命是人力所不能抗拒的,所以,孔子认为,人应该认知命,“不知命,无以为君子”。(《论语·尧曰》)与孔子不同,墨子则持“非命”的观点。《墨子·非命上》:“执有命者之言曰:命富则富,命贫则贫;命众则众,命寡则寡;命治则治,命乱则乱;命寿则寿,命夭则夭……虽强劲,何益哉?”主张“有命”的人说:“命里富裕则富裕,命里贫困则贫困,命里人口众多则人口众多;命里人口少则人口少,命里治理得好则治理得好;命里混乱则混乱;命里长寿则长寿,命里短命则短命。虽然使出很强的力气,有什么用呢?”针对这种观念,墨子批驳说:“执有命者之言,不可不非。此天下之大害也。”墨子是不认同命定说的。孟子也论“命”,他说:“莫之为而为者,天也,莫之致而至者,命也。”(《孟子·万章上》)意思是没有人叫他们做的却做到了是天意,没有人给予他们的却得到了是命运。对于命,孟子主要认为要顺命。孟子曰:“莫非命也,顺受其正。”(《孟子·尽心上》)意思是无一不是命运,顺应它就承受正常的命运。庄子对于命,基本上也采取一种无可奈何的态度。“受命于地,唯松柏独也正,在冬夏青青;受命于天,唯尧舜独也正,在万物之首”。(《德充符》)万物皆禀受天命而生,尧舜受命而生,正像松柏受命而生一样,但尧舜之正与松柏之正,却又是别有原因的,这里既有天命的原因,也有其自身的原因。但无论怎样,命之为命,往往是人力所不能左右的。对于命,庄子认为人是无法违抗的。“子之爱亲,命也,不可解于心;臣之事君,义也,无适而非君也,无所逃于天地之间”。(《人间世》)命既然是人力所不能抗御的,所以人应当以一种无可无不可的态度来对待命。“知其不可奈何而安之若命,德之至也”。(《人间世》)人既然无法、亦无力抗拒命运的安排,那就只能以一种泰然自若的态度来听命于命运的摆布。庄子认为这样一种对待命运的态度,正是精神修养达到极致的表现。荀子承认,“人之命在天”(《强国》),但不安于命运的摆布,提出“制天命而用之”的思想。本篇认为:“祸福之所自来,众人以为命，安知其所。”命是不存在的。祸患或者福佑，皆是自己做事带来的后果。不明白这个道理，并将它认为是“命”，是不正确的。《吕氏春秋》的这种思想，一方面反映出已经初步认识到要把事物放在普遍联系的关系中来解释；另一方面其目的也希望借此能够对国君进行有效的劝诫。

（许富宏）

孝行览第二

孝行

凡为天下，治国家，必务本而后末[①]。所谓本者，非耕耘种殖之谓，务其人也。务其人，非贫而富之，寡而众之，务其本也。务本莫贵于孝。人主孝则名章荣[②]，下服听，天下誉。人臣孝则事君忠，处官廉，临难死[③]。士民孝则耕芸疾[④]，守战固，不罢北[⑤]。夫孝，三皇五帝之本务，而万事之纪也[⑥]。

夫执一术而百善至、百邪去、天下从者，其惟孝也。故论人必先以所亲而后及所疏，必先以所重而后及所轻。今有人于此，行于亲重[⑦]，而不简慢于轻疏，则是笃谨孝道[⑧]，先王之所以治天下也。故爱其亲，不敢恶人；敬其亲，不敢慢人[⑨]。爱敬尽于事亲，光耀加于百姓，究于四海[⑩]，此天子之孝也。

曾子曰：“身者，父母之遗体也。行父母之遗体，敢不敬乎？居处不庄，非孝也。事君不忠，非孝也。莅官不敬[⑪]，非孝也。朋友不笃，非孝也。战陈无勇，非孝也。五行不遂[⑫]，灾及乎亲，敢不敬乎？”

《商书》曰：“刑三百，罪莫重于不孝。”

曾子曰："先王之所以治天下者五：贵德、贵贵、贵老、敬长、慈幼。此五者，先王之所以定天下也。所谓贵德，为其近于圣也[13]。所谓贵贵，为其近于君也。所谓贵老，为其近于亲也。所谓敬长，为其近于兄也。所谓慈幼，为其近于弟也。"

曾子曰："父母生之，子弗敢杀[14]。父母置之[15]，子弗敢废。父母全之，子弗敢阙[16]。故舟而不游[17]，道而不径[18]，能全支体，以守宗庙，可谓孝矣。"

养有五道：修宫室，安床笫[19]，节饮食，养体之道也。树五色，施五采，列文章[20]，养目之道也。正六律，和五声，杂八音，养耳之道也。熟五谷，烹六畜，和煎调，养口之道也。和颜色，说言语[21]，敬进退，养志之道也。此五者，代进而厚用之[22]，可谓善养矣。

乐正子春下堂而伤足[23]，瘳而数月不出[24]，犹有忧色。门人问之曰："夫子下堂而伤足，瘳而数月不出，犹有忧色，敢问其故？"乐正子春曰："善乎而问之[25]。吾闻之曾子，曾子闻之仲尼：父母全而生之，子全而归之，不亏其身，不损其形，可谓孝矣。君子无行咫步而忘之[26]。余忘孝道，是以忧。"故曰：身者，非其私有也，严亲之遗躬也。

民之本教曰孝，其行孝曰养。养可能也[27]，敬为难。敬可能也，安为难。安可能也，卒为难。父母既没，敬行其身，无遗父母恶名，可谓能终矣。仁者仁此者也，礼者履此者也，义者宜此者也，信者信此者也，强者强此者也。乐自顺此生也，刑自逆此作也[28]。

〔注释〕 ① 务：勉，致力。 本：根本。 末：非根本，即不重要的东西。

② 章：卓著。 ③ 死：献身。 ④ 芸：除草。 疾：奋力，用力。 ⑤ 罢：通"疲"，软弱。 北：战败逃跑。 ⑥ 纪：纲纪。 ⑦ 行：行孝道。 轻重：即上文说的"所轻"、"所重"。 下文"轻疏"指"所轻"、"所疏"。 简慢：怠慢。 ⑧ 笃谨：谨慎笃厚。 ⑨ 慢：怠慢。 ⑩ 究：穷，极。 ⑪ 莅(lì)官：居官。莅，临。 ⑫ 五行不遂：上面说的五种情况不能做到。遂，成。 ⑬ 近于圣：与圣贤接近。 ⑭ 杀：毁坏。 ⑮ 置之：养育子女之身。 ⑯ 阙：通"缺"，损，这里是毁坏的意思。 ⑰ 舟而不游：渡水时乘船而不游涉。舟，乘船。 ⑱ 道而不径：走路时走大路而不走小路。径，小路，这里指走小路。 ⑲ 床笫(zǐ)：床铺，这里泛指卧具。笫，床上的席子。 ⑳ 列文章：排列花纹。 ㉑ 说：通"悦"，喜悦。 ㉒ 代：更替。 厚：当为"序"。序，次第。 ㉓ 乐正子春：姓乐正，名子春，战国时人，曾参的学生。 ㉔ 瘳(chōu)：病愈。 ㉕ 善乎而问之：你们问这个问得太好了。而，尔，你们。 ㉖ 咫步：极言距离之近。古代以八尺为咫。 ㉗ 能：胜任，能做到。 ㉘ 作：实行。(费鸿虹)

【鉴赏】 本篇吸收儒家的孝道思想来论治理国家，是吕不韦吸收百家思想的一个范例。

孝是以血缘关系为基础的晚辈对于长辈的一系列符合社会正面道德观的思想感情和言论行为。"孝"的本义是"善事父母者"(东汉许慎《说文解字》)。孝，就是侍奉父母。《释名·释言语》说："孝，好也。善事父母，始所悦好也。"孝，不仅侍奉父母，还要遵从父母的意志。春秋以后，随着宗法制的日趋瓦解，"礼崩乐坏"，社会逐渐趋于混乱。孔子认为要稳定社会秩序，必先稳定家庭，如果不树立父母家长的权威，就无法达到家庭的稳定，进而也就无法稳定社会。所以，孔子提倡"孝"。孔子认为孝敬父母要真心实意，如单纯在物质上满足父母，尚不足以为孝，更重要的是要"敬"，是要让父母得到人格的尊重和精神的慰藉。《论语·为政》载子游问孝，子曰："今之孝者，是谓能养。至于犬马，皆能有养；不敬，何以别乎？"孔子认为，单纯地赡养父母不能说是孝，狗和马，也都能养。如果对自己的父母不敬，和对狗与马又有什么区别呢？从这里可以看出，"敬"是孝道的精神实质。孔子论孝，往往把行孝与守礼结合在一起。如果说孝道的精神实质是"敬"，那么如何表达出这种"敬"呢？这就是：行为要符合礼。《论语·为政》:“子曰:生,事之以礼;死,葬之以礼,祭之以礼。”无论父母生前或死后,都应按照礼的规定来行孝。把行“孝”纳入到“礼”的范畴,这样就把“孝”上升到调节基本社会关系的高度,与国家治理联系起来。

在孔子以后的儒学发展中,曾子可以说是儒家“孝”理论的集大成者。孔门中曾子不仅以孝著称,而且在孝道理论方面无论从广度还是深度方面都继承和发展了孔子的孝道思想。曾子在孔子的基础上,将孝发展成为一种抽象的、具有普遍意义的准则,使其成为道德的总和,天经地义的原则。《大戴礼记·曾子大孝》说:“民之本教曰孝……夫仁者,仁此者也;义者,义此者也;忠者,忠此者也;信者,信此者也;礼者,礼此者也;行者,行此者也;强者,强此者也。”这里曾子将仁义忠信礼等都和孝联系在一起,孝完全统摄了一切社会准则,是一切高尚品行的内在依据,是实现一切善行的力量源泉和根本。曾子还说:“夫孝,置之而塞于天地,衡之而衡于四海……推而放诸东海而准,推而放诸西海而准,推而放诸南海而准,推而放诸北海而准。”(《大戴礼记·曾子大孝》)孝是放诸四海而皆准的真理。

曾子的“孝”道被孟子所继承。孟子说:“老吾老,以及人之老;幼吾幼,以及人之幼。”(《孟子·梁惠王上》)即不只是敬养一己之父母,而且还要尊重别人的父母、所有的老人、长者;不只是慈爱自己的子女,同时也慈爱别人的子女。只有这样,才能做到“天下可运于掌”(同上)。如果说孔子的孝是在家庭生活领域进行的,是一种“家庭美德”,是“修身”与“齐家”的内容,那么,孟子则在此基础上,主张将孝推广到社会生活领域,把它提升为一种“社会公德”,把它当作“治国”、“平天下”的条件。

本篇吸收了儒家自孔子以来,包括曾子与孟子的孝道思想,阐述了孝道为治国之本的道理。首先,提出本篇的论点:治理国家必“务本”,而“务本莫贵于孝”。文中说:“凡为天下,治国家,必务本而后末。所谓本者,非耕耘种殖之谓,务其人也。务其人,非贫而富之,寡而众之,务其本也。务本莫贵于孝。”“孝”就是“执一术而百善至,百邪去,天下从”的东西。“人主孝则名章荣,下服听,天下誉。人臣孝则事君忠,处官廉,临难死。士民孝则耕芸疾，守战固，不罢北”。君主做到“孝”，下面的人就服从；臣子做到“孝”，对上就会忠诚，居官就清廉，面临灾难就会现身。士人百姓做到孝，那么耕耘就会用力，攻必克，守必固，不感到困倦，不会因失败而逃跑。天子的爱民，臣民的忠君，交友，勇战，治国的各种方策，乃至仁、义、礼、信等种种道德观念，无一不是以孝为基础，无一不是孝道的推广补充。

为了证明孝道之重要，本篇引用了曾子的话作佐证，意思是说如果不孝顺，灾祸就会连累到亲人。曾子说：“先王之所以治天下者五：贵德、贵贵、贵老、敬长、慈幼。此五者，先王之所以定天下也。”古代的先王之所以能够治理天下，主要是依靠尊敬道德高尚的人、尊敬地位高的人、尊敬老人、尊敬年长的人、爱护年幼的人。能够做到这些，就是“孝道”。

不过，《吕氏春秋》论“孝”，与儒家也不是完全一样。儒家论“孝”总是与“养”联系在一起，前文已有孔子论“孝”与“养”的关系。一般认为，儒家提倡的“养”，主要是养父母，其中不仅包括父母年老了，在物质上提供保障，还包括在精神上给父母以尊敬，在心灵上给父母以慰藉。但是《吕氏春秋》中的“养”仅指保养个体生命，保全个体的身体健康。这个观点，文中是借曾子的话说出来的：“能全支体，以守宗庙，可谓孝矣。”孝，就是能保全身体，不受伤害。那么如何保全身体呢？这就需要“养”。文中提出“五养”：养身、养眼、养耳、养口、养志。并举曾子的弟子乐正子春的例子加以佐证。这种“养”带有浓厚的道家“全性保身”的思想。这与儒家将“养”泛化为“敬奉”长者有很大的不同，体现出《吕氏春秋》吸收儒家思想而为我所用的特色。

本篇是《孝行览》八篇之首篇，《孝行览》八篇几乎都是围绕修身治国的问题的，而本篇则是后七篇之理论基础。

（许富宏）

必　己

外物不可必[①]。故龙逄诛[②]，比干戮，箕子狂[③]，恶来死[④]，桀、纣亡。人主莫不欲其臣之忠，而忠未必信，故伍员流乎江[5]，苌弘死[6]，藏其血三年而为碧。亲莫不欲其子之孝，而孝未必爱。故孝己疑，曾子悲[7]。

庄子行于山中，见木甚美，长大，枝叶盛茂，伐木者止其旁而弗取，问其故，曰："无所可用。"庄子曰："此以不材得终其天年矣。"出于山，及邑，舍故人之家[8]。故人喜，具酒肉，令竖子为杀雁飨之[9]。竖子请曰："其一雁能鸣，一雁不能鸣，请奚杀？"主人之公曰[10]："杀其不能鸣者。"明日，弟子问于庄子曰："昔者山中之木以不材得终天年，主人之雁以不材死，先生将何以处？"庄子笑曰："周将处于材、不材之间[11]。材、不材之间，似之而非也，故未免乎累[12]。若夫道德则不然，无讶无訾[13]，一龙一蛇，与时俱化，而无肯专为；一上一下，以禾为量[14]，而浮游乎万物之祖，物物而不物于物[15]，则胡可得而累？此神农、黄帝之所法。若夫万物之情、人伦之传则不然[16]，成则毁，大则衰，廉则剉[17]，尊则亏，直则骫[18]，合则离，爱则隳[19]，多智则谋，不肖则欺，胡可得而必？"

牛缺居上地[20]，大儒也，下之邯郸[21]，遇盗于耦沙之中[22]。盗求其橐中之载则与之[23]，求其车马则与之，求其衣被则与之。牛缺出而去。盗相谓曰："此天下之显人也，今辱之如此，此必愬我于万乘之主[24]，万乘之主必以国诛我，我必不生，不若相与追而杀之，以灭其迹。"于是相与趋之，行三十里，及而杀之。此以知故也[25]。孟贲过于河[26]，先其五[27]，船人怒，而以楫虓其头[28]，顾不知其孟贲也。中河，孟贲嗔目而视船人，发植[29]，目裂[30]，鬓指[31]，舟中之人尽扬播入于河[32]。使船人知其孟贲，弗敢直视，涉无先者[33]，又况于辱之乎！此以不知故也。知与不知，皆不足恃，其惟和调近之。犹未可必，盖有不辨和调者，则和调有不免也。宋桓司马有宝珠㉞，抵罪出亡。王使人问珠之所在㉟，曰："投之池中。"于是竭池而求之，无得，鱼死焉。此言祸福之相及也。纣为不善于商，而祸充天地，和调何益？

张毅好恭㊱，门闾帷薄聚居众无不趋㊲，舆隶姻媾小童无不敬㊳，以定其身，不终其寿，内热而死。单豹好术㊴，离俗弃尘，不食谷实，不衣芮温㊵，身处山林岩堀㊶，以全其生，不尽其年，而虎食之。孔子行道而息，马逸㊷，食人之稼，野人取其马。子贡请往说之，毕辞㊸，野人不听。有鄙人始事孔子者㊹曰："请往说之。"因谓野人曰："子不耕于东海，吾不耕于西海也，吾马何得不食子之禾？"其野人大说㊺，相谓曰："说亦皆如此其辩也，独如向之人㊻？"解马而与之。说如此其无方也而犹行，外物岂可必哉？

君子之自行也，敬人而不必见敬㊼，爱人而不必见爱。敬爱人者，己也；见敬爱者，人也。君子必在己者，不必在人者也。必在己无不遇矣。

〔注释〕 ① 必：依凭，仗势。 ② 龙逄(páng)：又作"龙逢"，即关龙逢，传说中夏禹的贤臣，因直谏而被杀。 ③ 箕子：纣的叔伯，封于箕，所以称"箕子"。纣荒淫无道，箕子屡谏不听，又不肯出走"彰君之恶"，于是佯狂以避祸。 狂：疯癫。 ④ 恶来：纣之谀臣，后被周武王杀死。 ⑤ 伍员流乎江：指伍子胥因劝谏吴王拒绝越国求和而被赐死后，吴王用皮口袋装上他的尸体投入江中，使其顺江而浮流。 ⑥ 苌弘：一作"长弘"，又称"苌叔"，周敬王的大夫，在晋卿内讧中帮助范氏，后被周人杀死。传说苌弘的血三年化为碧玉。 ⑦ 曾子：曾参，对父母孝顺，却常遭父母打，近乎被置于死地，所以悲泣。 ⑧ 舍：止宿。 故人：老朋友。 ⑨ 竖子：童仆。 ⑩ 公：指父亲。

⑪ 周：庄子名。 ⑫ 累：忧患，灾祸。 ⑬ 讶：惊异。 訾(zǐ)：毁谤非议。 ⑭ 以禾为量：依《庄子·山木》，当“以和为量”。和，和同，指顺应自然。量，度量，界限。 ⑮ 物物而不物于物：主宰外物而不为外物所主宰。 ⑯ 人伦之传：指人伦相传之道，即流传下来的人与人之间相处的准则。 ⑰ 廉：锋利。 剉(cuò)：缺损。 ⑱ 骫(wěi)：本指骨弯曲，泛指弯曲。 ⑲ 隳(huī)：废。 ⑳ 牛缺：秦国人。 上地：古地名，在今陕西省绥德县一带。 ㉑ 下：从高处到低处。秦地高，邯郸低，所以说“下”。之：往。 ㉒ 耦沙：又称“沙河”，源出太行山，在今河北省境内。 ㉓ 橐(tuó)：口袋。载：这里指装着的财物。 ㉔ 愬：诉说。 ㉕ 此以知故也：这是以为牛缺让强盗知道了自己是贤人的缘故。 ㉖ 孟贲(bēn)：古代勇士。 ㉗ 先其五：指孟贲不按顺序，抢先上了船。五，通“伍”，行列。 ㉘ 楫：船桨。 虓：通“毃(què)”，击头。 ㉙ 植：竖立。 ㉚ 目裂：指裂眦(眼眶)。 ㉛ 指：直立。 ㉜ 扬：骚动。 播：散开。 ㉝ 涉无先者：渡河没有人敢先于孟贲的。 ㉞ 宋桓司马：指桓魋(tuí)。 ㉟ 王：指宋景公。 ㊱ 张毅：鲁国好礼之人。 ㊲ 帷薄：帐幔，帘子，指人居住之处。 聚居众：聚集众人之处。 趋：快步走，表示恭敬。 ㊳ 舆隶：指奴隶或差役。 姻媾：由婚姻关系而结成的亲戚。 ㊴ 单豹：鲁国隐士，居于山林，不争名利，虽到老年仍有童子之色。后遇饿虎，被吃掉。 ㊵ 芮(ruì)：粗的丝绵。 温：通“缊”，旧絮。 ㊶ 堀：同“窟”，穴。 ㊷ 逸：狂奔。 ㊸ 毕辞：话都说完了。 ㊹ 鄙人：指边远地区的人。 ㊺ 说：通“悦”，高兴。 ㊻ 独如向之人：谁像刚才的人一样呢！独，哪里，谁。向，刚才。 ㊼ 见：表被动。(费鸿虹)

【鉴赏】 本篇主要采纳并融合了庄子的思想，是《吕氏春秋》中十分精彩的篇章。本篇的主旨是说人不能单纯依靠外在的条件，只有依靠自身的修养，才能保全个体的身体与生命。

首先，本篇的主旨说明外在事物不可能有个定准，指出世俗中的人如果执意于追逐利害得失，到头来只会精神崩溃。文章一开始就开宗明义，提出论点“外物不可必”，外在事物的发展是不断变化的，没有一定的必然性。既有向这种方向发展的可能性，也有朝另外一种方向发展的可能性。比如说一般而言，忠臣都是应该得到国君的褒奖的，而奸人应得到惩罚的。但是在现实生活中，却往往不是这样。“人主莫不欲其臣之忠，而忠未必信，故伍员流于江，苌弘死于蜀，藏其血三年而化为碧。人亲莫不欲其子之孝，而孝未必爱，故孝己忧而曾参悲。"(《庄子·外物》)国君无不希望他的臣子效忠于己，可是竭尽忠心未必能够取得信任，所以伍子胥被赐死而且飘尸江中，苌弘被流放西蜀而死，西蜀人珍藏他的血液三年后竟化作碧玉。做父母的无不希望子女孝顺，可是竭尽孝心未必能够受到怜爱，所以孝己愁苦而死、曾参悲切一生。同样是死亡，忠臣因为忠于国家或忠于国君而死，按理说是应该得到善终的。奸臣与暴君因为干尽了坏事，不得善终是理所当然的。但是在现实中，忠臣与奸臣、暴君的死亡往往又是一样的。"故龙逢诛，比干戮，箕子狂，恶来死，桀纣亡"(同上)，比如说，忠臣之士关龙逢、比干等却同奸人恶来、暴君夏桀、商纣一样遭到杀害，贤臣箕子被迫装疯。所以，做一个忠臣与做一个奸臣又有什么区别呢？因此，一个人不要执著于自己是否是忠臣，以为按照忠臣的要求去做就会得到好下场。实际上，忠臣与奸臣的下场未必会有不同。

外物不可依赖，其中最主要的就是人们没有摆脱对"名"的束缚。牛缺是个大儒，在当时是个很有名的人。他到邯郸去，路上遇到了盗贼，他并没有与盗贼搏斗，而是把身上的财物、车马，甚至衣服都给了盗贼。盗贼放了他。牛缺走了以后，盗贼们说："这是个天下杰出的人，现在这样侮辱他，他一定会向国君诉说我们的盗窃行为，我们一定不能活命。不如赶上他，把他杀了。"于是盗贼追上他，把他杀了。牛缺被杀，主要是盗贼知道他的名声。孟贲过河，由于抢在队伍前头上了船，船工很生气，也不知道他是孟贲，就用桨敲打他的头。到了河中间，孟贲瞪大了眼睛看着船工，头发直竖起来，于是船工和船上的人都知道他是孟贲，吓得纷纷掉到了水里。船工之所以敢敲孟贲的头，是因为孟贲并没有亮出身份。如果孟贲先表明身份，一船上的人哪里还敢与孟贲抢着上船呢？牛缺亮出身份却遭到杀害，孟贲亮出身份却让人家都感到害怕，所以一个人是否有名并不一定会给他带来好处或灾祸。有的人因有"名"而被杀，有的人因有"名"而杀人。所以，个体的生命能否得到安全与保障，与"名"无关。所以说，"知与不知，皆不足恃。"那些没有挣脱虚名束缚的人，怎么能使自己的个体生命得到保障呢？

其次，既然外物不能依靠，那么个体生命只有不断提高自身的内在修养才能得到保障。而提高自身的内在修养只有把自己从功利之心中超拔出来，才能实现。这个意思是通过“庄子行于山木”一段表达出来的。庄子在山中行走，看见一棵树长得很美很高大，枝叶很茂盛，伐木者停在那棵树旁却不伐取它。庄子问他们这是什么缘故，伐木者回答说：“这棵树没有什么用处。”庄子说：“这棵树因为不成材，结果得以终其天年了。”庄子出了山，来到县邑，住在老朋友的家里。老朋友很高兴，准备酒肉，叫童仆杀一只鹅款待他。童仆请示道：“一只鹅会叫，一只鹅不会叫，请问杀哪只？”主人的父亲说：“杀那只不会叫的。”第二天，弟子向庄子问道：“昨天山里的树因为不成材而得以终其天年，现在这位主人的鹅却因为不成材而被杀死，先生您将在成材与不成材这两者间处于哪一边呢？”庄子笑着说道：“我将处于成材与不成材之间。成材与不成材之间，似乎是合适的位置，其实不然，所以还是免不了遭到祸害。如果遵循道德行事，就不是这样了：既没有美誉，也没有毁辱，时而为龙，时而为蛇，随时势而变化，而不肯专为一物；时而上，时而下，以顺应自然为准则，在万物的原始状态中漫游，主宰万物而不被万物所役使，那么怎么会遭到灾祸呢？这就是神农、黄帝所取法的处世原则。”庄子所说的“处于成材与不成材之间”，实际上就是对实用的功利心的超脱。树，有“有用”与“无用”的区分；鹅，有“能鸣”与“不能鸣”之别，之所以这样来作划分，都是人们有功利之心。庄子“处于成材与不成材之间”，实质是对功利心的超脱。如果没有树木成材还是不成材这样的想法，如果不把鹅能鸣还是不能鸣当作于己有利的东西，换句话说，只有摈弃功利的心态才能完成自我解脱。这才是真正做到自我修养的完善。正如陈鼓应先生所说“唯有将心思从纠结的现实中提升一级，以卫护其精神的自主性”，只有这样才能让个体的生命价值“免于沦为工具价值而已”。所以“君子必在己者，不必在人者也。必在己，无不遇矣”，意思是说，君子所依仗的在于自己的东西，不在于依仗别人的东西。依仗自我的修养，就能无所不能了。这是道家所宣扬的人格境界。

本篇第一段来自《庄子·外物》篇，第二段来自《庄子·山木》篇，《吕氏春秋》吸收其思想的主要目的是说外在环境变幻莫测，只有不断提炼自身的修养，超脱名利的束缚，才能达到自由的境界。但是这种思想忽视外在环境对人的影响，是消极的，片面的，在法家思想占主导地位的秦国也是不可能实现的。

（许富宏）

慎大览第三

权　勋

利不可两，忠不可兼。不去小利则大利不得，不去小忠则大忠不至。故小利，大利之残也[①]；小忠，大忠之贼也[②]。圣人去小取大。

昔荆龚王与晋厉公战于鄢陵[③]，荆师败，龚王伤。临战，司马子反渴而求饮[④]，竖阳谷操黍酒而进之[⑤]。子反叱曰："訾[⑥]，退！酒也。"竖阳谷对曰："非酒也。"子反曰："亟退却也[⑦]。"竖阳谷又曰："非酒也。"子反受而饮之。子反之为人也，嗜酒，甘而不能绝于口，以醉。战既罢，龚王欲复战而谋，使召司马子反。子反辞以心疾[⑧]。龚王驾而往视之[⑨]，入幄中，闻酒臭而还[⑩]，曰："今日之战，不谷亲伤[⑪]，所恃者司马也[⑫]，而司马又若此。是忘荆国之社稷，而不恤吾众也，不谷无与复战矣。"于是罢师去之，斩司马子反以为戮[⑬]。故竖阳谷之进酒也，非以醉子反也，其心以忠也，而适足以杀之[⑭]，故曰："小忠，大忠之贼也。"

昔者，晋献公使荀息假道于虞以伐虢[⑮]，荀息曰："请以垂棘之璧与屈产之乘[16]，以赂虞公，而求假道焉，必可得也。”献公曰：“夫垂棘之璧，吾先君之宝也；屈产之乘，寡人之骏也。若受吾币而不吾假道[17]，将奈何？”荀息曰：“不然。彼若不吾假道，必不吾受也。若受我而假我道，是犹取之内府而藏之外府也[18]，犹取之内皁而著之外皁也[19]。君奚患焉？”献公许之。乃使荀息以屈产之乘为庭实[20]，而加以垂棘之璧，以假道于虞而伐虢。虞公滥于宝与马而欲许之[21]。宫之奇谏曰[22]：“不可许也。虞之与虢也，若车之有辅也[23]，车依辅，辅亦依车，虞、虢之势是也。先人有言曰：‘唇竭而齿寒[24]。’夫虢之不亡也恃虞，虞之不亡也亦恃虢也。若假之道，则虢朝亡而虞夕从之矣。奈何其假之道也？”虞公弗听，而假之道。荀息伐虢，克之。还反伐虞，又克之。荀息操璧牵马而报。献公喜曰：“璧则犹是也，马齿亦薄长矣[25]。”故曰：“小利，大利之残也。”

中山之国有厹繇者[26]，智伯欲攻之而无道也[27]，为铸大钟，方车二轨以遗之[28]。厹繇之君将斩岸堙谿以迎钟[29]。赤章蔓枝谏曰[30]：“诗云[31]：‘唯则定国[32]。’我胡以得是于智伯？夫智伯之为人也贪而无信，必欲攻我而无道也，故为大钟，方车二轨以遗君。君因斩岸堙谿以迎钟，师必随之。”弗听。有顷，谏之，君曰：“大国为欢[33]，而子逆之，不祥。子释之[34]。”赤章蔓枝曰：“为人臣不忠贞，罪也。忠贞不用，远身可也。”断毂而行[35]，至卫七日而厹繇亡。欲钟之心胜也，欲钟之心胜则安厹繇之说塞矣。凡听说，所胜不可不审也[36]，故太上先胜。

昌国君将五国之兵以攻齐[37]。齐使触子将[38]，以迎天下之兵于济上。齐王欲战，使人赴触子，耻而訾之曰[39]："不战，必划若类[40]，掘若垄[41]。"触子苦之，欲齐军之败。于是以天下兵战[42]，战合，击金而却之[43]，卒北[44]，天下兵乘之[45]，触子因以一乘去，莫知其所，不闻其声。达子又帅其余卒[46]，以军于秦周[47]，无以赏，使人请金于齐王。齐王怒曰："若残竖子之类[48]，恶能给若金[49]？"与燕人战，大败，达子死，齐王走莒[50]。燕人逐北入国[51]。相与争金于美唐甚多[52]。此贪于小利以失大利者也[53]。

〔注释〕 ① 残：害。 ② 贼：害。 ③ 荆龚王：即楚共王，楚庄王之子，公元前590年至公元前560年在位。晋厉公：晋景公之子，公元前580年至公元前573年在位。鄢陵：地名，在今河南省鄢陵县西北。 ④ 司马子反：这次战斗的楚军主帅。司马，官名，负责掌管军政。 饮：水。 ⑤ 竖：童仆。阳谷：人名。 ⑥ 訾(zī)：呵斥的声音。 ⑦ 亟：急，迫切。 ⑧ 辞：推辞。 ⑨ 驾：乘车驾。 ⑩ 臭(xiù)：气味。 ⑪ 不谷：古代王侯自称的谦词。 ⑫ 恃：依靠，凭借。 ⑬ 戮：陈尸。 ⑭ 适：正，恰好。 ⑮ 晋献公：晋武公之子，公元前676年至公元前651年在位。 荀息：晋大夫。 假：借。 虞：国名，姬姓，在今山西省平陆县北。 虢：国名，又名北虢，姬姓，在今山西省平陆县。 ⑯ 垂棘之璧：垂棘出产的美玉。垂棘，地名，盛产美玉。璧，古玉器名，平圆形，正中有孔。 屈产之乘：屈邑产的骏马。屈，晋地名，出骏马。乘，古代一车四马为一乘。 ⑰ 币：礼物，指垂棘之璧和屈产之乘。 ⑱ 内府：王室储藏财物之处。 外府：国中内府之外储藏财物之处。此以外府喻虞，是把虞国视为晋国所有了。 ⑲ 阜："皂"的异体字，通"槽"，牛马槽。外阜：与上文用外府喻虞同。 ⑳ 庭实：指诸侯间相互聘问，把礼物陈于中庭，叫庭实。 ㉑ 滥：贪。 ㉒ 宫之奇：虞大夫。 ㉓ 车：齿床。辅：颊骨。两者互相依存。 ㉔ 竭：亡。 ㉕ 马齿：指马的年龄。 薄：微。 ㉖ 厹繇(qiúyòu)：春秋时国名，在今山西省盂县一带。 ㉗ 智伯：指智襄子，晋大夫。 ㉘ 方车：两车并排。方，并列，并排。 轨：车子两轮间的距离，古代有定制，其广度为古制八尺。 ㉙ 岸：水边高地。 堙：堵塞。 谿(xī)：谿谷。 ㉚ 赤章蔓枝：厹繇国之臣。 ㉛ 诗：古逸诗。 ㉜ 则：法则。 ㉝ 欢：交好。

㉞ 释：放下，释放。此处意谓停下来，不要再说了。 ㉟ 断毂（gǔ）：砍掉车轴两头长出的部分。毂，车轮中心的圆木，周围与车辅的一端相接，中有圆孔，用以插轴。 ㊱ 审：慎重。 ㊲ 昌国君：燕昭王亚卿乐毅，因功封于昌国，号昌国君。 五国：指秦楚韩赵魏。 ㊳ 触子：齐国的将领。他书或作"蜀子"、"向子"。 ㊴ 訾：非难，斥责。 ㊵ 刬（chǎn）：通"铲"，铲除，消灭。 类：同类。 ㊶ 垄：坟墓。 ㊷ 以：与，和。 ㊸ 金：八音之一，古代金属乐器统称八音。古代作战时，鸣金是退兵的信号。 ㊹ 北：败逃。 ㊺ 乘：追逐，此指追逐、践踏。 ㊻ 达子：齐人。 ㊼ 军：驻扎。 秦周：齐地名。 ㊽ 残：残余。 竖子：小子。 ㊾ 恶：何，怎么。 ㊿ 走：逃。 51 北：指齐国的败军。 国：指齐国都城。 52 美唐：当时齐国藏金之处。 53 小利：指金。大利：指国。（孙启帆）

【鉴赏】 本篇的主旨就是善于处理小利与大利之间的关系。本篇篇名"权勋"，意即权衡事功的大小。在结构上比较简单，开篇提出论点：即"利不可两，忠不可兼。不去小利则大利不得，不去小忠则大忠不至。故小利，大利之残也；小忠，大忠之贼也。圣人去小取大。"意思是说，利不可能既得到大的利益同时也能得到小的利益，忠不可能同时忠于两个国家。不抛弃小的利益，就不能得到大的利益；不抛弃小忠，大忠就不会实现。所以说小利是大利的祸害，小忠是大忠的祸害。圣人都善于处理小大之间的关系，善于舍弃小利而获取大利。为了说明这个道理，文中列举了四个事例，运用摆事实、讲道理的方法来说理。

文中所举的第一个事例是阳谷献酒。楚共王和晋厉公在鄢陵交战，楚军战败，共王负伤。在战斗间隙，司马子反渴了，要找水喝。他的童仆阳谷拿一碗酒给他。子反叱责道："哼！拿下去！这是酒。"童仆阳谷坚持说："这不是酒。"于是子反就接过来喝了。子反这个人嗜好喝酒，一接到酒就不能自制，因此喝醉了。战斗停下来后，楚共王想重新组织战斗，要商讨作战计划，派人去叫司马子反，结果却发现子反喝醉了。楚共王只好收兵离去。回去以后，即将司马子反斩首，并陈尸示众。当初，童仆阳谷给司马子反进酒，其目的并不是要把子反灌醉，他心里认为这是忠于子反，这是小忠。但却因为这样，使国家在战争中遗失战机，没有做到忠于国家的“大忠”。所以说，小忠是大忠的祸害，而子反也被杀了。

文中所举的第二个事例是晋献公向虞国借路攻打虢国。献公接受荀息的建议，把屈邑盛产的四匹马，加上垂棘出产的玉璧作为礼物献给虞国国君，以此向虞国借路。虞国国君贪恋财物，拒绝大臣宫之奇的劝说，执意收下晋国的宝马和玉璧，借道给晋国。结果晋国的军队攻下并占领虢国以后，在回师经过虞国的时候，顺便攻打虞国，虞国战败，荀息又把送给虞国国君的宝马和玉璧拿了回来，还给了晋献公。虞国国君贪图宝马和玉璧这样的小利，而不顾国家的安危，最终导致了国破家亡。这是贪图小利而丧失了大利啊！后文的事例也与此类似。

从文中所举的几个事例来看，本篇所说的“大利”，是指事关国家生死存亡的根本利益；“小利”是指当事人的个人爱好。如司马子反嗜酒，虞国国君贪财，厹繇之君爱钟，齐王爱金而不舍得赏赐。本篇所说的处理“小利与大利的关系”，实质上是要求国君善于处理个人爱好与国家安危之间的关系问题。作为一国之君或者国家依赖的栋梁之臣，个人的爱好事关国家的安危，所以不能不有所控制，不能放纵自己，不能为了满足个人的爱好而将国家命运置于危险之中。这是国君必须要慎重衡量的，也是本篇的真正用意。

《吕氏春秋》的这种认识，也是春秋战国时期人们的普遍认识。《商君书·修权》：“凡人臣之事君也，多以主所好事君。君好法，则臣以法事君；君好言，则臣以言事君。君好法，则端直之士在前；君好言，则毁誉之臣在侧。”意思是大凡臣子侍奉国君，多是根据国君的喜好，国君喜好法制，臣子就以法制侍奉他；国君喜好言谈，臣子就以言谈侍奉他。国君喜好法制，正直的人就会出现在他面前；国君喜好言谈，搬弄是非、溜须拍马之辈就会围拢在他周围。《战国策·楚策一》载莫敖子华的话说：“昔者先君灵王好小要，楚士约食，冯而能立，式而能起，食之可欲。忍而不入；死之可恶，就而不避。章闻之，其君好发者，其臣抉拾。君王直不好，若君王诚好贤，此五臣者，皆可得而致之。”这段文字的意思是说：从前，楚国的先君楚灵王喜欢细腰女子，楚国的人为了让灵王高兴便少吃饭，使自己的腰都细起来，以致要扶着东西才能站立。有的人虽然想吃东西，但总是忍着饿不去吃，这样饿下去，就有死的危险，可是人们无所畏惧。我听说："国君喜好射箭，大臣也会去学习射箭。"大王您只是不喜好贤臣而已，如果真是喜好贤臣，这五种贤臣，都是可以被大王罗致来的。这也是国君因个人爱好而影响到国家的命运和前途。《荀子·君道》里有这样一段话："请问为国？曰：闻修身，未尝闻为国也。君者，仪也；仪正而景正。君者，盘也；盘圆而水圆。君者，盂也；盂方而水方。君射，则臣决。楚庄王好细腰，故朝有饿人。故曰：闻修身，未尝闻为国也。"荀子这里的比喻很巧妙，把民众比喻成水，国君比喻成盛水的器具。可见国君的个人爱好对国家的重大影响力。荀子在这里是强调国君个人修养的重要性。但这个意思被《吕氏春秋》所吸收，用来说明国君个人爱好与国家存亡的关系。这种吸收利用，正反映了《吕氏春秋》杂家的特点。

（许富宏）

报　更[①]

国虽小，其食足以食天下之贤者[②]，其车足以乘天下之贤者，其财足以礼天下之贤者，与天下之贤者为徒[③]，此文王之所以王也[④]。今虽未能王，其以为安也，不亦易乎？此赵宣孟之所以免也[⑤]，周昭文君之所以显也[⑥]，孟尝君之所以却荆兵也[⑦]。古之大立功名与安国免身者，其道无他，其必此之由也[⑧]。堪士不可以骄恣屈也[⑨]。

昔赵宣孟将上之绛[⑩]，见骩桑之下[⑪]，有饿人卧不能起者[⑫]，宣孟止车，为之下食[⑬]，蠲而餔之[⑭]，再咽而后能视。宣孟问之曰："女何为而饿若是？"对曰："臣宦于绛[⑮]，归而粮绝，羞行乞而憎自取，故至于此。"宣孟与脯二朐[⑯]，拜受而弗敢食也。问其故，对曰："臣有老母，将以遗之。"宣孟曰："斯食之，吾更与女。"乃复赐之脯二束与钱百，而遂去之。处二年，晋灵公欲杀宣孟，伏士于房中以待之⑰，因发酒于宣孟⑱。宣孟知之，中饮而出。灵公令房中之士疾追而杀之。一人追疾，先及宣孟之面。曰："嘻，君轝⑲！吾请为君反死。"宣孟曰："而名为谁⑳？"反走对曰㉑："何以名为㉒！臣骫桑下之饿人也。"还斗而死。宣孟遂活。此书之所谓"德几无小"者也㉓。宣孟德一士犹活其身㉔，而况德万人乎！故诗曰："赳赳武夫，公侯干城㉕。""济济多士，文王以宁㉖。"人主胡可以不务哀士㉗？士其难知，唯博之为可，博则无所遁矣㉘。

张仪，魏氏余子也㉙，将西游于秦，过东周。客有语之于昭文君者曰："魏氏人张仪，材士也，将西游于秦，愿君之礼貌之也㉚。"昭文君见而谓之曰："闻客之秦㉛。寡人之国小，不足以留客。虽游，然岂必遇哉？客或不遇，请为寡人而一归也，国虽小，请与客共之。"张仪还走，北面再拜。张仪行，昭文君送而资之。至于秦，留有间㉜，惠王说而相之。张仪所德于天下者㉝，无若昭文君。周，千乘也，重过万乘也，令秦惠王师之，逢泽之会㉞，魏王尝为御㉟，韩王为右㊱，名号至今不忘，此张仪之力也。

孟尝君前在于薛㊲，荆人攻之。淳于髡为齐使于荆㊳，还反，过于薛。孟尝君令人礼貌而亲郊送之，谓淳于髡曰："荆人攻薛，夫子弗为忧，文无以复侍矣。"淳于髡曰："敬闻命矣。"至于齐，毕报㊴。王曰："何见于荆？"对曰："荆甚固㊵，而薛亦不量其力。"王曰："何谓也？"对曰："薛不量其力，而为先王立清庙㊶，荆固而攻薛，薛清庙必危，故曰薛不量其力，而荆亦甚固。”齐王知颜色[42]，曰：“嘻！先君之庙在焉。”疾举兵救之，由是薛遂全。颠蹶之请[43]，坐拜之谒，虽得则薄矣。故善说者，陈其势，言其方[44]，见人之急也，若自在危厄之中，岂用强力哉？强力则鄙矣。说之不听也，任不独在所说，亦在说者。

〔注释〕 ① 报更：即酬报，偿还之意。 ② 前一个“食”：食物。 后一个“食(sì)”：供养，喂食。 ③ 为徒：指在一起。徒，徒众。 ④ 王(wàng)：称王。 ⑤ 赵宣孟：即赵宣子赵盾，春秋时晋国正卿。 免：指免于难。 ⑥ 周昭文君：战国时东周国国君。 显：显达，显赫。 ⑦ 孟尝君：战国时齐国贵族，姓田名文，承继其父靖郭君田婴的封爵，为薛公。孟尝君是其封号。 ⑧ 此：指与贤者为徒。 由：经由。 ⑨ 堪士：高士，贤能之士。 ⑩ 上：从地势低的地方到地势高的地方去叫“上”。绛：即故绛，晋国当时的都城，在今山西省翼城县东南。 ⑪ 骫(wěi)桑：枯死的桑树。骫：迂回屈曲貌。一作“萎”。 ⑫ 饿人：因挨饿而病倒的人。 ⑬ 下食：准备食物。 ⑭ 蠲(juān)：通“涓”，清洁。 餔：通“哺”，给食，以食与人。 ⑮ 宦：做奴隶。 ⑯ 脯：干肉。 朐：屈曲的干肉。 ⑰ 房：正室两侧的房舍。 ⑱ 发：至，分发。 ⑲ 舁(yǔ)：乘车。 ⑳ 而：你。 ㉑ 反走：退避以示恭敬。 ㉒ 何以名为：此句意为用名字干什么呢。 ㉓ 德几无小：此句当是逸《书》文。几，微。 ㉔ 德：施恩德。 ㉕ 赳赳武夫，公侯干城：此句意为雄赳赳的武士，是公侯的屏障。见《诗经·周南·兔罝》。赳赳，雄壮的样子。干，盾牌，比喻捍卫者。城，比喻捍卫者。 ㉖ 济济多士，文王以宁：此句意为人才济济，文王因此安康。见《诗经·大雅·文王》。济济，众多的样子。 ㉗ 人主胡可以不务哀士：此句意为君主怎么可以不致力于爱怜贤士呢。哀，爱怜，怜悯。 ㉘ 遁：失，隐去。 ㉙ 余子：大夫的庶子。 ㉚ 礼貌：以礼相待。 ㉛ 之：前往。 ㉜ 有间(jiàn)：犹有顷，一会儿。 ㉝ 德：指得到恩惠。 ㉞ 逢泽之会：指秦在逢泽盟会诸侯。逢泽，泽薮名，故址在今河南省开封市东南。 ㉟ 为御：指给昭文君当御者。 ㊱ 为右：指给昭文君做车右。 ㊲ 薛：孟尝君封地，故址在今山东省滕县东南。 ㊳ 淳于髡：齐国大夫，以博学著称。 ㊴ 毕报：禀报完毕。 ㊵ 固：此指贪婪。 ㊶ 清庙：宗庙，宗庙肃然清静，故称清庙。 ㊷ 齐王：指齐宣王，齐威王之子，公元前 320 年至公元前 302 年在位。 知颜色：变了脸色。知，见，显现。

㊸ 颠蹶：仆倒。 ㊹ 方：道，主张。（孙启帆）

【鉴赏】 “报更”，本意即回报、偿还。本篇主要论述作为一国之君的君主，如果要礼贤下士的话，必然会得到贤士的高额回报。礼贤下士也就成为了君主安国全身的必由之道。本篇与《下贤》篇一起反映了《吕氏春秋》中的贤人思想。

本篇在结构上比较简单，一开始就点明主题：“国虽小，其食足以食天下之贤者，其车足以乘天下之贤者，其财足以礼天下之贤者，与天下之贤者为徒，此文王之所以王也。今虽未能王，其以为安也，不亦易乎？”国家即使再小，它的粮食也足以供养贤士，它的车辆也足以乘载天下的贤士，它的钱财也足以礼遇天下的贤士。与天下的贤士为伍，这是周文王称王天下的原因。现在虽然不能称王，使用贤人来安定国家，还是容易做到的。为了证明这个观点，文中列举了赵盾救助骩桑之饿人、周昭文君礼遇张仪、孟尝君礼遇淳于髡三个事例来证明。

赵宣子将要上国都绛邑去，看见一棵枯死的桑树下有一个饿倒了的人躺在地上。宣子停下车，给他东西吃，连续喂了他好几次，他一点一点咽下食物，慢慢地才睁开了眼睛。经宣子询问，才知道他在回家的路上断了粮，不愿意去拿别人的食物。宣子送给他两块干肉，这个人接受了干肉，但却要带回家给老母吃。过了两年，晋灵公要杀赵宣子，借口请宣子喝酒，并在房子里设伏。赵宣子看出了酒宴中藏伏的杀机，酒喝到一半就起身离开了。晋灵公命令房子里的伏兵立即去追杀宣子。有一个士兵跑得很快，最先追上宣子，他面对宣子说：“请您上车快跑！我愿为您回去死战。”他返回身去跟追杀宣子的兵士搏斗而死。宣子于是得以活命。这个人就是赵宣子在枯桑树下救活的那个人。张仪西游秦国，路过东周。东周的昭文君很善待张仪。昭文君说：“听说客人要到秦国去，我的国家小，不足以留住您。但即便您游说秦国，难道一定会受到赏识吗？假如得不到赏识，请看在我的面子上再回来，我的国家虽然小，但愿意与您共同掌管。”昭文君对张仪可谓做到了礼贤下士。张仪后来做了秦国的国相，他让秦惠王拜昭文君为师，让魏王给昭文君当御者。昭文君能够得到如此的尊荣，完全是礼贤下士的结果啊。孟尝君的封地薛被楚国攻打，淳于髡路过薛，孟尝君以礼相待。后淳于髡回到齐王身边，巧妙地让齐王出兵解救了薛。这三个事例都说明，只要善待贤人，贤人就会有回报。而且回报的比贤人当初得到的要大得多。

《吕氏春秋》的这种对待贤人的态度与先秦时期其他诸子是不同的。其他诸子对贤人的尊重，大都是站在贤人或民众的立场，《吕氏春秋》却是站在国君的立场，是利用贤人为自己服务。

先秦时期，"贤人"问题是当时的一个讨论热点，各家都对此发表意见。儒家的孔子十分重视礼贤下士。据刘向《说苑·尊贤》篇记载，孔子闲居，喟然而叹曰："铜鞮伯华而无死，天下其有定矣！"子路曰："愿闻其为人也何若？"孔子曰："其幼也，敏而好学；其壮也，有勇而不屈；其老也，有道而能以下人。"子路不信。孔子曰："由不知也！吾闻之：以众攻寡，而无不消也；以贵下贱，无不得也。昔者周公旦制天下之政，而下士七十人，岂无道哉？欲得士之故也。夫有道而能下于天下之士，君子乎哉！"这段话的意思是，孔子感叹说如果铜鞮伯华不死的话，天下早就安定了。子路说："愿意听您给我们讲讲这个人的为人到底是怎么样的。"孔子说："这个人啊，幼年的时候，聪颖好学；长大后，勇敢而不能使他屈服；到了老年，还能向才华不如自己的人学习。"子路不信，孔子说："子由，你不知道！我听说用人多攻打人少的，没有不取得胜利的；以尊贵的身份去亲近地位比自己低的人，没有不得到尊重的。过去周公摄天下之政，但是他能礼贤下士七十多人，难道是他没有德行吗？不是的。这是因为他想得到贤士的缘故。有道之士而能甘居天下贤士之下的人，难道不是君子吗？"这篇短文通过孔子与他的弟子子路的对话，阐明了"礼贤下士"的重要。孔子列举了两个古代著名的人物铜鞮伯华和周公旦，他们都是有德才的人，但仍然对士人谦下有礼，这反映了统治者通过"礼贤下士"而笼络人才的现象。儒家另一位代表人物孟子也十分重视贤人的作用。《孟子·公孙丑上》曰："莫如贵德而尊士，贤者在位，能者在职，国家闲暇，及是时明其政刑，虽大国必畏之矣。”如果国君能让贤者在位，国家必然会得到治理。孟子又说：“尊贤使能，俊杰在位，则天下之士皆悦，而愿立于其朝矣。”（《孟子·公孙丑上》）孟子特别赞扬汤任用贤人的行为，说：“汤执中，立贤无方。”（《孟子·离娄下》）意思是说成汤坚持中和之道，不拘一格起用贤人。战国后期，儒学大家荀子也主张用贤。《荀子·大略》：“君人者，隆礼尊贤而王，重法爱民而霸，好利多诈而危。”

尚贤，是墨家的核心思想之一。墨子认为，尚贤使能是为政之本，国家的兴亡成败关键在于用人。《墨子·尚贤上》载子墨子言曰：“是在王公大人为政于国家者，不能以尚贤事能为政也。是故国有贤良之士众，则国家之治厚；贤良之士寡，则国家之治薄。故大人之务，将在于众贤而已。”一个国家的贤良之士的多少以及是否做到尚贤使能，关系着国家的兴衰、社会的稳定或混乱。《墨子·尚贤下》：“子墨子言曰：天下之王公大人皆欲其国家之富也，人民之众也，刑法之治也。然而不识以尚贤为政其国家百姓，王公大人本失尚贤为政之本也。若苟王公大人本失尚贤为政之本也，则不能毋举物示之乎？”墨子说：天下的王公大人都希望自己的国家富足，人民众多，政治安定。但却不知道以尚贤作为对国家百姓为政的原则，王公大人从来就不知道尚贤是政治的根本。如果王公大人从来不知道尚贤这一治理政事的根本，我们就不能举出事例来开导他吗？墨子心目中的贤良之士，就是德行忠厚、道术渊博的德才兼备之人。他说：“贤良之士，厚乎德行，辩乎言谈，博乎道术者乎！此固国家之珍而社稷之佐也。”就是人要有好的品行，做事要有利于人民，有利于兴利除害，要有很高的思想水平，能辨析事理，通晓治国的道理和方法。墨家尚贤使能的用人原则，跟儒家基于血缘关系的“亲亲”用人原则是相对立的。墨子提出“贤”的标准，要求把那些世袭的无才无德的贵族换下来，将符合“贤”的标准的人士选拔上去，正是为了实现他建立贤人政治的愿望。

与儒、墨不同，法家则否定尊贤用贤。韩非子对于不图名利地位、不惧生死祸福、保持信仰气节的所谓“贤士”，一律称为“不令之民”。他说：“若夫许由、续牙、晋伯阳、秦颠颉、卫侨如、狐不稽、重明、董不识、卞随、务光、伯夷、叔齐，此十二者，皆上见利不喜，下临难不恐，或与之天下而不取，有萃辱之名，则不乐食谷之利。”这些人“见利不喜，上虽厚赏，无以劝之；临难不恐，上虽严刑，无以威之：此之谓不令之民也”。（《韩非子·说疑》）这些天下公认的贤士，见到利益不高兴，见到危难不恐惧，用赏罚不能命令他们做事，所以对于国家是没有用的人。韩非子接着说：“此十二人者，或伏死于窟穴，或槁死于草木，或饥饿于山谷，或沉溺于水泉。有如此，先古圣王皆不能臣，当今之世，将安用之？”（同上）对于儒家歌颂的伯夷叔齐，韩非子说：“古有伯夷叔齐者，武王让以天下而弗受，二人饿死首阳之陵。若此臣，不畏重诛，不利重赏，不可以罚禁也，不可以赏使也，此之谓无益之臣也。”伯夷、叔齐在法家看来都是无用之臣。

比较先秦诸子各家的贤人思想，可以看出《吕氏春秋》是继承了儒家和墨家的看法，《吕氏春秋》杂家“兼儒墨”的特点于此亦可一见。但是很明显，吕不韦的思想不同于韩非子。而秦国自秦穆公以来一直就是以法家思想来治国的。吕不韦这样说，有着想把秦国的治国思想进行纠偏的意思。秦始皇与吕不韦之间的矛盾，其核心正在于此。这才是吕不韦最终饮鸩自杀的根本原因。

（许富宏）

顺说

善说者若巧士，因人之力以自为力①，因其来而与来②，因其往而与往，不设形象。与生与长，而言之与响③；与盛与衰，以之所归④。力虽多，材虽劲⑤，以制其命。顺风而呼，声不加疾也⑥；际高而望⑦，目不加明也，所因便也⑧。

惠盎见宋康王⑨，康王蹀足謦欬⑩，疾言曰：“寡人之所说者，勇有力也，不说为仁义者。客将何以教寡人？”惠盎对曰：

"臣有道于此，使人虽勇，刺之不入；虽有力，击之弗中。大王独无意邪[11]？"王曰："善！此寡人所欲闻也。"惠盎曰："夫刺之不入，击之不中，此犹辱也。臣有道于此，使人虽有勇弗敢刺，虽有力不敢击。大王独无意邪？"王曰："善。此寡人之所欲知也。"惠盎曰："夫不敢刺，不敢击，非无其志也[12]。臣有道于此，使人本无其志也。大王独无意邪？"王曰："善！此寡人之所愿也。"惠盎曰："夫无其志也，未有爱利之心也。臣有道如此，使天下丈夫女子莫不欢然皆欲爱利之，此其贤于勇有力也[13]，居四累之上[14]。大王独无意邪？"王曰："此寡人之所欲得。"惠盎对曰："孔、墨是也。孔丘、墨翟，无地为君[15]，无官为长[16]，天下丈夫女子莫不延颈举踵而愿安利之[17]。今大王，万乘之主也，诚有其志[18]，则四境之内皆得其利矣，其贤于孔、墨也远矣。"宋王无以应。惠盎趋而出[19]。宋王谓左右曰："辨矣[20]，客之以说服寡人也[21]！"宋王，俗主也，而心犹可服，因矣[22]。因则贫贱可以胜富贵矣，小弱可以制强大矣。

田赞衣补衣而见荆王[23]。荆王曰："先生之衣，何其恶也[24]？"田赞对曰："衣又有恶于此者也。"荆王曰："可得而闻乎？"对曰："甲恶于此[25]。"王曰："何谓也？"对曰："冬日则寒，夏日则暑，衣无恶乎甲者。赞也贫，故衣恶也。今大王，万乘之主也，富贵无敌，而好衣民以甲，臣弗得也[26]。意者为其义邪[27]？甲之事，兵之事也，刈人之颈[28]，刳人之腹[29]，隳人之城郭[30]，刑人之父子也[31]，其名又甚不荣。意者为其实邪[32]？苟虑害人，人亦必虑害之；苟虑危人，人亦必虑危之。其实人则甚不安。之二者[33]，臣为大王无取焉。"荆王无以应。说虽未大行[34]，田赞可谓能立其方矣[35]。若夫偃息之义[36]，则未之识也[37]。

管子得于鲁[38]，鲁束缚而槛之[39]，使役人载而送之齐，其讴歌而引。管子恐鲁之止而杀己也，欲速至齐，因谓役人曰："我为汝唱，汝为我和。"其所唱适宜走[40]，役人不倦，而取道甚速，管子可谓能因矣[41]。役人得其所欲，己亦得其所欲。以此术也，是用万乘之国，其霸犹少[42]，桓公则难与往也[43]。

〔注释〕 ① 因：凭借。 ② 与来：与之来。 ③ 而言之与响：此句意为如同言语与回声一样相随。而，通"如"，相似。响，回声。 ④ 所归：终极目的。 ⑤ 劲：强。 ⑥ 疾：快。 ⑦ 际：到，接近。 ⑧ 便：有利。 ⑨ 惠盎：战国时期宋国人。宋康王：名偃，即宋君偃，公元前328年至公元前286年在位。 ⑩ 蹀(dié)足：顿足。謦欬(qǐngkài)：咳嗽。 ⑪ 独：难道，岂。 ⑫ 志：志向，意志。 ⑬ 贤：胜，超过。 ⑭ 四累：指上文提到的(刺击、不敢刺击、无志刺击、未有爱利之心)四种行为，因这四种行为有害于世，故称为"四累"。 ⑮ 无地为君：指没有土地，但却能像君主一样得到尊荣。 ⑯ 无官为长：指没有官职，但却能像长者一样受到尊敬。 ⑰ 丈夫：古时对成年男子的称呼。 延颈举踵：伸长脖子，抬起脚跟。 ⑱ 诚：果真，如果。 ⑲ 趋：疾走，快步而行。 ⑳ 辨：通"辩"，辩论，善辩。 ㉑ 客之以说服寡人也：此句意为客人用言论使我信服。 ㉒ 因：此为因势利导之意。 ㉓ 田赞：齐国人。 前一个"衣"：穿。 补衣：敝衣，破旧的衣服。 ㉔ 恶：破旧。 ㉕ 甲：铠甲。 ㉖ 弗得：此为不赞成之意。 ㉗ 意者：或许，料想。 ㉘ 刈(yì)：砍断。 ㉙ 刳(kū)：剖挖。 ㉚ 隳(huī)：毁坏。 城郭：城池。城，内城。郭，外城。 ㉛ 刑：杀。 ㉜ 意者为其实邪：此句意为或者这是为了得到实际利益吗。 ㉝ 之：此，这。 ㉞ 说：主张，说法。 ㉟ 方：主张。 ㊱ 偃息之义：指段干木隐居而使魏国安全。偃息，休息，安卧。 ㊲ 未之识：意为还不能做到这一点。 ㊳ 管子得于鲁：齐遭无知之难，公子纠奔鲁。后公子小白在齐国即位(即齐桓公)，胁迫鲁杀死公子纠，把管仲送交齐国。因此说"管子得于鲁"。 ㊴ 槛：关在囚笼中。 ㊵ 其所唱适宜走：此句意为他所唱的歌节拍正好适合快走。 ㊶ 能因：指能利用役人的唱歌。 ㊷ 其霸犹少：此句意为成就霸业尚且不止。 ㊸ 难与往：指难以跟他(桓公)达到成就王业的地步。(孙启帆)

【鉴赏】 本篇论述的是劝说君主的方法——顺说之法。顺说，意思是要善于揣摩君主的心理，顺其思路，投其所好，然后因势利导，以达到自己的目的。所谓“因人之力以自为力，因其来而与来，因其往而与往。”文章结构简单，先提出观点，然后列举惠盎、田赞、管仲三人的事例作论证。

惠盎谒见宋康王。康王一边跺脚一边咳嗽，急促地说道：“我所喜欢的是勇敢有力的人，而不喜欢行仁义的人。客人将对我有何见教？”惠盎知道宋康王喜欢勇敢有力的人，于是就顺着勇敢的话题回答说：“我这里有一种法术：能使人虽然勇敢，但是他的剑戟却刺不进您的身体；虽然有力，却击不中您。大王您难道无意于这种法术吗？”既然有这样的法术，康王当然说：“好！这是我想要听的。”在此形势下，惠盎继续延伸说：“剑戟虽然刺不进您的身体，击打也不能命中您的身体，但您还是受到了侮辱。我这里有一种法术：能使人虽然勇敢却不敢刺您，虽然有力却不敢击打您。大王您难道无意于这种法术吗？”这种法术比上一种法术更加高明，康王高兴的说：“好！这是我想要知道的。”惠盎还不停止，继续顺着这个思路说：“那些人虽然不敢刺您，不敢击打您，但并不是没有刺您击打您的想法啊。我这里有一种法术：能使人根本就没有刺您击打您的想法。大王您难道无意于这种法术吗？”这比不敢刺更加高明，康王当然说：“好！这是我所希望的得到的。”惠盎顺着康王爱好勇力继续说：“那些人虽然没有刺您击打您的想法，但还没有爱您利您的心。我这里有一种法术：能使天下的男男女女无不愉快地爱您利您。这就胜过了勇敢有力，在四种法术中位居于首。大王您难道无意于这种法术吗？”康王说：“这是我想要得到的。”到此，惠盎终于回答说：“这就是孔丘、墨翟的品德呀！孔丘、墨翟没有领土，却能像当君主一样得到尊荣；没有官职，却能像长者一样受到尊敬。天下的男男女女没有谁不伸长脖子、抬起脚跟盼望他们，希望他们平安顺利的。现在大王您是拥有万辆兵车的大国君主，如果真有这样的志向，那么四境之内都能得到您的好处了，您就能远远胜过孔丘、墨翟了。”宋康王听了无话可答。虽然宋康王是个庸俗的君主，但是他的心还是被说服了，这是惠盎因宋王之所好而加以引导的结果。所以说“善说者若巧士，因人之力以自为力，因其来而与来，因其往而与往”，顺说就能够轻易地实现目标。

田赞穿着破衣服去见楚王。楚王说：“先生，您的衣服怎么这么破旧呢？”田赞抓住楚王对破旧衣服的兴趣，顺势引导说：“衣服还有比这更坏的呢？”楚王听不懂这话的意思，要求田赞说说其中的道理。田赞说：“铠甲比这破衣服更坏。”因为铠甲与战争有关，是有关杀人的事啊，而这样又会遭到报复，带来双方的伤害。所以铠甲比破衣服更坏。田赞借破衣服顺势进谏楚王不要兴兵打仗，那样只能给人们带来灾害。

管仲在鲁国被捉住，关在囚笼里，被运送回齐国。差役们抓住管仲很高兴，一边押着管仲，一边唱歌。在路上，管仲怕鲁国人杀他。于是就对差役们说：“我来给你们领唱，你们一起应和。”于是他唱的歌都是适合快走的歌，结果差役们走得很快，而且不感到累。管仲很快便回到了齐国。管仲善于利用形势，顺着形势，达到了目的。

上述例证都证明了顺说确实是一种行之有效的方法，能够巧妙地进行劝说，就能达到自己的目的。

“顺说”，作为一种谏说方法，很早就在社会实践中得到验证。可以说是自春秋以来一种常见的方法。春秋时期，晏子善于使用这种方法。根据《晏子春秋·晏子谏杀烛邹》篇记载：齐景公喜欢射鸟，让烛邹替他掌管那些鸟，但是鸟跑掉了。景公大怒，诏告官吏想杀掉烛邹。晏子说：“烛邹的罪有三条，我请求列出他的罪过再杀掉他。”景公说：“可以。”于是召来烛邹并在景公面前列出这些罪过。晏子说：“烛邹，你为国君掌管鸟而丢失了，是第一条罪；使我们的国君因为丢鸟的原因而杀人，是第二条罪；使诸侯们知道这件事了，以为我们的国君重视鸟而轻视士人，是第三条罪。”把烛邹的罪状列完了，晏子向齐景公请示杀了烛邹。景公说：“不要杀了，我明白你的指教了。”晏子在这里，并不是直接劝阻景公，而是先顺着齐景公的心理，说杀烛邹可以，先列举出他的罪状再杀也不迟。这样，景公不仅不会阻拦，反而很高兴。晏子顺着这个思路列举了烛邹的三条罪状，最后点醒了景公，没有杀烛邹。

到了战国时期，“顺说”方法在专门探讨游说的《鬼谷子》一书中上升到理论高度。《鬼谷子》中有多数篇章说到这个问题。《捭阖》篇说：“观阴阳之开阖以名命物，知存亡之门户，筹策万类之终始，达人心之理。”就是说，在游说时要通达人之心理。如何通达人之心理呢？顺其意而说之，即能做到。《飞箝》篇中论“飞箝”之术说：“用之于人，则量智能、权材力、料气势，为之枢机以迎之随之。以箝和之，以意宜之。”在游说中，运用“飞箝”之术时，要根据对方的智力和才能，衡量对方的才智个性，度量当时的形势，然后“随之迎之”，顺着这个形势，迎合这个形势进行游说。晏子说齐景公不杀烛邹，惠盎说宋康王等，无不是如此。《摩》篇亦说：“说者听必合于情，故曰情合者听。”游说的人在游说时，必须符合当时的情势，这样对方才会听。符合当时的情势，就必须要顺着君主的意愿。《谋》篇在谈到游说时有：“因其见以然之，因其说以要之，因其势以成之。”都是这个意思。

值得注意的是，本篇主张顺说，实际上也有反对直言进谏的意思。游说之士，或臣对君主谏言，往往需要讲究策略。直言极谏，虽然是对的，但往往因为让君主下不来台，没有回旋的余地，反而不能成功。所以游说要看对象、看时机，也要讲究方法，不能只图个人情绪上的一时痛快，而不考虑实际效果。因为既定的制度环境是客观给定的，不能超越既定的环境，而只能顺应既定的环境。顺说，就是一种富有智慧的进说策略，这种方式既能达到目的，又能保全自己，从而因势利导地达到自己的目的。

（许富宏）

贵 因

三代所宝莫如因①，因则无敌。禹通三江五湖，决伊阙②，沟回陆③，注之东海，因水之力也。舜一徙成邑④，再徙成都[5]，三徙成国，而尧授之禅位[6]，因人之心也。汤、武以千乘制夏、商[7]，因民之欲也。如秦者立而至[8]，有车也；适越者坐而至[9]，有舟也。秦、越，远涂也[10]，竫立安坐而至者[11]，因其械也。

武王使人候殷[12]，反报岐周曰[13]："殷其乱矣。"武王曰："其乱焉至[14]？"对曰："谗慝胜良[15]。"武王曰："尚未也。"又复往，反报曰[16]："其乱加矣。"武王曰："焉至？"对曰："贤者出走矣。"武王曰："尚未也。"又往，反报曰："其乱甚矣。"武王曰："焉至？"对曰："百姓不敢诽怨矣[17]。"武王曰："嘻！"遽告太公[18]。太公对曰："谗慝胜良，命曰戮[19]；贤者出走，命曰崩；百姓不敢诽怨，命曰刑胜[20]。其乱至矣，不可以驾矣[21]。"故选车三百，虎贲三千[22]，朝要甲子之期[23]，而纣为禽[24]，则武王固知其无与为敌也[25]。因其所用，何敌之有矣！

武王至鲔水[26]。殷使胶鬲候周师[27]，武王见之。胶鬲曰："西伯将何之[28]？无欺我也。"武王曰："不子欺[29]，将之殷也[30]。"胶鬲曰："朅至[31]？"武王曰："将以甲子至殷郊，子以是报矣。"胶鬲行。天雨，日夜不休，武王疾行不辍[32]。军师皆谏曰："卒病[33]，请休之。"武王曰："吾已令胶鬲以甲子之期报其主矣。今甲子不至，是令胶鬲不信也。胶鬲不信也，其主必杀之。吾疾行以救胶鬲之死也。"武王果以甲子至殷郊。殷已先陈矣[34]。至殷，因战，大克之。此武王之义也。人为人之所欲[35]，己为人之所恶[36]，先陈何益？适令武王不耕而获[37]。

武王入殷，闻殷有长者，武王往见之，而问殷之所以亡。殷长者对曰："王欲知之，则请以日中为期。"武王与周公旦明日早要期[38]，则弗得也。武王怪之。周公曰："吾已知之矣。

此君子也，取不能其主[39]，有以其恶告王[40]，不忍为也。若夫期而不当[41]，言而不信，此殷之所以亡也，已以此告王矣。”

夫审天者，察列星而知四时，因也。推历者[42]，视月行而知晦朔[43]，因也。禹之裸国[44]，裸入衣出，因也。墨子见荆王，锦衣吹笙[45]，因也。孔子道弥子瑕见釐夫人[46]，因也。汤、武遭乱世，临苦民，扬其义，成其功，因也。故因则功[47]，专则拙[48]。因者无敌。国虽大，民虽众，何益！

〔注释〕 ① 因：依据。 ② 伊阙：山名，又名“塞阙山”、“龙门山”。因两山相对如阙，伊水流经其间，故名“伊阙”。 ③ 沟回陆：指疏通沟道。陆，道。 ④ 邑：指古代的区域单位。 ⑤ 都：与上文“邑”都指古代的区域单位，邑小都大。 ⑥ 禅(shàn)：以帝位让人。 ⑦ 千乘(shèng)：即千乘之国，代称诸侯国。 ⑧ 如：往，去。 ⑨ 适：往，去到。 ⑩ 涂：通“途”，路途。 ⑪ 竫(jìng)：安静。 ⑫ 候：伺望，侦查。 ⑬ 岐周：城邑名。周武王的曾祖父古公亶父自豳迁于岐山下周原，筑城郭，因名岐周。故址在今陕西省岐山县东北。 ⑭ 焉至：达到什么程度。 ⑮ 谗慝：邪恶，此指邪恶之人。 良：贤良，此指贤良之人。 ⑯ 反：归，还。 ⑰ 诽：责备。 ⑱ 遽：急，骤然。 ⑲ 戮：暴乱。 ⑳ 刑胜：指刑法太苛刻。 ㉑ 驾：增加。 ㉒ 虎贲：勇士。 ㉓ 朝要甲子之期：此句意为朝会诸侯时以甲子日为期兵至牧野。要，约定。甲子之期，甲子日。武王伐纣，于甲子日兵至牧野。 ㉔ 禽：通“擒”，擒获。 ㉕ 固：本来，诚然。 ㉖ 鲔(wěi)水：水名，在河南省巩县北。武王伐纣时经过此处。 ㉗ 胶鬲(gé)：原隐居为商，后经文王推举而为纣臣。 ㉘ 西伯：本指周文王。文王在殷商时为西伯。殷代州之长官曰“伯”，文王为雍州(在西方)之伯，故称“西伯”。这里的“西伯”指周武王。 将何之：将要去哪里。 ㉙ 不子欺：不欺骗你。 ㉚ 之：前往。 ㉛ 埸：通“曷”，何。 ㉜ 辍(chuò)：中止，停止。 ㉝ 病：困乏，疲惫。 ㉞ 陈：“阵”的古字，摆开阵势。 ㉟ 人为人之所欲：此句意为武王做的确实是人们所希望的事情(伐纣)。前一个“人”指武王。 ㊱ 己为人之所恶：此句意为纣王自己做的确实是人们所厌恶的事情。己，指纣王。 ㊲ 适令武王不耕而获：此句意为正好让武王不战而获胜。适，正，恰好。 ㊳ 要期：约定的日期。 ㊴ 取不能其主：此句意为他本来就采取不亲近自己君主的态度。取，选取，采取。能，亲善。 ㊵ 有：通“又”。 ㊶ 期而不当：指约定了日期却不如期赴约。 ㊷ 历：历法。 ㊸ 晦：夏历每月的最后一天。朔：夏历每月的第一天。 ㊹ 裸国：指不知穿衣服的部族。 ㊺ 锦衣：指穿上华丽的衣服。墨子好俭非乐，此说他"锦衣吹笙"，是为了顺应荆王的嗜好以达到自己的目的。㊻ 道：由，经由。 弥子瑕：卫灵公的宠臣。 釐夫人：当指卫灵公夫人南子。㊼ 因则功：指顺应凭借外物就会成功。 ㊽ 专则拙：指单凭个人的力量就会失败。拙，此为失败之意。（孙启帆）

【鉴赏】 贵因，意思是善于依凭并利用客观形势，因势利导，达成自己的目的，其内容包含有因循、因仍、因应和因凭四重内涵。《吕氏春秋》中多数篇章谈到了"贵因"思想，并利用"贵因"思想发表关于为人君主、治理国家等看法。"因"，是《吕氏春秋》特别重视的一种思想与方法，在吕不韦的思想体系中占有重要地位。上一篇《顺说》，实际上已经含有"贵因"的意思在里面，是"贵因"思想在游说谏说领域的运用。本篇则是关于"贵因"思想的宏观论述，是《吕氏春秋》哲学思想中具有代表性的一篇。

"因"是战国时期人们普遍讨论的热点话题之一。在老庄道家，"因"是政治哲学的核心范畴，老庄道家强调"道"，"因"的意义也与"道"相连。"道"的本意即顺应自然，所以"因"也有顺应自然，反对违背自然，违背客观规律的意思。在兵家，"因"也是战略战术的一个重要原则。《孙子兵法·虚实》说："因形而错胜于众。"曹操注说"因形"，即"因敌形"，也就是利用敌人的形势。《史记·孙子吴起列传》引孙膑的话说："善战者，因其势而利导之。"善于打仗的人，都是根据战场上的形势变化而做出相应的变化。《吕氏春秋·决胜》也说："凡兵，贵其因也。因也者，因敌之险以为己固，因敌之谋以为己事。能审因而加，胜则不可穷矣。"因，就是利用敌人的天险，把它当作自己的防守阵地；利用敌人的谋略把它当作自己的取胜之道。能根据战场形势的变化，并加以利用，胜利就是没有穷尽的。这些都是兵家重视"因"的言论。在纵横家，《鬼谷子》也说"因"。其《忤合》篇说："反覆相求，因事为制。是以圣人居天地之间，立身御世施教扬声明名也，必因事物之会，观天时之宜，因知所多所少，以此先知之，与之转化。”或反或覆，推求事理时，都要根据事情的具体情况来制定策略。因此，圣人在天地之间，立身御世，都是顺应事物的发展规律，看天时是否相宜，据此来作相应变化。《鬼谷子》把“因”引入纵横学说的理论领域，并把“因”看作是处理游说和谋略等问题的一个原则和方法。

《吕氏春秋》也积极参与到当时的时代话题中，发表对“因”的看法。本篇所论之“因”，主要有两种意思：

一是顺应客观形势。文章先从历史和人们的日常生活常识出发，引出论点。“三代所宝莫如因，因则无敌”，夏商周三代最宝贵的东西没有什么比得上顺应、依凭外物了，顺应、依凭外物就能所向无敌。禹疏通三江五湖，凿开伊阙山，使水道畅通，让水流入东海，是顺应了水的力量。舜迁移了一次形成城邑，迁移了两次形成都城，迁移了三次形成国家。因而尧把帝位让给了他，这是顺应了民心。周武王在杀纣前，派人刺探殷商的动静。等殷商内部邪恶的人战胜了忠良的人，贤德的人都出逃了，民众都不敢说怨恨的话了，然后出兵，杀了商纣王。武王能够获胜，是趁殷商混乱的机会，顺应了民心，才能成功。禹到裸体国去，裸体进去，出来以后再穿衣服，是为了顺应那里的习俗；墨子见楚王，穿上华丽的衣裳，吹起笙，是为了迎合楚王的爱好。所以说“因则功”，顺应客观形势的人就能成功。

二是要善于凭借外物，利用外物。观测天象的人，通过看众星运行的情况就能知道四季，是因为有所凭借；推算历法的人，观看月亮的运行情况就能知道晦朔，是因为他们对专业知识的凭借。秦国地处僻远，但是到秦国去的人，站在车上，只要安静地站着就能到达，主要是因为利用了车的缘故。越国路途遥远，到越国去的人，只要坐在船上就能到目的地，那是因为凭借着船的缘故。孔子通过弥子瑕去见釐夫人，是为了借此实行自己的主张。釐夫人，是卫灵公的妻子，即南子。当时卫灵公懦弱无能，其夫人当政，即南子是当政者。孔子推行他的学说，怕釐夫人不予接见或接见了而不接纳他的学说。于是就假借卫灵公的宠臣，即釐夫人的心腹弥子瑕去见南子。《吕氏春秋》上称此曰“因也”，即凭借外力的意思。商汤、武王遇到混乱的世道，面对贫苦的人民，发扬自己的道义，成就了自己的功业，都是因为顺应外物的缘故。所以善于顺应、依凭外物，就能成功；专凭个人的力量，就会失败。故曰“因者无敌”。

《吕氏春秋》关于“因”的思想，实际上是接受了黄老之学的思想。在黄老道家，“因”论作为一种“君术”，强调“因臣之为”和“因民之性”两个方面。《慎子·因循》篇说：“天道因则大，化则细。因也者，因人之情也。”“因人之情”实际上就是“因民之性”。《管子·白心》说：“无为之道，因也，因也者，无益无损也。以其形因为之名，此因之术也。”因，是无为之道。黄老道家主张君无为而臣有为，故无为之道亦为君道。《史记·太史公自序》评价黄老学说：“其术以虚无为本，以因循为用。”又曰：“有法无法，因时为业；有度无度，因物与合。”为君之道，要根据时势不同，外在的客观条件不同，而及时变化。所谓法度，尽在于“因”。这种思想被《吕氏春秋》所继承。《任数》篇说：“古之王者，其所为少，其所因多。因者，君术也；为者，臣道也。为则扰矣，因则静矣。因冬为寒，因夏为暑，君奚事哉！”“因”就是为君之术，所以“贵因”。必须指出的是，《吕氏春秋》中的道家思想虽然与黄老道家一脉相承，但也有改造。这是我们需要格外注意的。

（许富宏）

先识览第四

察微

使治乱存亡若高山之与深谿[①]，若白垩之与黑漆[②]，则无所用智，虽愚犹可矣。且治乱存亡则不然[③]，如可知，如可不知[④]；如可见，如可不见。故智士贤者相与积心愁虑以求之[⑤]，犹尚有管叔、蔡叔之事与东夷八国不听之谋[⑥]。故治乱存亡，其始若秋毫[⑦]。察其秋毫，则大物不过矣[⑧]。

鲁国之法，鲁人为人臣妾于诸侯[⑨]，有能赎之者，取其金于府[⑩]。子贡赎鲁人于诸侯，来而让不取其金[⑪]。孔子曰："赐失之矣[⑫]。自今以往，鲁人不赎人矣。取其金则无损于行，不取其金则不复赎人矣。"子路拯溺者，其人拜之以牛[⑬]，子路受之。孔子曰："鲁人必拯溺者矣。"孔子见之以细，观化远也[⑭]。

楚之边邑曰卑梁[⑮]，其处女与吴之边邑处女桑于境上[⑯]，戏而伤卑梁之处女。卑梁人操其伤子以让吴人[⑰]，吴人应之不恭，怒杀而去之。吴人往报之，尽屠其家。卑梁公怒[⑱]，曰："吴人焉敢攻吾邑！"举兵反攻之，老弱尽杀之矣。吴王夷昧闻之怒[⑲]，使人举兵侵楚之边邑，克夷而后去之[⑳]。吴、楚以此大隆[㉑]。吴公子光又率师与楚人战于鸡父[㉒]，大败楚人，获其帅潘子臣、小惟子、陈夏啮[㉓]，又反伐郢[㉔]，得荆平王之夫人以归，实为鸡父之战。凡持国，太上知始，其次知终，其次知中[㉕]。三者不能，国必危，身必穷[㉖]。《孝经》曰："高而不危，所以长守贵也；满而不溢，所以长守富也。富贵不离其身，然后能保其社稷，而和其民人。"楚不能之也。

郑公子归生率师伐宋[㉗]。宋华元率师应之大棘[㉘]，羊斟御[㉙]。明日将战，华元杀羊飨士[㉚]，羊斟不与焉[㉛]。明日战，怒谓华元曰："昨日之事，子为制[㉜]。今日之事，我为制。"遂驱入于郑师。宋师败绩[㉝]，华元虏。夫弩机差以米则不发[㉞]。战，大机也。飨士而忘其御也，将以此败而为虏，岂不宜哉！故凡战必悉熟偏备[㉟]，知彼知己，然后可也。

鲁季氏与郈氏斗鸡[㊱]，郈氏介其鸡[㊲]，季氏为之金距[㊳]。

季氏之鸡不胜。季平子怒，因归郈氏之宫而益其宅[39]。郈昭伯怒，伤之于昭公[40]，曰："禘于襄公之庙也[41]，舞者二人而已[42]，其余尽舞于季氏。季氏之舞道[43]，无上久矣[44]，弗诛，必危社稷。"公怒不审[45]，乃使郈昭伯将师徒以攻季氏，遂入其宫。仲孙氏、叔孙氏相与谋曰[46]："无季氏，则吾族也死亡无日矣[47]。"遂起甲以往[48]，陷西北隅以入之[49]，三家为一，郈昭伯不胜而死。昭公惧，遂出奔齐，卒于干侯[50]。鲁昭听伤而不辩其义[51]，惧以鲁国不胜季氏，而不知仲、叔氏之恐而与季氏同患也，是不达乎人心也。不达乎人心，位虽尊，何益于安也？以鲁国恐不胜一季氏，况于三季[52]？同恶固相助[53]，权物若此其过也[54]。非独仲、叔氏也，鲁国皆恐。鲁国皆恐，则是与一国为敌也，其得至干侯而卒犹远[55]。

〔注释〕 ① 使：假使。 ② 垩(è)：白色的土，一般用来饰墙。 ③ 且：相当于"而"，表转折。 ④ 可不：当作"不可"。 ⑤ 积心愁虑：相当于"处心积虑"，指千思百虑，用尽心思。 ⑥ 管叔、蔡叔之事与东夷八国不听之谋：管叔、蔡叔为周武王之弟，武王灭商后，分别封于管(今河南郑州)和蔡(今河南上蔡西南)。武王死，成王幼，周公摄政，管叔、蔡叔不服，和武庚(纣王之子)一起叛乱，东夷八国附从，不听王命。 ⑦ 秋毫：鸟兽在秋天新长出来的细毛，比喻极纤小的事物。 ⑧ 则大物不过矣：此句意为那么大事就不会出现过失了。 ⑨ 臣：男奴隶。 妾：女奴隶。 ⑩ 府：古时国家收藏财物或文书的地方。此指国库。 ⑪ 让：推辞，辞让。 ⑫ 赐失之矣：意为端木赐你做错了。赐，即孔子弟子子贡姓端木，名赐，字子贡。 ⑬ 拜：拜谢。 ⑭ 观化远：指对事物的发展变化有远见。 ⑮ 卑梁：《史记》称是吴国边邑。这里说是楚国边邑。 ⑯ 桑：采桑叶。 ⑰ 让：责备。 ⑱ 卑梁公：卑梁邑的守邑大夫。 ⑲ 夷昧：春秋时吴国国君，吴王寿梦之子，公元前 530 年至公元前 527 年在位。 ⑳ 夷：诛锄，削平。 ㉑ 吴、楚以此大隆：此句意为吴国、楚国因此展开大战。隆，通"哄(hóng)"，相斗。 ㉒ 公子光：据《史记》、《吴越春秋》记载，是吴王诸樊之子。 鸡父：古地名，在今河南省固始县东南。 ㉓ 潘子臣：楚国大夫。 小惟子：楚国大夫。 陈夏啮(niè)：陈国大夫夏啮。鸡父之战，陈国帮助楚国，故其大夫为吴所擒。 ㉔ 郢：楚国国都。 ㉕ 凡持国，太上知始，其次知终，其次知中：此句意为凡是要守住国家，最上等的是洞察事情的开端，其次是预见到事情的结局，再次是随着事情的发展了解它。 ㉖ 穷：困厄，困窘。 ㉗ 归生：春秋时郑国大夫，字子家。 ㉘ 华元：春秋时宋国大夫，历事文公、共公、平公三君。 大棘：宋邑。故址在今河南省拓城县西北。 ㉙ 羊斟：宋人，华元的驭手，后奔鲁。御：驾驭车马。 ㉚ 飨：用酒食款待人，犒赏。 ㉛ 与(yù)：参与，在其中。 ㉜ 子为制：意为被你控制。 ㉝ 败绩：指军队的溃败。 ㉞ 弩机：弩的机件，青铜制，装置于木弩臂的后部。弩，用机栝发箭的弓。 差以米则不发：指差一粒米的长度就不能发射。 ㉟ 悉：全部，尽其所有。 偏：通"遍"。 ㊱ 季氏：季孙氏，鲁国最有权势的贵族，此指季平子。 郈(hòu)氏：鲁国公室，此指郈昭伯。 ㊲ 介：通"甲"，给……披甲。 ㊳ 季氏为之金距：此句意为季平子给鸡套上金属制的爪。距，雄鸡、雉等跖后面突出像脚趾的部分。 ㊴ 归郈氏之宫而益其宅：意为侵占郈氏的房屋，扩大自己的住宅。归，当是"侵"字之误。 ㊵ 伤：毁伤，诋毁。 ㊶ 禘(dì)：古代祭名。 襄公：昭公之父。 ㊷ 二人：当为"二八"之误。古代舞制，天子八佾，诸侯六佾，大夫四佾。鲁本诸侯，理当用六佾，而今只用二佾，其余四佾为季氏占有。 ㊸ 舞道：指舞蹈的规矩。 ㊹ 无上久矣：意为他目无君主已经很长时间了。 ㊺ 审：详查，细究。 ㊻ 仲孙氏、叔孙氏：都是鲁国的贵族，与季孙氏同族。 ㊼ 死亡无日：指离灭亡也没有几天了。 ㊽ 起甲：发兵。甲，兵士的代称。 ㊾ 陷：攻破。 ㊿ 干侯：晋邑，在今河北省成安县东南。 (51) 辩：通"辨"，辨别，明察。 (52) 三季：指季孙氏、仲孙氏、叔孙氏。 (53) 同恶：共同厌恶的。此指季孙氏、仲孙氏、叔孙氏都厌恶昭公。 (54) 权：权衡。 (55) 其得至干侯而卒犹远：意为昭公在国内就该被杀，今得以死在干侯，还算有幸死的远了呢。(孙启帆)

【鉴赏】 俗话说，"小洞不补，大洞尺五"。一般而言，事物的发展都是由小到大的。注意事物处在萌芽状态时的苗头，是十分重要的。本篇就此问题发表看法，名为"察微"。文章一开始提出论点："治乱存亡，其始若秋毫。察其秋毫，则大物不过矣。"全文围绕这一观点从正反两方面举例加以论证。

首先，文章举例赞扬孔子"见之以细，观化远也"，指出智士贤者应该处心积虑，考察事物的端倪，见微知著，防患于未然。这是从正面论证。春秋时期，鲁国的法令规定，如果鲁国人在外国看见同胞被卖为奴婢，如果他们肯出钱把人赎回来，那么回到鲁国后，国家就会给他们赔偿和奖励。这道法律执行了很多年，很多流落他乡的鲁国人因此得以重返故国。后来，孔子有一个弟子叫子贡，他是一个很有钱的商人，他从国外赎回了很多鲁国人，但是却拒绝了国家的赔偿。孔子却对此不以为然，说子贡此举是"做错了"，鲁国的人以后不再赎人了。孔子为什么这么说呢？主要是孔子看到这件事以后的发展趋势。因为子贡的所作所为，固然让他为自己赢得了更高的赞扬，但是同时也拔高了大家对"义"的要求。往后那些赎人之后去向国家要钱的人，不但可能再也得不到大家的称赞，甚至可能会被国人嘲笑，责问他们为什么不能像子贡一样为国分忧。自子贡之后，很多人就会对落难的同胞装作看不见了。因为他们不像子贡那么有钱，如果他们求国家给一点点补偿的话反而会被人唾骂。很多鲁国人因此而不能返回故土。所以孔子说鲁国的人以后再也不会赎人了。子贡的做法，就是看不见事物的发展趋势啊！孔子的另一位弟子子路，则不是这样。子路救了一个溺水的人，那个人用牛来酬谢他，子路收下了牛。孔子说："鲁国人一定会救溺水的人了。"孔子能从细小处看到结果，这是由于他对事物的发展变化观察得远啊。

其次，从反面来看，文章还列举了吴楚卑梁之争，宋华元飨士而忘其御，鲁昭公听伤而不辨其义三则故事，说明小处不察，必然会酿成大患。

楚国有个边境城邑叫卑梁，那里的姑娘与吴国边境城邑的姑娘一起在边境上采桑叶。嬉戏时，吴国的姑娘伤了卑梁的姑娘。卑梁人带着受伤的姑娘去责备吴国人，吴国人应答很不恭敬，卑梁人很恼怒，杀死了那个吴国人就走了。吴国人很愤怒，很多人去报复，把那个楚国人全家都杀死了。卑梁的守邑大夫非常愤怒，发兵去攻打吴国人，把吴国边境城邑的人，连老弱在内全都杀死了。吴王夷昧听到这事以后大怒，派人率兵侵犯楚国的边境城邑，攻下楚国的边邑，把它夷为平地，然后才离开。楚王非常震怒，因此与吴国展开大战。吴公子光又率领军队在鸡父跟楚国军队交战，把楚军打得大败，俘虏了楚军的主帅潘子臣、小帷子以及陈国的夏啮。又接着攻打郢，得到了楚平王的夫人，把她带回吴国。这实际上还是鸡父之战的继续。楚国与吴国之间的战争，因采桑女嬉戏而引发，岂不是发人深省吗？

郑国的公子归生率领军队攻打宋国。宋国的华元率领军队在大棘迎敌，羊斟给华元作驭手。第二天将要作战，华元杀了羊来宴请甲士，却没有请羊斟来吃饭。第二天作战的时候，羊斟愤怒地对华元说："昨天宴享的事由你掌握，今天驾车的事该由我掌握了。"于是把车一直赶进郑国军队里。宋军大败，华元被俘。所以，凡作战一定要熟悉全部情况，做好全面准备，一定要把所有的细节都考虑清楚，才能取胜。

鲁国的季氏与郈氏斗鸡，郈氏给他的鸡披上甲，季氏给鸡套上金属爪。季氏的鸡没有斗胜，季平子很生气，于是侵占郈氏的房屋，扩大自己的住宅。郈昭伯非常恼怒，就在鲁昭公面前诋毁季氏说："在襄公之庙举行大祭的时候，舞蹈的人仅有十六人而已，其余的人都到季氏家去跳舞了。季氏家舞蹈人数超过规格，他目无君主已经很长时间了。不杀掉他，一定会危害国家。"昭公大怒，不加详察，就派郈昭伯率领军队去攻打季氏，攻入了他的庭院。仲孙氏、叔孙氏彼此商量说："如果没有了季氏。那我们家族离灭亡就没有几天了。"于是发兵前往救助，攻破院墙的西北角进入庭院，三家合兵一处，郈昭伯战败而被杀死。鲁昭公逃亡齐国，后来死在干侯。鲁昭公听信诋毁季氏的话，却不知道季氏与仲孙氏、叔孙氏是患难与共的，杀掉季氏会让仲孙氏、叔孙氏感到恐惧。这都是没有从小处看到大处的危害啊！

通过以上三个历史故事，可知察微的重要。所以说："凡持国，太上知始，其次知终，其次知中。三者不能，国必危，身必穷。"凡是要治理国家，最上等的能力是要能洞察事情的开端，其次是预见到事情的结局，再次是随着事情的发展来了解它。这三样都做不到，国家一定危险，而君主自身也一定会陷入困境。

对于事物由小到大的发展趋势，在治理国家中务必要认识到这一点，

《鬼谷子》的论述最为详细。其《抵巇》篇为专论。文中说:“巇者,罅也。罅者,峒也。峒者,成大隙也。”巇,就是小的裂缝,小的裂缝会发展成中等裂缝,中等裂缝最终会发展成大的裂缝。并说“自天地之合离、终始,必有罅隙,不可不察也。”这就是说,事物有裂缝是必然的,为政者在治理国家时,必须要善于洞察这些裂缝,然后据此作出对策,以防止向吴楚两国一样,因采桑女嬉戏而导致战争的事情出现。

本篇在文学上堪称范例。开篇先以高山与深谷、白土与黑漆作比喻,说明治与乱之间的区别,但是由治到乱总是有一个由小到大的过程,开始出现缝隙的时候,就像秋毫一样。这样的表达形象生动。在行文过程中,从正反两个方面举例历史事例作论证,且在论证过程中,夹叙夹议,很有说服力。

(许富宏)

审分览第五

审 分

凡人主必审分①,然后治可以至,奸伪邪辟之涂可以息②,恶气苛疾无自至③。夫治身与治国,一理之术也。今以众地者④,公作则迟⑤,有所匿其力也;分地则速⑥,无所匿迟也⑦。主亦有地,臣主同地,则臣有所匿其邪矣⑧,主无所避其累矣⑨。

凡为善难,任善易⑩。奚以知之?人与骥俱走,则人不胜骥矣。居于车上而任骥,则骥不胜人矣。人主好治人官之事⑪,则是与骥俱走也,必多所不及矣。夫人主亦有居车⑫,无去车⑬,则众善皆尽力竭能矣,谄谀诐贼巧佞之人无所窜其奸矣⑭,坚穷廉直忠敦之士毕竟劝骋骛矣⑮。人主之车,所以乘物也。察乘物之理，则四极可有[16]。不知乘物而自怙恃[17]，夺其智能[18]，多其教诏，而好自以[19]；若此则百官恫扰[20]，少长相越[21]，万邪并起，权威分移，不可以卒，不可以教，此亡国之风也。

王良之所以使马者[22]，约审之以控其辔[23]，而四马莫敢不尽力。有道之主，其所以使群臣者亦有辔。其辔何如？正名审分，是治之辔已。故按其实而审其名，以求其情；听其言而察其类，无使放悖[24]。夫名多不当其实而事多不当其用者，故人主不可以不审名分也。不审名分，是恶壅而愈塞也[25]。壅塞之任，不在臣下，在于人主。尧、舜之臣不独义[26]，汤、禹之臣不独忠，得其数也[27]。桀、纣之臣不独鄙[28]，幽、厉之臣不独辟[29]，失其理也[30]。

今有人于此，求牛则名马[31]，求马则名牛，所求必不得矣。而因用威怒，有司必诽怨矣[32]，牛马必扰乱矣。百官，众有司也；万物，群牛马也。不正其名，不分其职，而数用刑罚[33]，乱莫大焉。夫说以智通而实以过悗[34]，誉以高贤而充以卑下，赞以洁白而随以污德，任以公法而处以贪枉，用以勇敢而堙以罢怯[35]，此五者，皆以牛为马，以马为牛，名不正也。故名不正则人主忧劳勤苦，而官职烦乱悖逆矣。国之亡也，名之伤也，从此生矣。白之顾益黑求之愈不得者[36]，其此义邪！故至治之务，在于正名，名正则人主不忧劳矣。不忧劳则不伤其耳目之主[37]。问而不诏[38]，知而不为[39]，和而不矜[40]，成而不处[41]。止者不行[42]，行者不止，因形而任之，不制于物，无肯为使，清静以公，神通乎六合[43]，德耀乎海外[44]，意观乎无穷，誉流乎无止，此之谓定性于大湫[45]，命之曰无有[46]。故得道忘人，乃大得人也㊼，夫其非道也㊽；知德忘知，乃大得知也㊾，夫其非德也；至知不几，静乃明几也㊿，夫其不明也；大明不小事，假乃理事也[51]，夫其不假也；莫人不能，全乃备能也[52]，夫其不全也。是故于全乎去能，于假乎去事，于知乎去几，所知者妙矣[53]。若此则能顺其天，意气得游乎寂寞之宇矣，形性得安乎自然之所矣。全乎万物而不宰[54]，泽被天下而莫知其所自始[55]，虽不备五者[56]，其好之者是也。

〔注释〕 ① 审分：指统治者明悉君臣的职分。分，名分，职分。 ② 涂：通"途"，道路。 ③ 恶气苛疾无自至：意为浊气恶疾才无法出现。苛疾，重病，恶疾。 ④ 地：耕种土地。 ⑤ 公作：指共同耕作。 ⑥ 分地：指分开耕作。 ⑦ 无所匿迟也：意为无法藏匿力气缓慢耕作。 ⑧ 邪：私。 ⑨ 累：负累，连累。 ⑩ 善：指做善事的人。 ⑪ 人官：官吏。 ⑫ 居车：居于车上。 ⑬ 去车：指下车。 ⑭ 诐(bì)：偏颇，邪僻。 窜：逃匿。 ⑮ 坚穷廉直忠敦之士毕竞劝骋骛矣：此句意为刚强睿智、忠诚淳朴的人就会争相努力去奔走效劳了。穷，当为"睿"字之误，明智，智慧。劝，提倡，勉励。骋骛，奔跑，此指竭力效劳。 ⑯ 四极：四方极远的地方。 ⑰ 怙(hù)恃：凭借，凭恃。 ⑱ 夸：当作"奋"，矜夸，骄矜。 ⑲ 自以：指凭自己的意图行事。 ⑳ 恫(dòng)：恐惧。 ㉑ 少长相越：指长幼失序。 ㉒ 王良：春秋时晋国善于驾马的人。㉓ 约：简要。 控：控制。 辔：驾驭牲口的缰绳。 ㉔ 放：恣纵，放任。 悖：悖逆，违乱忤逆。 ㉕ 恶壅而愈塞：意为厌恶壅闭反而更加阻塞。壅，阻塞。 ㉖ 尧、舜之臣不独义：此句意为尧、舜的臣子并不全都仁义。 ㉗ 得其数：指驾驭臣子得法。㉘ 鄙：庸俗，鄙陋。 ㉙ 辟：通"僻"，不诚实，邪僻。 ㉚ 失其理：指驾驭臣子不得法。㉛ 求牛则名马：此句意为想要牛却说马的名字。 ㉜ 有司：古代设官分职，各有专司，因称职官为"有司"。 ㉝ 数(shuò)：屡次，频繁。 ㉞ 悗(mán)：烦闷。 ㉟ 堙(yīn)：堵塞。 罢：通"疲"。 ㊱ 顾：反而，却。 ㊲ 耳目之主：指耳目的天性。 ㊳ 问而不诏：意为询问臣下的意见，却不专断地下指示。 ㊴ 知而不为：意为君主知道怎样做，却不亲自去做。 ㊵ 和而不矜：意为君主和谐万物，却不自夸。 ㊶ 成而不处：意为事情做成了，却不居功。 ㊷ 止者不行：意为静止的东西不让它运动。 ㊸ 六合：指天地和东南西北四方。 ㊹ 海外：指四海之外。 ㊺ 此之谓定性于大湫：此句意为这就叫作把性命寄托在深邃幽远之处。 湫(qiū),深潭。 ㊻ 无有：无形。此指"道","道"无形，故曰"无有"。 ㊼ 大得人：指非常得人心。 ㊽ 夫其非道也：意为那怎么能不算有道呢。 ㊾ 知德忘知，乃大得知也：此句意为知道自己有德，不在乎让人知道，人皆仰慕，这样就更能为人所知。 ㊿ 至知不几，静乃明几也：此句意为非常有德的人外表不机敏，安然处之，机敏就会显露出来。 (51) 大明不小事，假乃理事也：此句意为特别贤明的人不做小事，大事才去做。假，大。 (52) 莫人不能，全乃备能也：此句意为修真得道的人无所能，但人们全都归附他，于是就无所不能了。莫人，当为"真人"。真人，道家称"修真得道"或"成仙"的人。 (53) 妙：微妙。 (54) 全乎万物而不宰：此句意为包容万物却不去主宰。宰，主宰。 (55) 泽被天下而莫知其所自始：此句意为恩泽覆盖天下却没有人知道从谁开始的。 (56) 五者：指上文所说的"得道忘人"、"知德忘知"、"至知不几"、"大明不小事"、"莫人不能"五种情况。(孙启帆)

【鉴赏】 审分，就是审察名分，亦就是要正名。审分，是战国时期法家思想所热衷讨论的话题。本篇反映了《吕氏春秋》合理吸收战国时期的法家思想而为治国所用。

首先，论述君主审分正名的必要性。本篇旨在论述君主必须审分正名。一开头便提出论点："凡人主必审分，然后治可以至。"法家主张人人都是逐利的，君主利用这种逐利之心，以赏罚来驾驭群臣和百姓。但是在赏罚的实施过程中，君主要根据群臣的职位、名分来进行。《韩非子·扬权》说："夫物者有所宜，材者有所施，各处其宜，故上下无为。使鸡司夜，令狸执鼠，皆用其能，上乃无事。……用一之道，以名为首，名正物定，名倚物徙，故圣人执一以静，使名自命，令事自定。"意思是说，万物都有它适宜的用处，才能都有它施展的地方，各自处在适当的位置上，所以君主可以无为而治。让鸡负责报晓，让猫负责捉鼠，都是使用他们所擅长的才能。君主就能不要亲自去做事了。君主治理国家最根本的原则，就是要把确定客观事物的名称摆在首位。名称正确地反映了客观事物的属性，所以名确定了，事物也就确定了。名称改变了，所指称的事物就变了。所以，君主只要抓住"正名"这个根本的原则，使"名"能定，就能令天下之事自然安定。《吕氏春秋》吸收了法家的思想，主张"正名"。《正名》篇说："名正则治，名丧则乱。”又说：“凡乱者，刑名不当也。”大凡是国家混乱的，都是正名审分的工作做得不恰当。“故至治之务，在于正名”，所以说达到治世的当务之急，就在于要正名。

其次，循名责实是君主驾驭臣下的关键。正因为正名如此重要，所以君主驾驭群臣，关键在于循名责实。《韩非子·定法》篇说：“术者，因任而授官，循名而责实，操生杀之柄，课群臣之能者也，此人主之所执也。”按其名而求其实，要求名实相符。《文子·上仁》篇也说：“循名责实，使自有司以不知为道，以禁苛为主，如此则百官之事，各有所考。”《淮南子·主术训》：“故有道之主……循名责实，使有司任而弗诏，责而弗教。”本篇以耕作、使马为喻，说明君臣必须各守职分。“人与骥俱走，则人不胜骥矣；居于车上而任骥，则骥不胜人矣”，人与马一起跑，那么人是不可能跑得过马的；人站在车上驾着马，那么马就跑不过人了。所以“人主好治人官之事，则是与骥俱走也，必多所不及矣”，君主治理群臣也与人驾车一样啊，如果人主喜欢亲自处理本来属于官员做的事，那么，国家的很多事情也就根本无法做了。“百官，众有司也；万物，群牛马也。不正其名，不分其职，而数用刑罚，乱莫大焉。”所以，君主不该“好治人官之事”。“有道之主，其所以使群臣者亦有辔。其辔何如？正名审分，是治之辔已。”

吕不韦集门客编写《吕氏春秋》的根本目的，就是要探索如何治理国家的理论和方法。而在这方面，法家思想经过实践检验证明是有效的。法家以人性理论为依据，由人性的好利恶害而设赏罚，就成为法。君主循名责实以课责群臣，自己则南面而无为，就叫作术。君主执柄以处势，临之以利害使百官之吏不得不居其下而守其职，就叫作势。法、术、势三者紧密相关，而成为一个整体。前文已引韩非子关于“术”的论述，术，就是“任而授官”，根据官职所承担的职责来任命官员，官员任命完了以后，“循名而责实”，根据此官职所应完成的责任来判定官员是否称职。如果不称职，则责成之，若不能按“名”而行，君主就要动用生杀大权，即所谓“操生杀之柄，课群臣之能”。法，君主必须明确规定各职位的职责，规定完成任务者会得到什么奖赏，完不成者，会得到什么惩罚。法令规定好了，就严格执行。国家就能得到治理。《韩非子·定法》说："法者，宪令著于官府，刑罚必于民心，赏存乎慎法，而罚加乎奸令者也，此臣之所师也。"而"势"就是威势。循名责实是通过操控生杀来达到的，并严格执行，造成一种法必行，行必果的威势，让人心存畏惧，增加按名而行的自觉性。《韩非子·八经》说："君执柄以处势，故令行禁止。柄者，杀生之制也。势者，胜众之资也。"韩非子取商鞅的法、申不害的术与慎到的势，将法、术、势三者合为一体，而以"控名责实"为核心。《吕氏春秋》吸收了这一思想。

不过，《吕氏春秋》与法家思想还是有不同之处的。区别主要是，《吕氏春秋》认为君主"循名责实"不仅是治国的需要，还是养生的需要。本篇说："夫治身与治国，一理之术也。"养生与治国的道理是一样的。正名之后，"名正则人主不忧劳矣，不忧劳则不伤其耳目之主"，循名责实，让君主不再为国事操心，身心安静，"神通乎六合，德耀乎海外"。从中不难看出，《吕氏春秋》折衷法家与道家的痕迹。

（许富宏）

勿躬[①]

人之意苟善，虽不知，可以为长。故李子曰[②]："非狗则不得兔，兔化而狗，则不为兔[③]。"人君而好为人官，有似于此。其臣蔽之，人时禁之[④]，君自蔽则莫之敢禁。夫自为人官，自蔽之精者也[⑤]。祓篲日用而不藏于箧[⑥]，故用则衰[⑦]，动则暗[⑧]，作则倦[⑨]。衰、暗、倦三者，非君道也。

大桡作甲子[⑩]，黔如作虏首[⑪]，容成作历[⑫]，羲和作占日[⑬]，尚仪作占月[⑭]，后益作占岁[⑮]，胡曹作衣[⑯]，夷羿作弓[⑰]，祝融作市[⑱]，仪狄作酒[⑲]，高元作室[⑳]，虞姁作舟[㉑]，伯益作井[㉒]，赤冀作臼[㉓]，乘雅作驾[㉔]，寒哀作御[㉕]，王冰作服牛[㉖]，史皇作图[㉗]，巫彭作医[28]，巫咸作筮[29]，此二十官者，圣人之所以治天下也。圣王不能二十官之事，然而使二十官尽其巧、毕其能，圣王在上故也。圣王之所不能也，所以能之也；所不知也，所以知之也。养其神、修其德而化矣，岂必劳形愁弊耳目哉[30]！是故圣王之德，融乎若日之始出，极烛六合[31]而无所穷屈；昭乎若日之光，变化万物而无所不行。神合乎太一[32]，生无所屈，而意不可障。精通乎鬼神，深微玄妙，而莫见其形。今日南面[33]，百邪自正，而天下皆反其情[34]；黔首毕乐其志[35]，安育其性，而莫为不成。故善为君者，矜服性命之情[36]，而百官已治矣，黔首已亲矣，名号已章矣[37]。

管子复于桓公[38]，曰："垦田大邑[39]，辟土艺粟[40]，尽地力之利，臣不若宁速[41]，请置以为大田[42]。登降辞让，进退闲习，臣不若隰朋[43]，请置以为大行[44]。蚤入晏出[45]，犯君颜色，进谏必忠，不辟死亡[46]，不重贵富，臣不若东郭牙[47]，请置以为大谏臣[48]。平原广城[49]，车不结轨[50]，士不旋踵[51]，鼓之，三军之士视死如归，臣不若王子城父[52]，请置以为大司马[53]。决狱折中[54]，不杀不辜，不诬无罪，臣不若弦章[55]，请置以为大理[56]。君若欲治国强兵，则五子者足矣；君欲霸王，则夷吾在此。"桓公曰："善。"令五子皆任其事，以受令于管子。十年，九合诸侯，一匡天下[57]，皆夷吾与五子之能也。管子，人臣也，不任己之不能，而以尽五子之能，况于人主乎！

人主知能不能之可以君民也[58]，则幽诡愚险之言无不职矣[59]，百官有司之事毕力竭智矣。五帝三皇之君民也，下固不过毕力竭智也。夫君人而知无恃其能、勇、力、诚、信，则近之矣[60]。凡君也者，处平静，任德化，以听其要[61]，若此则形性弥羸，而耳目愈精[62]；百官慎职，而莫敢愉綖[63]；人事其事，以充其名。名实相保，之谓知道。

〔注释〕 ① 勿躬：指君主不必亲躬人臣之事。 ② 李子：李悝，战国初期法家代表人物，曾任魏文侯相，在魏国主持变法，使魏国成为战国七雄之一。 ③ 非狗则不得兔，兔化而狗，则不为兔：此句意为没有狗就不能捕获兔，兔如果变得和狗一样，那就无兔可捕了。此是以狗、兔分别喻君、臣。 ④ 其臣蔽之，人时禁之：此句意为臣子蒙蔽君主，别人还能不断加以制止。时，时时，时常。 ⑤ 精：甚。 ⑥ 祓篲(fúhuì)：扫帚。 箧：小箱子。 ⑦ 用则衰：意为君主思虑臣子职权范围内的事，心志就会衰竭。⑧ 动则暗：意为君主亲自去做臣子职权范围内的事，就会昏昧。 ⑨ 作则倦：意为君主亲自去做臣子该做的事，就会疲惫。 ⑩ 大桡：传说中黄帝的臣子，曾创六十甲子以纪日。 ⑪ 黔如：当是传说中的人名，其事不详。 虏首："虏首"当是"蔀首"。蔀(bù)，古历法名词。古代治历，十九年置七闰月，谓之章。四章谓之蔀，二十蔀谓之纪，六十蔀谓之元。 ⑫ 容成：传说中黄帝之臣，历法的创造者。 ⑬ 羲和：传说中黄帝之臣，掌天文历法。 ⑭ 尚仪：相传为娵訾氏女，帝喾妃，以善于占月之晦、朔、弦、望著称。 ⑮ 后益：即益，相传为舜之臣，后佐禹有功。 ⑯ 胡曹：相传中黄帝之臣，衣服的首创者。 ⑰ 夷羿：相传为夏代东夷族首领，名羿，以善射著称，通常作"后羿"。⑱ 祝融：颛顼氏之后，相传为高辛氏火正，死后被尊为火神。 ⑲ 仪狄：传说中夏禹时，酒的发明者。 ⑳ 高元：传说中房屋的创造者。 ㉑ 虞姁：传说中船的创造者。㉒ 伯益：相传为舜时的东夷族首领，善于畜牧、狩猎，被舜任为"虞"(掌狩猎的官员)，也称"益"，他书或作"伯翳"。 ㉓ 赤冀：相传为神农氏的臣子，始作杵、臼等日常生产生活器具。 ㉔ 乘雅：《荀子·解蔽》作"乘杜"，名杜，因为他发明用马驾车，所以称为"乘杜"。 ㉕ 寒哀：人名，《世本》作"韩哀"。 ㉖ 王冰：当为"王亥"之误。 王亥：汤的七世祖，相传他开始从事畜牧业。 服：驾御。 ㉗ 史皇：相传为黄帝史官。图：绘画。 ㉘ 巫彭：古代传说中的神医。 ㉙ 巫咸：商王太戊的大臣，相传他发明了用蓍草占卦的方法。一作"巫戊"。 筮(shì)：用蓍草占卦。 ㉚ 岂必劳形愁弊耳目哉：此句意为哪里一定要使自身劳苦忧虑，把耳朵眼睛搞得疲惫不堪呢。愁，通"揫"。"愁"下疑脱"虑"字。弊，通"蔽"。 ㉛ 极烛六合：指普遍地照耀天地四方。烛，照耀。㉜ 太一：中国哲学术语。"太"是至高至极，"一"是绝对唯一的意思。"太一"一般认为指元气。 ㉝ 南面：古代以面向南为尊位，帝王之位面南，故称居帝位为"南面"，此指君主南面而治。 ㉞ 反其情：指恢复自己的本性。 ㉟ 黔首：战国及秦代对国民的称谓。 ㊱ 矜：顾惜，慎重。 ㊲ 章：表彰，彰明。 ㊳ 复：告，禀报。 ㊴ 大：扩大。 ㊵ 艺：种植。 ㊶ 若：如。 宁遬：即宁戚，春秋时卫国人。为人挽车至齐，夜于车下饭牛，扣角而歌早，齐桓公拜为大夫。 ㊷ 大田：官名，田官之长。 ㊸ 隰（xí）朋：齐大夫，帮助管仲辅佐齐桓公成就霸业。 ㊹ 大行：古官名，负责接待宾客。㊺ 蚤：通“早”。 晏：晚。 ㊻ 辟：通“避”。 ㊼ 东郭牙：齐桓公的臣子。 ㊽ 大谏臣：谏官。 ㊾ 城：当作“域”字。 ㊿ 车不结轨：意为战车整齐行进而不错乱。结，交错。 51 士不旋踵：意为士兵不退却。旋踵，旋转脚跟，后退。 52 王子城父：当为齐襄公旧臣，后为齐桓公臣。《韩非子·外储说左下》作“公子城父”。 53 大司马：官名，负责攻伐征战。 54 决狱折中：指断案恰当。折中，调节过与不及，使适中。55 弦章：即宾胥无，字子旗。 56 大理：官名。本秦汉之廷尉，北齐后改称大理寺卿，历代沿袭。 57 匡：正，匡正。 58 人主知能不能之可以君民也：此句意为君主如果知道自己能做什么与不能做什么就能够治理人民。 59 幽：隐秘，隐微。 诡：欺诈，虚伪。 愚：愚弄，欺骗。 险：险恶，狠毒。 职：通“识”，识别。 60 近之：指接近君道。 61 听：治理。 62 嬴：通“赢”，满，有余。 63 愉：通“偷”，苟且。 綖：通“延”，延缓，懈怠。（孙启帆）

【鉴赏】 本篇的主旨是说作为一国之君，应“处平静，任德化，以听其要”，本着君道无为，臣道有为来处理国事。在结构上比较简单，先提出论点，然后举古代圣王任二十官、管仲建议齐桓公任用五人为例加以论证。

文章一开头引用李悝的话，点出本文的中心论点：“李子曰：‘非狗则不得兔，兔化而狗，则不为兔。’人君而好为人官，有似于此。”李悝说：“没有狗就不能捕获兔，兔如果变得跟狗一样，那就无兔可捕了。”兔就是兔，狗就是狗，兔和狗都是各有名分的。君主与臣子之间也是这样。君主如果喜欢做臣子做的事，就与兔狗不分相类似了。这段话的意思是，君与臣也是各有名分的，君是君，臣就是臣，君主有君主做的事，臣有臣要做的事。《吕氏春秋》主张君“无为”而臣“有为”，君主只要按名分选拔官员就可以了，国家管理的具体事务由臣负责，君主不能越位做了臣职责范围内的事情，国家的具体事务由各官员来处理。为什么君主不能处理具体事务呢？因为一旦君主陷入具体繁杂的事物中，一则违背循名责实的原则，这是《吕氏春秋·贵因》篇反复强调的；二则妨碍了君主的养生。所以下文说："祓篲日用而不藏于箧，故用则衰，动则暗，作则倦。衰、暗、倦三者非君道也。"扫帚每天都要使用，因而就不会放在安静的地方。所以，君主如果思虑群臣职权范围内的事，那么心志就会因得不到安静的思考而衰竭；君主如果亲自做群臣职权范围内的事，就会昏昧；亲自做群臣该做的事，就会疲惫。衰竭、昏昧、疲倦，不是君主应该实行的准则。

君主不做具体事务，而只做君主分内之事，君主的分内之事，就是无为。古代的圣王，"不能二十官之事，然而能使二十官尽其巧，毕其能"。这里所说的"二十官"，其实是二十种职业。"大桡作甲子，黔如作虏首，容成作历，羲和作占日，尚仪作占月，后益作占岁，胡曹作衣，夷羿作弓，祝融作市，仪狄作酒，高元作室，虞姁作舟，伯益作井，赤冀作臼，乘雅作驾，寒哀作御，王冰作服牛，史皇作图，巫彭作医，巫咸作筮，此二十官者，圣人之所以治天下也。"大桡发明了六十甲子纪日法，黔如发明了蔀首计算法，容成氏发明了历法，羲和发明了占日，尚仪发明了占月，后益发明了占卜年岁，胡曹发明了衣服，夷羿发明了弓箭，祝融发明了市场，仪狄发明了酒，高元发明了房屋，虞姁发明了船，伯益发明了井，赤冀发明了舂米的臼，乘雅发明了马车，寒哀发明了驾车的技术，王冰发明了驭牛耕田的技术，史皇发明了绘画，巫彭发明了医术，巫咸发明了用草占卜之术。以上发明创造实际上是指以上二十种职业，圣王不需要会哪怕其中的一种，但是只要有人从事这些行业，天下人的需求就能满足，天下也就得到了治理。这段文字也给我们提供了古代发明的原始资料，这是十分珍贵的。

君主不做具体事务，那是通过什么方式来管理国家呢？主要是合理选拔任用官员。本文举管仲向齐桓公举荐人才为例。管仲向桓公禀告说："开垦田地扩大城邑，开辟土地种植谷物，充分发挥土地效率，我比不上宁速，请让他担任主管农业的大臣。进退揖让，迎送应酬，我比不上隰朋，请让他担任主管礼仪的大臣。早晚上下朝，敢于冒犯国君，忠心进谏，不避死亡，不看重富贵，我比不上东郭牙，请让他作谏议大臣。在广阔的平原上，使战车井然有序，战士勇往直前，击鼓进军，三军将士视死如归，我不如王子城父，请让他作大司马。断案公正，不杀无辜，不冤枉无罪的人，我不如弦章，请让他担任主管刑狱的大臣。您如果想使国家得到治理，军队强大，那么有这五个人足够了；您若想在诸侯中称霸，那么有我管夷吾在这里。”桓公说：“好。”便命令五个人都担任了各自擅长的职务，并统一接受管夷吾的命令。而齐桓公什么事都不需过问，结果七年间，齐桓公九合诸侯，一匡天下，这都是管夷吾与五个人的才能所致啊。管夷吾是个臣子，尚且不去做自己不能胜任的事，而让其他五个人竭尽各自的才能去做，何况是国君呢？

君道无为，这是春秋以来的思想。《论语·卫灵公》：“无为而治者，其舜也与？”《老子》第二章说：“是以圣人处无为之事，行不言之教。”在孔子、老子那里，“无为”并不是不做，而是不妄为。到了法家那里，君道无为是一种权“术”。《韩非子·主道》篇说：“明君无为于上，君臣竦惧乎下。”明智的君主，一旦能在上做到“无为”，那么，在下的群臣就没有不感到害怕的。“明君之道，使智者尽其虑，而君因以断事，故君不躬于智；贤者敕其材，君因而任之，故君不躬于能；有功则君有其贤，有过则臣任其罪，故君不躬于名。”明智的君主，其治国之道关键在于使有智慧的人都能尽情发挥他的智慧，有才能的人都能尽情发挥他的才能。君主所任之人如能建立功业，君主则独享贤君的美名；而一旦所任之人有罪，那么臣子认罪而与君主无关。《韩非子·有度》篇又说：“夫为人主而身察百官，则日不足，力不给。”如果君主天天审察百官，那么即使天天审察也看不完，自己的精力也会不够。所以君主要“无为”，而任臣“有为”。这样天下尽在掌控之中了。

但是《吕氏春秋》中的“无为”思想与上述各家有所不同。既不是不妄为，也不是一种君主驭臣之术，而是治国之术。《吕氏春秋·分职》篇说：“夫君也者，处虚素服而无智，故能使众智也。智反无能，故能使众能也。能执无为，故能使众为也。无智、无能、无为，此君之所执也。”作为君主，需要处于清虚素朴之中，不显示出自己的智慧，所以能够驱使别人的智慧。君主能执无为之道，所以才能使众人有所作为。无智、无能、无为，才是君主所应该执守的。君主通过这样的执守，能够使天下得到治理。这里的“无智”、“无能”、“无为”，是说君主及统治者不要强自己之智以为智而要任天下人之智；不要强自己之能以为能，而是要任天下人之才能；不强自己之所为要天下人接受，而要任天下人之所为。君主自己遵循顺应自然的规律，不强为，不妄为，就是最大的作为。又因为君主“清虚自守”，并不铺张奢华，实际上是爱惜民力的表现。总之，一句话，《吕氏春秋》所主张的治国思想就是黄老之学的“无为而治”。《吕氏春秋》关于“无为而治”的论述是黄老之学的具有代表性的表述。西汉初年崇尚黄老之学，实行无为而治，创造了“文景之治”，涌现出像文帝一样的贤君和曹参一样的名臣，其理论来源实际就是《吕氏春秋》。汉初的文景之治，验证了吕不韦思想的先进性。可惜这样的结果，在吕不韦生前没有能够得到实现。

（许富宏）

知度[1]

明君者，非遍见万物也，明于人主之所执也[2]。有术之主者，非一自行之也[3]，知百官之要也。知百官之要，故事省而国治也。明于人主之所执，故权专而奸止。奸止则说者不来[4]，而情谕矣[5]。情者不饰，而事实见矣[6]。此谓之至治。

至治之世，其民不好空言虚辞，不好淫学流说[7]，贤不肖各反其质[8]，行其情不雕其素[9]，蒙厚纯朴以事其上[10]。若此，则工拙愚智勇惧可得以故易官[11]，易官则各当其任矣。故有职者安其职，不听其议；无职者责其实，以验其辞。此二者审，则无用之言不入于朝矣。君服性命之情[12]，去爱恶之心[13]，用虚无为本，以听有用之言，谓之朝[14]。凡朝也者，相与召理义也，相与植法则也[15]。上服性命之情，则理义之士至矣，法则之用植矣，枉辟邪挠之人退矣[16]，贪得伪诈之曹远矣[17]。故治天下之要，存乎除奸[18]；除奸之要，存乎治官；治官之要，存乎治道；治道之要，存乎知性命。故子华子曰[19]："厚而不博[20]，敬守一事[21]，正性是喜[22]。群众不周[23]，而务成一能[24]。尽能既成[25]，四夷乃平[26]。唯彼天符[27]，不周而周。此神农之所以长[28]，而尧、舜之所以章也[29]。"

人主自智而愚人[30]，自巧而拙人，若此则愚拙者请矣[31]，巧智者诏矣[32]。诏多则请者愈多矣，请者愈多，且无不请也。主虽巧智，未无不知也。以未无不知应无不请，其道固穷[33]。为人主而数穷于其下，将何以君人乎？穷而不知其穷，其患又将反以自多[34]，是之谓重塞之主[35]，无存国矣。故有道之主，因而不为[36]，责而不诏[37]，去想去意[38]，静虚以待，不伐之言[39]，不夺之事，督名审实，官使自司[40]，以不知为道，以奈何为实[41]。尧曰："若何而为及日月之所烛[42]？"舜曰："若何而服四荒之外[43]？"禹曰："若何而治青北[44]，化九阳[45]、奇怪之所际[46]？"

赵襄子之时，以任登为中牟令[47]，上计言于襄子[48]，曰："中牟有士曰胆、胥己[49]，请见之。"襄子见而以为中大夫[50]。相国曰："意者君耳而未之目邪[51]？为中大夫若此其易也，非晋国之故[52]。"襄子曰："吾举登也，已耳而目之矣。登所举，吾又耳而目之，是耳目人终无已也[53]。"遂不复问，而以为中大夫。襄子何为任人，则贤者毕力[54]。

人主之患，必在任人而不能用之，用之而与不知者议之也。绝江者托于船[55]，致远者托于骥，霸王者托于贤。伊尹、吕尚、管夷吾、百里奚，此霸王者之船骥也。释父兄与子弟非疏之也[56]；任庖人钓者与仇人仆虏，非阿之也[57]；持社稷立功名之道，不得不然也。犹大匠之为宫室也[58]，量小大而知材木矣[59]，訾功丈而知人数矣[60]。故小臣、吕尚听，而天下知殷、周之王也[61]；管夷吾、百里奚听，而天下知齐、秦之霸也；岂特骥远哉[62]！

夫成王霸者固有人，亡国者亦有人。桀用羊辛[63]，纣用恶来[64]，宋用唐鞅[65]，齐用苏秦[66]，而天下知其亡。非其人而欲有功[67]，譬之若夏至之日而欲夜之长也，射鱼指天而欲发之当也[68]，舜、禹犹若困，而况俗主乎！

〔**注释**〕 ① 知度：指君主应该懂得用术之道。 ② 所执：指所应掌握的东西。③ 一：一概。 ④ 说者：指游说的人。 ⑤ 谕：知道，理解。 ⑥ 见：通“现”，显现。⑦ 淫学：指邪恶的学说。 流说：流言，无稽之谈。 ⑧ 贤不肖各反其质：此句意为贤德的与不贤德的各自都恢复其本来面目。 ⑨ 雕：雕饰。 素：质朴，本色的。⑩ 蒙厚：忠厚。 ⑪ 易：更改，改变。 ⑫ 君服性命之情：此句意为君主依照天性行事。 ⑬ 爱恶：喜爱和憎恨。 ⑭ 朝：听朝。 ⑮ 植：确立。 ⑯ 辟：通“僻”，不诚实，邪僻。 挠：弯曲，屈。 ⑰ 曹：辈。 ⑱ 存：在，存在。 ⑲ 子华子：战国时期魏国人，思想倾向于道家。 ⑳ 厚：深。 博：广。 ㉑ 敬守一事：意为谨慎地守住根本。 ㉒ 是：用以确指行为的对象。 ㉓ 周：亲和，调和。 ㉔ 务：勉力从事，致力于。 ㉕ 尽能既成：意为完全学到了这种能力。 ㉖ 四夷：古指华夏族以外的四方少数民族。 ㉗ 天符：天道，天命。 ㉘ 长：兴盛。 ㉙ 章：彰明，表彰。 ㉚ 人主自智而愚人：此句意为君主认为自己聪明却认为别人愚蠢。 ㉛ 请：请示。㉜ 诏：告，上告下。 ㉝ 固：必。 穷：尽。 ㉞ 其患又将反以自多：此句意为又将犯自高自大的错误。自多，自负，自高自大。 ㉟ “重塞”二字当叠。 ㊱ 因而不为：此句意为依靠臣子做事，自己却不亲自去做。 ㊲ 责而不诏：此句意为要求臣子做事有成效，自己却不发布指示。 ㊳ 去：除去，弃。 ㊴ 伐：当为“代”字之误。 ㊵ 官使自司：此句意为官府之事让臣子自己管理。 ㊶ 以奈何为实：此句意为以询问臣子怎么办作为宝。奈何，怎么，怎么办。实，当作“宝”。 ㊷ 若何而为及日月之所烛：此句意为怎样做才能像日月那样普照人间。烛，照耀。 ㊸ 四荒：指四方荒远之地。 ㊹ 青北：一说当作“青丘”，传说中的东方之国。 ㊺ 九阳：传说中的南方山名。 ㊻ 奇怪：当作“奇肱”，传说中的西方国名。 ㊼ 任登：赵襄子的臣子。 中牟：古邑名，在今河南省汤阴县西。 ㊽ 上计：战国、秦、汉时年终考核地方官员政绩的方法。战国时群臣于年终须将赋税收入写于木券，呈送国君考核，称为“上计”（张双棣等《吕氏春秋译注》）。 ㊾ 胆、胥己：人名。胆，一说疑为“瞻”字之误。一说胆胥己是一个人，非二人。 ㊿ 以：任用。 51 意者君耳而未之目邪：此句意为我料想您对这个人只是耳闻，尚未亲眼见到其为人如何吧。 52 故：成例，故事。 53 已：停止。 54 毕力：尽力。 55 绝江者托于船：此句意为横渡长江的人靠的是船。绝，穿过，越过。 56 释：通“舍”，舍弃。 57 庖人：指伊尹。伊尹曾为庖厨之臣，故此称之为“庖人”。 钓者：这里指吕尚。 仇人：指管夷吾。他曾箭射公子小白（即齐桓公）中带钩，故此称之为“仇人”。 仆虏：指百里奚。他曾被辱并当过陪嫁之臣，故此称之为“仆虏”。 阿：偏袒，庇护。 58 为：制，造。 59 量小大而知材木矣：此句意为测量一下宫室的大小就知道需要的木材了。 60 訾（zī）：估量，限度。 61 小臣：指伊尹，汤任命他为小臣（官名）。 62 岂特骥远哉：当作“岂特船骥之绝江致远哉”。 63 羊辛：当作“干辛”，桀的邪臣。 64 恶来：纣的谀臣。 65 唐鞅：宋康王的臣子。 66 苏秦：战国时期东周人，字季子。纵横家的代表人物。据马王堆帛书《战国纵横家书》，苏秦入齐为燕从事间谍活动，后被车裂而死。 67 非其人而欲有功：此句意为不任用贤人却想要建立功业。 68 当：此为射中之义。（孙启帆）

【鉴赏】 知度，知悉为君之法则。上文论述，君主应“无智”、“无能”、“无为”，做到“无为而治”，本篇阐述君主实行“无为而治”的具体做法。

首先，君主要“知百官之要”。百官之要，即百官的职责。文章说“明君者，非遍见万物也，明于人主之所执也”，作为一个明君，不是自己能明察万物，而是明察君主所应掌握的东西。这个东西就是驾驭百官去完成自己的职责。所以说：“有术之主者，非一自行之也，知百官之要也。知百官之要，故事省而国治也。”有道术的君主，不是一切都亲自去做，而是要明了如何驾驭百官去完成各自的事情。这就是“无为”。

在《吕氏春秋》看来，君主通过利用臣子的智能达到“无为而治”的目标。倘若君主事必躬亲，这是“代有司为有司也”（《任数》）；倘若“人主好治官人之事”，则是“与骥俱走也”，这样“则人不胜骥也”（《审分》）。倘若“人主好以己为，则守职者舍职而阿主之为矣。阿主之为有过，则主无以责之，则人主日侵，而人臣日得……尊之为卑，卑之为尊，从此生矣”（《君守》）。因此，君主只有因臣下之智能而无所事事，才可称得上是“善为君者”。这种思想与慎到十分接近。慎到的无为而治，包含“君臣之道：臣事事而君无事”，即国君不要去做具体工作，具体工作应在“事断于法”的前提下，尽量让臣下去做，以调动臣下的积极性，发挥他们的才能，使得“下之所能不同”，而都能为“上之用”，从而达到“事无不治”的目的。他还认为，“亡国之君非一人之罪也，治国之君非一人之力也”，如果国君只靠自己一个人的力量，决不能把各方面的事办好。因为“君之智未必最贤于众”，即使“君之智最贤”，也必然精疲力竭，不胜其劳。而且国君如果事必躬亲，一个人去“为善”，臣下就不敢争先“为善”，甚至会“私其所知”，不肯出力，国事如有差错，“臣反责君”。慎到认为这是“乱逆之道”，是“君臣易位”，国家也就不可能不乱。

不过，需要指出的是，黄老道家的“无为”主要是针对“物”而非“人”而言的。《淮南子·原道训》说：“所谓无为者，不先物为也。所谓无不为者，因物之所为。所谓无治者，不易自然也。所谓无不治者，因物之相然也。”从这里可以看出，黄老道家已经把道家的“无为”作了改造，老庄道家的无为，是顺应自然，是包含人要顺应自然万物的发展规律在内的。黄老道家把“无为”运用到政治领域，对“人”与“物”作了区分。无为，对物来说，要求君主不作为，也就是君主不做一件件具体的事；但是，对人来说，要求君主善于驭人，不是不作为，而是大作为。“无为而治”，不是放任不管，也不是让民众自治。《淮南子·修务训》说：“夫地势水东流，人必事焉，然后水潦得谷行。禾稼春生，人必加功焉，故五谷得遂长。听其自流，待其自生，则鲧禹之功不立，而后稷之智不用。”这里已经说得很清楚了，无为，不是什么事都不做。从地势上讲，水是从西往东流的，人顺应这个水势，然后引水进入田里，庄稼才能得到灌溉。人如果不做引水这个工作，任水自流，那么，庄稼就不能得到生长，人也将会饿死。所谓“无为”就是顺应水势而加以利用，而不是改变水势，让其从东向西流。所以，顺乎自然，因势利导，都是无为。做到了“无为”，圣人就能无所不为了。这样就清楚了，《吕氏春秋》中的“无为”，是指君主不去做一件件具体的事，但是要善于驾驭百官去做一件件具体的事，这就是“知百官之要”的含义。

其次，君主要善于任用贤人。无为就是顺应自然加以利用，而君主不亲自参与到利用的过程中，所以必须要选他人来代自己做。一般的人是不行的，只有选拔任用贤人才能达到效果和目的。所以说：“绝江者托于船，致远者托于骥，霸王者托于贤。伊尹、吕尚、管夷吾、百里奚，此霸王者之船骥也。”渡长江的人依靠的是船，走远路的人依靠的是良马，称霸称王的人依靠的是贤人。伊尹、吕尚、管夷吾、百里奚，这些人就是成就霸王之业的渡船和良马啊。不仅如此，任用贤人还会营造一种人人思贤的社会风气。“释父兄与子弟非疏之也；任庖人钓者与仇人仆虏，非阿之也；持社稷立功名之道，不得不然也。”不任用自己的父兄和子弟，并不是疏远他们；任用厨师、钓人和仇人、奴仆，并不是偏爱他们。这是保住国家、建立功名的途径，不得不这样啊。这样做“犹大匠之为宫室也，量小大而知材木矣，訾功丈而知人数矣。故小臣、吕尚听而天下知殷、周之王也，管夷吾、百里奚听而天下知齐、秦之霸也，岂特船骥之绝江致远哉”。这就好像大工匠建造宫室，量一量大小就知道要用多少木料，估量一下工程的大小尺寸就知道要用多少人。因此，小臣伊尹、吕尚被重用，天下人就知道殷、周要成就王业了；管夷吾、百里奚被重用，天下人就知道齐、秦要成就霸业了。他们岂止是船和良马呢，这是人们顺着这样的形势去判断得出的必然结果啊！而如果用人不善，则会带来严重的后果。如“桀用羊辛，纣用恶来，宋用唐鞅，齐用苏秦，而天下知其亡”。

最后，君主实行"无为而治"，必须自己"清虚自守"。"故有道之主，因而不为，责而不诏，去想去意，静虚以待，不伐之言，不夺之事，督名审实，官使自司，以不知为道，以奈何为宝。"所以，有道的君主，依靠臣子做事，自己却不亲自去做；要求臣子做事有成效，自己却不发布指示。去掉想象，去掉幻想，清静地等待。不代替臣子讲话，不抢夺臣子的事情做。审察名分和实际，官府之事让臣子们来管理，以不问臣子到底如何去做为根本，而以询问臣子怎么办为宝。这里的"去想去意，静虚以待"，实际上是强调君主破除主观成见，进行虚静的内在修养。这样做的目的有三：其一，从道家的角度来理解，君主增加虚静的修养，可以更好地把握"因"和实现"无为"；其二，从儒家的角度来理解，君主增加内在修养，可以提高品德修养，增加民众对其的尊敬以及由此带来的凝聚力；其三，从法家的角度来理解，君主把自己内心的真实想法隐藏起来，使臣下摸不透君主内心的真实想法，从而产生畏惧，便于掌控臣下。所以，君主的"清虚自守"是实行"无为"的思想保障。这是为君者不得不明了的一个法则。

（许富宏）

慎势

失之乎数，求之乎信，疑。失之乎势，求之乎国，危。吞舟之鱼，陆处则不胜蝼蚁。权钧则不能相使[①]，势等则不能相并[②]，治乱齐则不能相正[③]，故小大、轻重、少多、治乱不可不察，此祸福之门也[④]。

凡冠带之国[⑤]，舟车之所通，不用象译狄鞮[⑥]，方三千里。古之王者，择天下之中而立国[⑦]，择国之中而立宫，择宫之中而立庙[⑧]。天下之地，方千里以为国，所以极治任也[⑨]。非不能大也，其大不若小，其多不若少。众封建[10]，非以私贤也[11]，所以便势全威[12]，所以博义。义博利则无敌，无敌者安。故观于上世，其封建众者，其福长，其名彰。神农十七世有天下[13]，与天下同之也。

王者之封建也，弥近弥大[14]，弥远弥小，海上有十里之诸侯[15]。以大使小，以重使轻，以众使寡，此王者之所以家以完也[16]。故曰：以滕、费则劳[17]，以邹、鲁则逸[18]，以宋、郑则犹倍日而驰也[19]，以齐、楚则举而加纲旃而已矣[20]。所用弥大，所欲弥易。

汤其无郼[21]，武其无岐[22]，贤虽十全，不能成功。汤、武之贤，而犹藉知乎势[23]，又况不及汤、武者乎？故以大畜小吉，以小畜大灭，以重使轻从，以轻使重凶。自此观之，夫欲定一世，安黔首之命，功名著乎盘盂[24]，铭篆著乎壶鉴[25]，其势不厌尊[26]，其实不厌多。多实尊势，贤士制之[27]，以遇乱世，王犹尚少。天下之民，穷矣苦矣。民之穷苦弥甚，王者之弥易。凡王也者，穷苦之救也。水用舟，陆用车，涂用輴[28]，沙用鸠[29]，山用樏[30]，因其势也者令行。

位尊者其教受，威立者其奸止，此畜人之道也。故以万乘令乎千乘易，以千乘令乎一家易[31]，以一家令乎一人易。尝识及此[32]，虽尧、舜不能[33]。诸侯不欲臣于人，而不得已，其势不便，则奚以易臣[34]！权轻重，审大小，多建封，所以便其势也。王也者，势也；王也者，势无敌也。势有敌，则王者废矣。有知小之愈于大[35]、少之贤于多者[36]，则知无敌矣。知无敌，则似类嫌疑之道远矣[37]。故先王之法，立天子不使诸侯疑焉，立诸侯不使大夫疑焉，立适子不使庶孽疑焉[38]。疑生争，争生乱。是故诸侯失位则天下乱，大夫无等则朝廷乱，妻妾不分则家室乱，适孽无别则宗族乱。慎子曰[39]："今一兔走，百人逐之。非一兔足为百人分也，由未定[40]。由未定，尧且屈力[41]，而况众人乎！积兔满市，行者不顾[42]。非不欲兔也，分已定矣。分已定，人虽鄙不争。故治天下及国，在乎定分而已矣。"

庄王围宋九月[43]，康王围宋五月[44]，声王围宋十月[45]。楚三围宋矣而不能亡，非不可亡也，以宋攻楚[46]，奚时止矣！凡功之立也，贤不肖强弱治乱异也。

齐简公有臣曰诸御鞅[47]，谏于简公曰："陈成常与宰予[48]，之二臣者，甚相憎也，臣恐其相攻也。相攻唯固[49]，则危上矣。愿君之去一人也。"简公曰："非而细人所能识也[50]。"居无几何[51]，陈成常果攻宰予于庭，即简公于庙。简公喟焉太息曰[52]："余不能用鞅之言，以至此患也。"失其数，无其势，虽悔无听鞅也与无悔同，是不知恃可恃而恃不恃也。周鼎著象[53]，为其理之通也。理通，君道也。

〔注释〕 ① 钧：通"均"。 ② 并：兼，合。 ③ 齐：同。 正：匡正。 ④ 门：门径，关键。 ⑤ 冠带之国：指讲礼仪的国家和习于礼教的人民。冠带，帽子和腰带。⑥ 象译狄鞮(tí)：古代通译四方民族语言的官。象，通南方之语者。译，通北方之语者。狄鞮，通西方之语者。 ⑦ 国：指王畿，古指王城周围直属天子的地域。 ⑧ 庙：旧时奉祀祖宗、神佛或前代贤哲的地方。 ⑨ 所以极治任也：此句意为是为了更好地担起治理国家的担子。极，指达到最高程度。任，职责，责任。 ⑩ 众封建：指多分封诸侯国。 ⑪ 私：偏爱。 ⑫ 全：保全。 ⑬ 神农十七世有天下：此句意为神农享有天下十七世。神农不是某个人，而是远古时代某个时期的称谓。 ⑭ 弥：更加。⑮ 海上有十里之诸侯：此句意为边远之处有十里大的诸侯国。海上，四海之上，指边远之处。 ⑯ 此王者之所以家以完也：此句意为这就是称王的人能保全天下的原因。⑰ 滕：小国，在今山东省滕州市西南。 费：鲁国季孙氏的私邑，在今山东省费县西北。 ⑱ 邹：古国名，在今山东省费县、滕州、济宁、金乡一带。本作“邾”，亦称“邾娄”。邹、鲁比滕、费大，故此说“以邹、鲁则逸”。 ⑲ 倍日而驰：兼程之义，极言其快速。宋、郑比邹、鲁大，故这样说。 ⑳ 以齐、楚则举而加纲旃而已矣：此句意为用齐、楚役使别国就等于把纲纪加在它们身上罢了。旃，犹“之”，此指代小国。 ㉑ 亳：汤为天子前的封国。 ㉒ 岐：古地名，周族先祖古公亶父自豳迁于岐山下周原，后武王以此为基地灭商。 ㉓ 犹：尚且。 ㉔ 盘盂：都是古代盛水的器皿，青铜铸成。 ㉕ 铭篆：铸刻在器物上的文字。 鉴：古代器名，青铜制，形似大盆，用以盛水或冰，巨大的或用作浴器。此两句说建立文功武业。周代铜器所铸铭文，内容多是记功。 ㉖ 厌：通“餍”，饱，满足。 ㉗ 制：辅佐。 ㉘ 涂：通“途”，此指泥泞的道路。 輴(chūn)：古代用于泥泞路上的交通工具。 ㉙ 鸠(jiū)：用于沙路的一种小车。 ㉚ 樏(léi)：登山的用具。 ㉛ 家：古代大夫的家族。 ㉜ 尝识及此：意为如果认识到达一点。 ㉝ 不能：指不能改变上面所说的“以万乘令乎千乘易，以千乘令乎一家易，以一家令乎一人易”的情况。 ㉞ 奚以易臣：指怎样改变当臣属的地位。奚，如何。 ㉟ 愈：胜过。 ㊱ 贤：多，胜。 ㊲ 嫌：近似。 疑：通“拟”，比拟，即僭越。下文几个“疑”同。 ㊳ 适子：同“嫡子”，即正妻所生之子。 庶孽：都指“庶子”，即妾媵所生之子。 ㊴ 慎子：慎到，战国时期赵国人，法家代表人物，强调“势治”。其著作《慎子》大部分亡佚，现存辑录七篇。 ㊵ 由未定：此句意为是由于兔子的归属没有确定。由，因，由于。 ㊶ 屈：竭，穷尽。 ㊷ 顾：回看，瞻望。 ㊸ 庄王：楚庄王，公元前613年至公元前591年在位，楚庄王围宋之事是在鲁宣公十四年(公元前595年)。 ㊹ 康王：楚康王，公元前559年至公元前545年在位，楚康王围宋之事不载于史书。 ㊺ 声王：楚声王，公元前407年至公元前402年在位，楚声王围宋之事不载于史书。 ㊻ 以宋攻楚：当作“以宋攻宋”。此句意为拿一个像宋国(指楚国)一样无德的国家去攻打宋国。 ㊼ 齐简公：公元前484年至公元前481年在位。 诸御鞅：人名，齐简公的臣子。 ㊽ 陈成常：即陈成子，又称“田常”、“田成子”，名恒，又作“常”，春秋时齐国大臣。 宰予：字子我，孔子的学生。 ㊾ 固：执一不通。 ㊿ 细人：犹“小人”，指见识短浅或地位低微的人。 (51) 居无几何：意为过了没多久。 (52) 喟：叹息。 太息：大声叹气，深深地叹息。 (53) 著象：指刻铸上人、物的图像。象，形状。(孙启帆)

【鉴赏】 本篇旨在论述君主应当重视和利用权势，保存了慎子“势”论的思想。在结构上，围绕中心论点，作正反论证，主要有四个部分所组成：

首先，从日常生活现象出发，论述“势”的重要。本篇一开始就说：“失之乎数，求之乎信，疑。失之乎势，求之乎国，危。吞舟之鱼，陆处则不胜蝼蚁。”失去了驾驭臣下的方法，要求人们讲信誉，这是糊涂的做法。失去了权势，君主还想拥有国家，这是很危险的。能吞下大船的鱼，只能在水里发威，一旦离开了水，在陆地上，它的力量都胜不过蝼蛄和蚂蚁。水，就是鱼所依赖的势，而权力，就是君主所依赖的势啊！所以说权力均等，就不能互相使唤，势力相等，就不能驾驭对方，所以，必须高度重视在“势”上加强自己的实力。所以说：“位尊者其教受，威立者其奸止，此畜人之道也。”

这段重“势”的思想主要来源于慎子。慎子，名到，战国时期赵国人，以“贵势”著称。“势”，一般而言具有以下三层含义，其一相当于今天物理学上的“势能”；其二指的是拥有并处于一种有利地位；其三是指政治生活中的权力，即具有能支配他人的地位。慎子从政治角度出发，更加突出政治生活中的权力之势。《韩非子·难势》篇转引慎子的话说：“飞龙乘云，螣蛇游雾，云罢雾霁，而龙蛇与蚓蚁同矣，则失其所乘也。”意思是说：飞龙乘云，螣蛇游雾，一旦云停雾散，飞龙和螣蛇就与蚯蚓、蚂蚁一样没有区别了，这是因为它们丧失了先前的依靠。云就是龙的“势”，雾就是螣蛇的“势”。

其次，在总结历史经验的基础上，得出“王者”必须慎势。“王也者，势也；王也者，势无敌也。势有敌则王者废矣。”作为王者或者君主，必须要借助于势。“汤、武之贤，而犹藉知乎势，又况不及汤、武者乎？故以大畜小吉，以小畜大灭，以重使轻从，以轻使重凶。”有势作支撑，本来自己是小的，就能使自己变大；本来自己是轻的，就能使自己变重。最终实现以大驭小，以重驭轻。虽然，“势”能使小者变大，轻者变重，但也是有前提的。慎子对此的解释是：权势大小取决于“下”、“众”支持的多少。作为君主，在下面的民众支持者多，那么君主获得的“势”就越大。而且拥有权势的君主，其立天下也不是为了一己之私利，而是为了天下的治理。“势”是君主所需要的，但“势”并不能乱用。为了让防止权势的运用不为君主的私利服务，慎子又强调法。法就是法律、法规。慎到认为：“大君任法而弗躬，则事断于法矣”（《慎子·君人》）。具体治理国家的事务则“任法”，并用“法”对君主之“势”进行约束。不过，《吕氏春秋》并没有吸收慎子的这一思想，可见其对先秦诸子的思想不是全盘吸收的。

再次，论述王者慎势必须要做到“定分”。慎子曰：“今一兔走，百人逐之。非一兔足为百人分也，由未定。由未定，尧且屈力，而况众人乎！积兔满市，行者不顾。非不欲兔也，分已定矣。分已定，人虽鄙不争。故治天下及国，在乎定分而已矣。”慎子说：现在有一只兔子在奔跑，上百个人都会去追捕。不是一只兔子够一百个人分，而是这只兔子还未定归属。由于归属未定，就是尧也将会竭尽全力去追捕，更何况普通人呢！整个市场摆满了兔子，过路的人却看都不看一眼。不是不想得到兔子，而是这些兔子的归属已经确定。归属已经确定，即使粗俗的人也不去争夺。所以治理天下和国家，在于“定分”罢了。定分，就是确定名分。君主治理国家，关键在于厘清各官职的职责划分，然后官员就位，循名责实，国家就得到治理。

最后，君主如果不能做到“慎势”，就会导致威势丧失，则必然国危身亡。文中举齐简公“失其数，无其势”，最终导致被大臣追赶着攻打的例子加以说明。

关于慎到的思想，《庄子·天下》篇中，把慎到和彭蒙、田骈放在一起，作为道家来看待。司马迁也认为慎到是“学黄老道德之术”。在慎到的政治思想体系中，“势”被置于法、礼之上，被认为是从事政治活动的前提。慎子关于“势”的理解，历来为正统思想所排斥，但只要以历史的眼光来看，“贵势”的思想基础是人的平等，即君主与匹夫一样。从根本上否定传统的“天生圣人，作君作师”理论，是具有历史进步意义的。

（许富宏）

不 二

听群众人议以治国[①]，国危无日矣。何以知其然也？老耽贵柔[②]，孔子贵仁[③]，墨翟贵廉[④]，关尹贵清[⑤]，子列子贵虚[⑥]，陈骈贵齐[⑦]，阳生贵己[⑧]，孙膑贵势[⑨]，王廖贵先[⑩]，兒良贵后[⑪]，此十人者，皆天下之豪士也。有金鼓所以一耳[⑫]，必同法令所以一心也。智者不得巧，愚者不得拙，所以一众也。勇者不得先，惧者不得后，所以一力也。故一则治，异则乱；一则安，异则危。夫能齐万不同[⑬]，愚智工拙，皆尽力竭能[⑭]，如出乎一穴者[⑮]，其唯圣人矣乎！无术之智，不教之能，而恃强速贯习[⑯]，不足以成也。

〔注释〕 ① 听：顺从，听从。 群众人：即众人。 ② 老耽：即老聃、老子。他曾提出"柔弱胜刚强"的主张。 ③ 孔子：即孔丘，字仲尼。孔子把"仁"看成最高品德，他说："苟志于仁矣，无恶也。""好仁者，无以尚之。""志士仁人，无求生以害仁，有杀身以成仁。" ④ 墨翟：即墨子，春秋、战国之际思想家，墨家学派的创始者。墨子主张"非乐"、"节用"、"节葬"等，并身体力行。 ⑤ 关尹：相传为春秋末期道家人物，曾为函谷关尹，故名"关尹"(一说姓尹名喜)。他主张"在己无居"、"其动若水，其静若静"。 ⑥ 子列子：即列子，列御寇，一作列圄寇、列圕寇，战国时期郑国人，道家人物。他说："莫如静，莫如虚。静也虚也，得其居矣。" ⑦ 陈骈：即田骈，战国时期齐国人。主张"齐万物以为首"，认为"万物皆有所可，皆有所不可"。有人说庄子"齐物论"思想即来源于他。 ⑧ 阳生：即杨朱，战国初期魏国人。主张"贵生"、"重几"、"全性葆真，不以物累形"。孟子说他"拔一毛而利天下，不为也"。 ⑨ 孙膑：战国时期齐国人，孙武的后代。兵家代表人物，认为"战胜而强之，故天下服矣"。 ⑩ 王廖：一说当为战国时期的兵家。他善将兵，注重战前仔细谋划。 ⑪ 兒(ní)良：一说当为战国时期的兵家。他善兵家权谋之学，注重战后认真总结。 ⑫ 金鼓：金属的乐器和鼓。 一：统一。

⑬ 夫能齐万不同：此句意为能够使众多不同的事物齐同。 ⑭ 工：细致，巧妙。⑮ 如出乎一穴者：此句意为就像由一个起点出发一样。 ⑯ 速：敏捷，迅速。 贯：贯通。 习：熟悉。（孙启帆）

【鉴赏】 本篇内容有残缺，从遗存的内容看，旨在论述先秦诸子各家学术思想吸取融合为一的必要性，"一则治，异则乱；一则安，异则危"是中心思想。这种主张是为了适应秦统一大业的需要。本篇最为后世所关注的主要有两点：

首先，对先秦诸子各家学术思想的概括。文中说："老耽贵柔，孔子贵仁，墨翟贵廉，关尹贵清，子列子贵虚，陈骈贵齐，阳生贵己，孙膑贵势，王廖贵先，兒良贵后。"

老耽，即老子，又写作老聃，道家创始人。约公元前571年至公元前471年在世，春秋时期楚国人。大约比孔子年长20岁左右。今存《老子》一书中，崇尚"阴柔"。第八章说："上善若水，水善利万物而不争。"水是柔的，故有此说。第三十六章说："柔弱胜刚强。"第四十章说："弱者，道之用。"第四十三章说："天下之至柔，驰骋天下之至坚。"第七十六章："故坚强者，死之徒。柔弱者，生之徒。"坚强的，必然是死路。只有柔弱的才是生路。这里说老聃贵"柔"十分符合老子的思想。《金楼子·立言》说："老子贵弱。"也是这个意思。

孔子，鲁国人，生卒年为公元前551年和公元前479年，先秦儒家思想的代表人物。孔子的思想以"仁"为核心。《论语·颜渊》中专门记载了孔子对"仁"的看法。颜渊问仁，孔子说："克己复礼为仁。"意思是说，克制自己，使言语行动都合于礼，就是仁。仲弓问仁，孔子说："己所不欲，勿施于人。"自己不喜欢的事情，不要强加给别人，就是仁。樊迟问仁，孔子说："爱人。"仁，确实是孔子的核心思想。

墨子，名翟，墨家思想的创始人。约公元前468年至公元前376年在世。此处的"廉"，孙诒让说是"兼"的借字。《尸子》说："墨子贵兼。"《墨子·兼爱上》说："子墨子言曰：以兼相爱交相利之法易之。"兼爱，乃墨子核心思想，故说墨子贵兼。

关尹子，道家代表人物，生卒年不详，大约与老子是同时代的人。“关尹子”，以官代名。关是指老子出函关的关，守关的人叫作关令尹，名字叫喜，所以称为关令尹喜，后人尊称为关尹子。《庄子·天下》篇说关尹子的学说时有“寂乎若清”之语。《汉书·艺文志·诸子略》记载：“道家者流……清虚以自守。”其中的“清”即为关尹子所主张。

列子，名御寇，先秦时期道家代表人物。根据钱穆的考订，约公元前450年至公元前375年在世(《先秦诸子系年》)。《尸子·广泽》篇说：“列子贵虚。”《列子·天瑞》篇说：“或问子列子曰：子奚贵虚？”这些都可与本篇说列子贵虚相印证。何谓“虚”？《列子·天瑞》载列子之言曰：“静也，虚也。得其居也。”虚，大意是指人的内心要保持虚静，也就是没有功利之心。

陈骈，即田骈，齐国人。根据钱穆的考订，约公元前350年至公元前275年在世，稷下学者。《庄子·天下》篇评彭蒙、田骈之学说，谓为齐万物以为首。这就是“贵齐”。《尸子·广泽》篇说“田子贵均”，均，就是齐。齐，就是平，核心思想是主张万物均等为一。庄子的《齐物论》思想与此大致相同。

阳生，即杨朱。杨朱的生卒年代未详，钱穆考订约为公元前395年至公元前335年。在墨子与孟子之间。《孟子·滕文公下》说：“杨氏为我。”汉代的赵岐注说：“杨子，杨朱也。为我，为己也。拔一毛以利天下之民，不肯为也。”《列子·杨朱》篇有“杨朱曰：‘古之人，损一毫利天下，不与也；悉天下奉一身，不取也。人人不损一毫，人人不利天下，天下治矣’”。杨朱贵己，重视个人生命的保存，反对他人对自己的侵夺，也反对自己对他人的侵夺。有人认为《杨朱》篇的主旨是极端的纵欲主义，而在其他的先秦著作中从来没有指责杨朱是纵欲主义的。杨朱思想的真相如何，可惜已经没有完整的记载了，但说杨朱是极端的自私主义的人，恐未必是。

孙膑，战国时期齐国人，大约生于公元前390年，卒于公元前316年。

一说原名孙伯灵，因受膑刑，人们称为孙膑。孙膑的军事思想，是发展了孙武的“任势”思想，孙膑则在“任势”的基础上，提出创造和争取有利作战态势的各种原则。《孙膑兵法·威王问》中说：“势者，所以令士必斗也。”势，是使得士兵敢于拼斗的重要推动力。战争，就要善于创造有利于己方的态势。为了充分发挥“势”在战场上的作用，孙膑丰富和发展了春秋以来的各种阵法，以创造己方胜利的“阵势”。本篇所说的“孙膑贵势”确实是对孙膑军事思想的准确概括。

王廖，战国时人。生卒年不详。名将兼兵法家。贾谊《过秦论》：“吴起、孙膑、带佗、倪良、王廖、田忌、廉颇、赵奢之伦制其兵。”王廖可能即是秦昭王时将军戮。贵先，在战争中强调先发制人的军事思想。《史记·项羽本纪》：“会稽首通谓梁曰：江西皆反，此亦天亡秦之时也。吾闻‘先即制人，后则为人所制。’”这里的“吾闻”或来自王廖。

兒良，即倪良，战国时人。生卒年不详。名将兼兵法家，西汉御史大夫倪宽的始祖。著有《倪良兵法》。贾谊《过秦论》说：“吴起、孙膑、带佗、倪良、王廖、田忌、廉颇、赵奢之伦制其兵。”《焦氏易林·益之临》：“带佗、倪良，明知权兵，将帅合战，敌不可当，赵魏以强。”《倪良兵法》是中国古代第一部阐述后发制人、积极防御的军事著作。

其次，主要对各家兼收并蓄，实行思想一统。“有金鼓所以一耳，必同法令所以一心也。智者不得巧，愚者不得拙，所以一众也。勇者不得先，惧者不得后，所以一力也。故一则治，异则乱；一则安，异则危。”本篇认为，这些不同的思想应当高度融合统一起来，“一则治，异则乱；一则安，异则危。”思想统一后，才能“齐万不同，愚智工拙，皆尽力竭能，如出一穴。”思想统一的过程，实际上是一个批判吸收的过程。所以，《吕氏春秋》对各家思想都进行了改造、发展与摒弃。吕不韦试图广泛吸收诸子各家的思想，形成一个有利于国家治理的统一的思想。思想上的统一，是符合战国晚期政治上、军事上统一的趋势的。从总体上来看，吕不韦的融合也是成功的。司马迁称它“备天地万物古今之事”。在《报任安书》中，甚至把它与《周易》、《春秋》、《国语》、《离骚》等相提并论。东汉高诱在给它作注时说它“大出诸子之右”。这些评价反映出《吕氏春秋》在中国学术史上的价值。

（许富宏）

审应览第六

重言

人主之言，不可不慎。高宗[①]，天子也，即位谅闇[②]，三年不言。卿大夫恐惧，患之。高宗乃言曰：“以余一人正四方[③]，余唯恐言之不类也[④]，兹故不言[⑤]。”古之天子，其重言如此，故言无遗者。

成王与唐叔虞燕居[⑥]，援梧叶以为珪[⑦]，而授唐叔虞曰：“余以此封女[⑧]。”叔虞喜，以告周公。周公以请曰：“天子其封虞邪？”成王曰：“余一人与虞戏也。”周公对曰：“臣闻之，天子无戏言。天子言，则史书之，工诵之，士称之。”于是遂封叔虞于晋。周公旦可谓善说矣，一称而令成王益重言，明爱弟之义，有辅王室之固[⑨]。

荆庄王立三年[⑩]，不听而好讔[⑪]。成公贾入谏[⑫]，王曰：“不谷禁谏者，今子谏，何故？”对曰：“臣非敢谏也，愿与君王讔也。”王曰：“胡不设不谷矣[⑬]？”对曰：“有鸟止于南方之阜，三年不动不飞不鸣，是何鸟也？”王射之曰[⑭]：“有鸟止于南方之阜，其三年不动，将以定志意也。其不飞，将以长羽翼也。其不鸣，将以览民则也。是鸟虽无飞，飞将冲天。虽无鸣，鸣将骇人。贾出矣，不谷知之矣。”明日朝，所进者五人[⑮]，所退者十人[⑯]。群臣大说，荆国之众相贺也。故《诗》曰：“何其久也？必有以也[17]。何其处也[18]？必有与也[19]。"其庄王之谓邪？成公贾之讔也，贤于太宰嚭之说也。太宰嚭之说，听乎夫差而吴国为墟[20]；成公贾之讔，喻乎荆王而荆国以霸。

齐桓公与管仲谋伐莒[21]，谋未发而闻于国，桓公怪之，曰："与仲父谋伐莒，谋未发而闻于国，其故何也？"管仲曰："国必有圣人也[22]。"桓公曰："嘻！日之役者，有执蹠痡而上视者[23]，意者其是邪？"乃令复役，无得相代。少顷，东郭牙至。管仲曰："此必是已。"乃令宾者延之而上[24]，分级而立[25]。管子曰："子邪言伐莒者？"对曰："然。"管仲曰："我不言伐莒，子何故言伐莒？"对曰："臣闻君子善谋，小人善意[26]。臣窃意之也[27]。"管仲曰："我不言伐莒，子何以意之？"对曰："臣闻君子有三色：显然喜乐者[28]，钟鼓之色也；湫然清静者[29]，衰绖之色也[30]；艴然充盈手足矜者[31]，兵革之色也。日者，臣望君之在台上也，艴然充盈手足矜者，此兵革之色也。君呿而不唫[32]，所言者'莒'也[33]。君举臂而指，所当者莒也。臣窃以虑诸侯之不服者，其惟莒乎，臣故言之。"凡耳之闻以声也，今不闻其声而以其容与臂，是东郭牙不以耳听而闻也。桓公、管仲虽善匿，弗能隐矣。故圣人听于无声，视于无形，詹何、田子方、老耽是也[34]。

〔注释〕 ① 高宗：殷王小乙(盘庚之弟)之子武丁，德义高厚，殷人尊之为"高宗"。 ② 谅闇(ān)：亦作"谅阴"、"梁闇"、"亮阴"，指帝王居丧。 ③ 余一人：古代天子自称。 ④ 类：善。 ⑤ 兹故：因此。 ⑥ 成王：周成王，周武王之子。 唐叔虞：成王之弟，封于唐(即后来的晋)，故称"唐叔虞"。 燕居：同"宴居"，闲居。 ⑦ 珪：同"圭"，为帝王诸侯所执，用以表示符信的玉版。 ⑧ 女：通"汝"，你。 ⑨ 有：通"又"。 辅王室之固：古代诸侯乃天子屏障，叔虞封于晋，可藩屏周王室，使之巩固，故如此说。 ⑩ 荆庄王：即楚庄王，公元前613年至公元前591年在位。 ⑪ 不听而好讔：此句意为不理政事，却爱好隐语。讔(yǐn)，隐语，谜语。 ⑫ 成公贾：楚庄王的臣子。 ⑬ 胡不设不谷矣：此句意为你为何不对我讲隐语呢。 ⑭ 射：猜度。 ⑮ 进：此为提拔之意。 ⑯ 退：此为罢免之意。 ⑰ 以：因由，缘故。 ⑱ 何其处也：此句意为为什么安居不动呢。 ⑲ 与：义同"以"，因由，缘故。 ⑳ 而吴国为墟：意为吴国因此成为废墟。指吴国被越国灭亡。 ㉑ 莒(jǔ)：西周时分封的诸侯国，战国初期为楚所灭，后属齐，在今山东省莒县一带。 ㉒ 圣人：此指智能极高的人。 ㉓ 蹠："跖"的异体字，践，踏。痡：同"耜"，古代农具名。耒耜的主要部件，在耒的下端，形似后来的锸。 ㉔ 宾者：即"傧相"，古时称替主人接引宾客和赞礼的人。 延：领，引。 ㉕ 分级而立：指分宾主在台阶上站定。古礼，主客阶不同。 ㉖ 意：猜想。 ㉗ 窃：犹言"私"。 ㉘ 显然：欢乐的样子。 ㉙ 湫(qiū)然：清冷的样子。 ㉚ 衰(cuī)绖：丧服。 ㉛ 艴(fú)然：恼怒的样子。 手足矜者：指手足挥动。 ㉜ 呿(qū)：张口的样子。 唫(jìn)：闭口。 ㉝ 所言者"莒"也：此句意为所说的是"莒"啊。因"莒"字上古是开口字，故说此字时口形"呿而不唫"(张双棣等《吕氏春秋译注》)。 ㉞ 詹何：道家人物。《韩非子·解老》说他在室内闻牛鸣而知牛的颜色。 田子方：战国时人，学于子贡，崇尚礼义。(孙启帆)

【鉴赏】 本篇论述君主说话应该慎重。为了论证这个观点，文中从四个方面来作论证，每个方面都用一个历史故事作例子来证明。

首先，这是由君主的职责决定的。君主，由于要承担治国安民的重任，国运兴衰系于一身。正由于君主承担的责任过大，所以要求君主不得不慎言。文中举殷高宗武丁的例子加以论证。"高宗，天子也，即位谅闇，三年不言。卿大夫恐惧，患之。高宗乃言曰：'以余一人正四方，余唯恐言之不类也，兹故不言。'"武丁即位为天子，三年不说话。为什么不说话，只是唯恐说话说得不恰当，影响到国家的治理。当然，我们今天不必过于拘泥殷高宗真的是三年不说话，那样也无法治理国家。这里所要说的意思是君主说话一定要恰当，也就是要慎言。

其次，君主所言，务必言必信，行必果。所以，君主必须要慎言。这一点是通过"桐叶封弟"的历史故事来论证的。周成王与唐叔虞闲居时，摘下梧桐叶子当珪，交给唐叔虞说："我拿这个封你。"叔虞很高兴，把这事告诉了周公。周公向成王请示说："天子您封叔虞了吧？"成王说："我是跟叔虞开玩笑呢。"周公回答说："我听说过，天子没有开玩笑的话。天子一说话，史官就记下来，乐人就吟诵，士就颂扬。"成王于是就把叔虞封在晋。这个故事一直被当作"君无戏言"的典范。君主为什么要慎言，就是因为君主说了话就得算数，必须讲信用。信，是古代要求的一项做人的准则。《论语・为政》说："人而无信，不知其可也。"人如果不讲信用，那怎么可以呢？孔子这里是对所有人的要求，更是对君主的要求。《论语・子路》引孔子的话说："言必信，行必果。"《墨子・兼爱下》里也说："言必信，行必果；……无言而不行也。"因为人的说话往往都是与他的行动紧密相连的，说了就要做到。正因为如此，人的说话才必须慎重。《论语・颜渊》说"驷不及舌"，话一旦说了出来，就是四匹马拉的车也追赶不上。所以人必须慎言。

当然，也不能对此作刻板理解。孔门弟子有若，对孔子思想通常能做出符合原意的解读。他说："信近于义，言可复也。"如果某个人所说的话不守信了，但是这个人所说的符合"道义"，即使说话不信也是可以的。《孟子・离娄上》指出："大人者，言不必信，行不必果，惟义所在。"意思是说，通达的人说话不一定句句守信，做事不一定非有结果不可，只要合乎道义就行。拘泥固执于"信"而不知通权达变，是愚蠢的行为。

再次，君主不言，言必一鸣惊人。《吕氏春秋》并不是主张君主不说话，而是认为君主一旦说话，必然有杰出的思想。这个意思是通过楚庄王"一鸣惊人"的历史故事加以论证的。楚庄王立为国君三年，不理政事，却爱好隐语。成公贾入朝劝谏，庄王说："我禁止人们来劝谏，现在你却来劝谏，这是为什么？"成公贾回答说："我不敢来劝谏，我希望跟您讲隐语。"庄王说："你为何不对我讲隐语呢？"成公贾回答说："有只鸟停在南方的土山上，三年不动不飞不鸣，这是什么鸟啊？"庄王猜测说："有只鸟停在南方的土山上，它之所以三年不动，是要借此安定意志，它之所以不飞，是要借此生长羽翼，它之所以不鸣，是要借此观察民间的法度。这鸟虽然不飞，一飞就将冲上天空，虽然不鸣，一鸣就将使人惊恐。你出去吧，知道隐语的含义了。"第二天上朝，庄王提拔的有五个人，罢免的有十个人。臣子们都非常高兴，楚国的人们都互相庆贺。楚国因此称霸诸侯。"一鸣惊人"的故事还说明，君主讲话要有真知灼见，不要说假话、空话。与其讲假话、空话，不如不说。这在今天也是有启发意义的。

最后，是由君主的决策责任导致的。君主，承担着国家的重大决策。国家的决策都是通过君主之口说出来的。所以，一旦君主说什么，必然会对整个国家的运行产生影响。因此，国内所有的人眼睛都在盯着君主。这个意思是通过"齐桓公与管仲谋伐莒"这个历史故事来论证的。齐桓公与管仲谋划攻打莒国，谋划的事尚未公布就被国人知道了，桓公感到很奇怪，说："与仲父谋划攻打莒国，谋划的事尚未公布就被国人知道了，这是什么原因呢？"管仲说："国内一定有聪明睿智的人。"于是找到了散布消息的人东郭牙来问。管仲说："我没有说过攻打莒国的话，你为什么要传播攻打莒国的消息呢？"东郭牙回答说："我听说君子善于谋划，小人善于揣测，我是私下里揣测出来的。"管仲说："我没有说过攻打莒国的话，你根据什么揣测出来的？"东郭牙回答说："我听说君子有三种神色：面露喜悦之色，这是欣赏钟鼓等乐器时的神色；面带清冷安静之色，这是居丧时的神色；怒气冲冲、手足挥动，这是要用兵打仗的神色。那天我望见您在台上怒气冲冲、手足挥动，这就是要用兵打仗的神色。您的嘴张开了，没有闭上，这表明您所说的是'莒'。您举起胳膊指点，被指的正是莒国。我私下考虑，诸侯当中不肯归服齐国的，大概只有莒国了吧，因此我就传播了攻打莒国的消息。"虽然齐桓公与管仲没有说出攻打莒国的话，但是由于决策者的决策关系重大，势必会引起人们揣摩与猜测。这就是说，即使没有说话，有的人都能通过神态揣摩得到，更何况是口里明确说出来的呢？所以君主一定要慎言。

（许富宏）

淫辞

非辞无以相期[①]，从辞则乱。乱辞之中[②]，又有辞焉，心之谓也。言不欺心，则近之矣。凡言者，以谕心也。言心相离，而上无以参之[③]，则下多所言非所行也，所行非所言也。言行相诡[④]，不祥莫大焉。

空雄之遇[⑤]，秦、赵相与约，约曰："自今以来，秦之所欲为，赵助之；赵之所欲为，秦助之。"居无几何[⑥]，秦兴兵攻魏，赵欲救之。秦王不说[⑦]，使人让赵王曰[⑧]："约曰：'秦之所欲为，赵助之；赵之所欲为，秦助之。'今秦欲攻魏，而赵因欲救之，此非约也。"赵王以告平原君[⑨]，平原君以告公孙龙。公孙龙曰："亦可以发使而让秦王曰：'赵欲救之，今秦王独不助赵，此非约也。'"

孔穿、公孙龙相与论于平原君所[⑩]，深而辩，至于藏三牙[⑪]。公孙龙言藏之三牙甚辩，孔穿不应。少选[⑫]，辞而出。明日，孔穿朝，平原君谓孔穿曰："昔者，公孙龙之言甚辩。"孔穿曰："然。几能令藏三牙矣[⑬]。虽然，难。愿得有问于君：谓藏三牙甚难而实非也，谓藏两牙甚易而实是也，不知君将从易而是者乎[⑭]？将从难而非者乎？"平原君不应。明日，谓公孙龙曰："公无与孔穿辩。"

荆柱国庄伯令其父视日[⑮]，曰"在天"；视其奚如，曰"正圆"；视其时，曰"当今"。令谒者驾[⑯]，曰"无马"。令涓人取冠[⑰]，"进上"。问"马齿"[⑱]，圉人曰"齿十二与牙三十[⑲]"。

人有任臣不亡者[20]，臣亡。庄伯决之，任者无罪。

宋有澄子者[21]，亡缁衣[22]，求之涂。见妇人衣缁衣，援而弗舍，欲取其衣，曰："今者，我亡缁衣。"妇人曰："公虽亡缁衣，此实吾所自为也。"澄子曰："子不如速与我衣。昔吾所亡者，纺缁也[23]。今子之衣，禅缁也[24]。以禅缁当纺缁[25]，子岂不得哉[26]？"

宋王谓其相唐鞅曰[27]："寡人所杀戮者众矣，而群臣愈不畏，其故何也？"唐鞅对曰："王之所罪，尽不善者也。罪不善，善者故为不畏。王欲群臣之畏也，不若无辨其善与不善而时罪之[28]，若此则群臣畏矣。"居无几何，宋君杀唐鞅。唐鞅之对也，不若无对。

惠子为魏惠王为法[29]，为法已成，以示诸民人，民人皆善之。献之惠王，惠王善之，以示翟翦[30]，翟翦曰："善也。"惠王曰："可行邪？"翟翦曰："不可。"惠王曰："善而不可行，何故？"翟翦对曰："今举大木者，前呼舆謣[31]，后亦应之，此其于举大木者善矣，岂无郑、卫之音哉[32]，然不若此其宜也。夫国亦木之大者也[33]。"

〔**注释**〕 ① 非辞无以相期：此句意为没有言辞就无法相互交往。期，约会。 ②"乱"字：一说因上句而衍。 ③ 参：检验。 ④ 诡：违反。 ⑤ 空雄：地名。遇：盟会。 ⑥ 居无几何：过了不久。 ⑦ 秦王：指秦昭王。 说：通"悦"，高兴。 ⑧ 让：责备。 赵王：指赵惠文王。 ⑨ 平原君：即赵胜，战国时期赵国贵族，赵惠文王之弟，号"平原君"，为赵相，有门客数千人。 ⑩ 孔穿：字子高，孔子的后代。 ⑪ 藏三牙：当作"藏三耳"。《孔丛子·公孙龙》篇有"臧三耳"语。一般认为"藏"即"臧"之借字，"臧"通"牂"，母羊。所谓羊三耳，羊有耳是一个集合的概念，羊又有两耳，加起来是三个概念，所以说"羊三耳"。又《庄子·天下》篇讲惠施有"鸡三足"的命题，

《公孙龙子·通变论》谓“鸡足一，数足二，二而一故三”。 ⑫ 少选：一会儿，少顷。 ⑬ 几：将近，几乎。 ⑭ 从：听从，顺从。 ⑮ 柱国：官名。战国时楚国设置，原为保卫国都之官。“柱国”，即国都之意。后为最高武官，亦称“上柱国”，其地位仅次于令尹。庄伯：人名。 ⑯ 谒者：官名，为国君掌管传达。 ⑰ 涓人：指在左右担任洒扫的人。 ⑱ 马齿：马齿随年龄而添换，看马齿可知马的年龄。故此“问马齿”是问马的年龄。 ⑲ 圉人：官名，《周礼》夏官的属官，掌养马刍牧之事。 齿：门牙。 牙：槽牙。 ⑳ 任：担保。 臣：奴隶。 亡：逃跑。 ㉑ 澄子：人名。 ㉒ 亡：丢失。 缁衣：古代用黑色帛做的朝服。这里泛指黑色的衣服。 ㉓ 纺：亦称“纺绸”，用桑蚕丝、绢丝或化学纤维长丝做原料，采用平纹组织织成的一类丝织物。 ㉔ 禅(dān)：单衣，无里的衣服。 ㉕ 当：抵偿。 ㉖ 得：便宜，合适。 ㉗ 宋王：指宋康王。 唐鞅：宋康王相。 ㉘ 时：时时，时常。 ㉙ 惠子：即惠施。 ㉚ 翟翦：魏国人，翟黄(又作“翟璜”)之后。 ㉛ 舆謣(yū)：抬取重物时所唱的号子声。他书或作“邪许(hǔ)”、“邪所”。 ㉜ 郑、卫之音：春秋战国时期郑、卫两国的民间音乐。 ㉝ 夫国亦木之大者也：此句意为治理国家也像抬大木头一样自有其适宜的法令啊。(孙启帆)

【鉴赏】 本篇名为《淫辞》，其主旨是反对名家的“诡辩”。本篇集中批驳了名家言辞中的几种“诡辩”之术，涉及名家的代表人物公孙龙和惠施，保留了很可贵的名家诡辩技巧。

首先，混淆顺序，转换立场。这是名家诡辩的常用技巧之一。如秦与赵相互订立盟约，盟约规定：以后，“秦之所欲为，赵助之；赵之所欲为，秦助之。”不久，秦国发兵攻打魏国，赵国想救魏国。秦王不高兴了，派人责备赵王说，盟约上已经规定了，秦国想做的事，赵国来帮助；赵国想做的事，秦国来帮助。现在秦国攻打魏国，而赵国却想救援，这不符合盟约。赵国的平原君请教公孙龙，公孙龙说：“亦可以发使而让秦王曰：赵欲救之，今秦王独不助赵，此非约也。”公孙龙的回答很巧妙，他利用盟约的内容，不顾秦邀赵在先这个事实，反过来站在赵国的立场上来回答。秦王是站在秦国的立场上谴责赵国，如果赵国也站在秦国的立场上，那么必然理亏。所以，公孙龙把赵王的立场从秦国那里搬了回来，让其站在赵国的立场，这样也就不再感到理亏，反而理直气壮了。

其次，混淆具体与抽象，这是名家诡辩命题之一。最典型的就是“臧三耳”。本篇与《孔丛子·公孙龙》篇均有“臧三耳”语。臧，一般认为是羊。臧三耳，就是说羊有三只耳。羊有耳，加上头顶上的两只耳，共有三只耳。其实是指两只具体的耳，加上一个抽象的概念“耳”。如果不作抽象概念与具体实物之间的区分，就是说“羊三耳”。同类命题还有就是“鸡三足”。《庄子·天下》篇讲惠施有“鸡三足”的命题，《公孙龙子·通变论》谓“鸡足一，数足二，二而一故三”。其实，名家所说的“鸡三足”、“臧三耳”，实际上是已经认识到并区分出了具体与抽象的关系，这对逻辑思维是很大的促进。但是单纯从言语说话的角度来说，这样的命题在逻辑思维缺乏的时代，人们是很难理解的，所以本篇加以批驳。

再次，利用语言中的歧义现象作出回答，造成答非所问的现象。这也是名家的诡辩技巧。这个观点主要是通过“庄伯令人”的事例加以论证的。“令其父视日，曰‘在天’”。庄伯“令其父视日”，意思是让其父看看太阳，然后回答他时间是什么时候了。而其父则理解成“太阳”，以为庄伯问他太阳在什么位置，故回答说“在天上”。此句因“日”字多义而产生了歧义。“视其奚如，曰‘正圆’”。此句是因“如”字多义而引起的歧义。庄伯的意思是：看看太阳到哪个地方了。庄伯之父的理解是：庄伯让我看看太阳像什么样子？故回答说：正是圆的。“视其时，曰‘当令’”。其，指太阳。此句是因句法结构不固定而造成的歧义。第一种，视/其时，此为动宾结构；第二种，视其/时，此为偏正结构。庄伯的意思是第一种，而其父理解的是第二种，故说“当令”，意谓“正是现在”。“令谒者驾，曰‘无马’”。此句是因庄伯语气表达不清而引起歧义。由于谒者“系掌通报之官”，本不驾车，所以第一义是庄伯命令谒者传令让车夫驾车。但是此句还可以理解成命令谒者驾车，这是第二义。庄伯的意思是第一义，但是谒者的理解是第二义，以为庄伯是对自己下的驾车命令，所以回答说“无马”。“马齿”句是由词的多义造成的歧义。“马齿”有两义：其一指马的年龄，其二指马有多少颗牙齿。庄伯问的是马的年龄，而圉人理解的是第二义，故回答“齿十二与牙三十”。由于歧义，问的人和回答的人不一样，造成理解上的困难，所以说是“淫辞”。

又次，混淆事物的普遍性与特殊性，这一点在辩论时尤其重要。这一点是通过“澄子亡衣”寓言故事加以论证的。宋国一个叫澄子的人，丢了一件黑色的衣服，到路上去寻找。看见一位妇人穿着一件黑衣服，就拉住不放，要拿走人家的衣服，说：“今天我丢了一件黑衣服。”那妇人说：“您的确丢了一件黑衣服，但这件衣服确实是我自己做的。”澄子说：“你不如赶快把衣服给我，先前我丢的是一件黑色的夹衣，现在你穿的是一件黑色的单衣。用你的单衣来赔偿我的夹衣，你岂不是已经占了便宜吗？”这则故事中的澄子，既没有区分事物的普遍性和特殊性，以为只要是黑衣就都属于他的；也没有作名分上的归属判断，单衣在名分上已经属于那位妇女，因而发生了判断的错误。表现在形式上就显出了无理和蛮横，强词夺理。所以说是淫辞。

又次，混淆是非，这也是辩论时常用的技巧。这一点是通过“宋王问唐鞅”的故事来说明的。宋王对宰相唐鞅说：“我杀过的人非常之多，但是群臣越来越不害怕我，原因是什么呢？”唐鞅回答说：“大王您所降罪的人，都是不好的人。降罪给不好的人，所以好的人就不害怕您。大王要是想让群臣都害怕您，不如不分好坏而杀之，那么这样群臣就害怕了。”没过多久，宋君杀了唐鞅。唐鞅的建议是不分好人和坏人，这就是混淆是非。混淆是非的言辞最终把自己也给害死了。

最后，不能做到具体问题具体对待，做不到一切从实际情况出发。文中举惠子给魏惠王制定法令为例加以论证。惠子给魏惠王制定法令。法令已经制定完了，拿来给人们看，人们都认为法令很好。把法令献给惠王，惠王认为法令很好，拿来让翟翦看，翟翦说：“好啊。”惠王说：“可以实行吗？”翟翦说：“不可以。”惠王说：“好却不可以实行，为什么？”翟翦回答说：“如今抬大木头的，前面的唱号子，后面的来应和，这号子对于推大木头的来说是很好了。难道没有郑国、卫国那样人民喜爱的音乐可唱吗？然而唱那个不如唱这个适宜。治理国家也像抬大木头一样自有其适宜的法令啊。”惠子制定的法令虽然好，但是却不符合魏国的实际，所以翟翦给予否定，反对在魏国使用。这也从一个侧面批驳了名家只注重一般性而不注重特殊性的思维方式。在这种思维方式下，说出来的言辞，只能是“淫辞”。这则故事实际上指出了名家“淫辞”产生的原因。这是很有意义的。

（许富宏）

应　言

白圭谓魏王曰[1]：“市丘之鼎以烹鸡[2]，多洎之则淡而不可食[3]，少洎之则焦而不熟，然而视之蝺焉美无所可用[4]。惠子之言，有似于此。”惠子闻之曰：“不然。使三军饥而居鼎旁，适为之甑[5]，则莫宜之此鼎矣。”白圭闻之曰：“无所可用者，意者徒加其甑邪？”白圭之论自悖，其少魏王大甚[6]。以惠子之言“蝺焉美无所可用”，是魏王以言无所可用者为仲父也，是以言无所用者为美也。

公孙龙说燕昭王以偃兵[7]，昭王曰：“甚善。寡人愿与客计之。”公孙龙曰：“窃意大王之弗为也。”王曰：“何故？”公孙龙曰：“日者[8]，大王欲破齐，诸天下之士其欲破齐者大王尽养之，知齐之险阻要塞君臣之际者大王尽养之，虽知而弗欲破者大王犹若弗养[9]，其卒果破齐以为功。今大王曰：‘我甚取偃兵。’诸侯之士在大王之本朝者，尽善用兵者也，臣是以知大王之弗为也。”王无以应。

司马喜难墨者师于中山王前以非攻[10]，曰：“先生之所术非攻夫[11]？”墨者师曰：“然。”曰：“今王兴兵而攻燕，先生将非王乎[12]？”墨者师对曰：“然则相国是攻之乎[13]？”司马喜曰：

"然。"墨者师曰:"今赵兴兵而攻中山,相国将是之乎?"司马喜无以应。

路说谓周颇曰[14]:"公不爱赵,天下必从。"周颇曰:"固欲天下之从也。天下从,则秦利也。"路说应之曰:"然则公欲秦之利夫?"周颇曰:"欲之。"路说曰:"公欲之,则胡不为从矣?"

魏令孟卬割绛、窌、安邑之地以与秦王[15]。王喜,令起贾为孟卬求司徒于魏王[16]。魏王不说,应起贾曰:"卬,寡人之臣也。寡人宁以臧为司徒[17],无用卬。愿大王之更以他人诏之也。"起贾出,遇孟卬于廷。曰:"公之事何如?"起贾曰:"公甚贱于公之主。公之主曰'宁用臧为司徒',无用公。"孟卬入见,谓魏王曰:"秦客何言?"王曰:"求以女为司徒。"孟卬曰:"王应之谓何?"王曰:"宁以臧,无用卬也。"孟卬太息曰[18]:"宜矣王之制于秦也[19]。王何疑秦之善臣也[20]?以绛、窌、安邑令负牛书与秦[21],犹乃善牛也。卬虽不肖,独不如牛乎?且王令三将军为臣先曰'视卬如身[22]',是臣重也。令二轻臣也[23],令臣责[24],卬虽贤,固能乎?"居三日,魏王乃听起贾。凡人主之与其大官也,为有益也。今割国之锱锤矣[25],而因得大官,且何地以给之[26]?大官,人臣之所欲也。孟卬令秦得其所欲[27],秦亦令孟卬得其所欲[28],责以偿矣[29],尚有何责?魏虽强,犹不能责无责[30],又况于弱!魏王之令乎孟卬为司徒[31],以弃其责,则拙也。

秦王立帝[32],宜阳令许绾诞魏王[33],魏王将入秦。魏敬谓王曰[34]:"以河内孰与梁重[35]?"王曰:"梁重。"又曰:"梁孰与身重?"王曰:"身重。"又曰:"若使秦求河内,则王将与之乎?"王曰:"弗与也。"魏敬曰:"河内,三论之下也[36]。身,三论之上也。秦索其下而王弗听，索其上而王听之，臣窃不取也[37]。”王曰：“甚然。”乃辍行[38]。秦虽大胜于长平[39]，三年然后决，士民倦，粮食[40]。当此时也，两周全[41]，其北存[42]。魏举陶削卫[43]，地方六百，有之势是[44]，而入大蚤[45]，奚待于魏敬之说也[46]？夫未可以入而入，其患有将可以入而不入[47]，入与不入之时，不可不熟论也[48]。

〔注释〕 ① 魏王：指魏惠王。 ② 市丘：魏邑名，所在地不详。 ③ 洎(jì)：肉汁。 ④ 蝺(jǔ)：好的样子。 ⑤ 适：正，恰好。 甑：古代蒸食炊器。底部有许多透蒸汽的孔格，置于鬲或鍑上蒸煮，如同现代的蒸锅。也有无底另外加箅的。 ⑥ 少：轻视。 大：通“太”。 ⑦ 以：用。 ⑧ 日者：往日，从前。 ⑨ 犹若：仍然，还是。 ⑩ 司马喜：中山国相。 难：诘责，驳诘。 墨者师：墨家，名师。 非攻：墨家学派的主张，即反对战争。 ⑪ 所术：指所信奉推行的主张。 ⑫ 非：责怪，反对。 ⑬ 是：此为赞成之意。 ⑭ 路说：人名。其事未详。 周颇：人名。其事未详。 ⑮ 孟卬：一说当作“孟卯”，齐人，仕于魏。《战国策·魏策》作“芒卯”。 绛：古邑名，战国魏地，在今山西省新绛县。 窌：古邑名。 安邑：古邑名，战国初为魏国都，在今山西省夏县西北。 ⑯ 起贾：人名，其事不详。 司徒：官名，掌土地和人民。官司籍田，负责征发徒役。 ⑰ 臧：古代对奴仆的贱称。 ⑱ 太息：大声叹气，深深地叹息。 ⑲ 宜矣王之制于秦也：此句意为您受秦国控制是应该的了。 ⑳ 善：以……为善。 ㉑ 以绛、窌、安邑令负牛书与秦：此句意为把绛、窌、安邑的地图让牛驮着献给秦国(古代以地予人，即将该地地图献给人)。 ㉒ 身：指魏王自身。 ㉓ 令二：一说当为“今王”之误。 ㉔ 令臣责：此句意为以后让我去索取秦国答应过的东西。责，索取，责求。 ㉕ 国之锱锤：比喻国家的小块土地。锱锤，古代重量单位。六铢为一锱，八铢为一锤，二十四铢为一两，比喻极微小的数量。 ㉖ 给(jǐ)：供给。 ㉗ 所欲：此指魏地。 ㉘ 所欲：此指司徒之职。 ㉙ 责以偿矣：此句意为双方所欠对方的债都已经偿还了。责，同“债”。 ㉚ 前一个“责”：索取，责求。 后一个“责”：同“债”。 ㉛ 乎：犹“于”。 ㉜ 秦王立帝：指秦昭王立为西帝事。据《史记·秦本纪》：“昭襄王十七年，王之宜阳。十九年，王为西帝，复去之。” ㉝ 宜阳：战国时韩邑，后归秦。 许绾：秦臣。 诞：欺骗。 魏王：指魏昭王。 ㉞ 魏敬：魏臣。 ㉟ 河内：古地区名，此指魏国境内黄河以北地区。 梁：即大梁，魏惠王自安邑迁都于此，在今河南省开封市西北。 ㊱ 三论：指上文提到的河内、梁、身三者的比较。 ㊲ 不取：此为不赞成之意。 ㊳ 辍：中止，停止。 ㊴ 长平：战国时赵邑，在今山西省高平市西北。 ㊵ “粮食”后当脱一字。据文意，应为粮食匮乏之意。 ㊶ 两周全：指东周、西周尚未灭亡。 ㊷ 其北存：指大梁以北的地区仍未失去。 ㊸ 举陶削卫：举陶（陶，齐邑名，在今山东省定陶县西北）事史书无考。削卫事，据《史记·魏世家》，魏哀王八年，“伐卫，拔列城二”。《竹书纪年》：“八年，翟章伐卫。”又《韩非子·有度》：“魏安釐王攻尽陶、卫之地。”《韩非子·饰邪》：“魏数年东向攻尽陶、卫。”此处“举陶削卫”，似亦指上述事而言（张双棣等《吕氏春秋译注》）。 ㊹ “有之势是”当作“有之是势”，意为有这样的形势。是，此。 ㊺ 大：通“太”。 蚤：通“早”。 ㊻ 奚待于魏敬之说也：此句意为何必要等魏敬劝说之后才不入秦呢。 ㊼ 有：通“又”。 ㊽ 孰：经久而深入，精审。（孙启帆）

【鉴赏】 应言就是应对之言。先秦时期，百家争鸣。各家为了阐明自己的主张，既有立说，也有论战，在互相辩论中宣传自己的观点。在这种形势下，关于在论辩中如何取胜的技巧也就成为各家竞相关注的一个话题。儒家的孟子善辩，其辩论的技巧是善于预设圈套，道家的庄子也善于辩论，《庄子》书中就有庄子与惠子之间的“濠梁之辩”。墨家有墨辩，名家的惠子、公孙龙也善辩。《墨子》、《鬼谷子》、《韩非子》等书中都有关于辩论的理论文章。本篇所举六个事例都是有关应对技巧，有名家的应对技巧，也有墨家的辩论技巧。可以说是先秦时期，关于辩论应对技巧的专篇。

首先，偷梁换柱法。偷梁换柱是辩论中最常用的技巧，把对方话中的意思巧妙地换成另一个意思，以达到自己的目的。这里用“白圭谓魏王”例来论证。白圭对魏王说：“用帝丘出产的大鼎来煮鸡，多加汤汁就会淡得没法吃，少加汤汁就会烧焦可是却不熟，然而这鼎看起来非常高大漂亮，不过没有什么用处。惠子的话，就跟这大鼎相似。”这里是说惠子的话就像“鼎”一样没有用。惠子听到这话以后，说：“不对。假使三军士兵饥饿了停留在鼎旁边，恰好弄到了蒸饭用的大甑，那么和甑搭配起来蒸饭就没有比这鼎更合适的了。”惠子则说“鼎”是有用的，意思也就暗示自己的话也是有用的。但是白圭听到这话以后，说："没有什么用处的东西，想来只能在上面放上甑蒸饭用啦！"这里，白圭说的"没有什么用处的东西"已经不是指"鼎"，而是偷换成了"惠子"，骂惠子只能用来蒸饭，而没有别的用处。这里采用的是偷换换柱的技巧，也有指桑骂槐的效果。

其次，利用对方言行不一，自相矛盾加以辩驳。在辩论对答过程中，如果某一方言语之间或言语与其行动之间出现矛盾，一旦察觉对方出现这样的情况，就应当马上抓住，竭力扩大对方的矛盾，使之不能自圆其说、自顾不暇。文中用"公孙龙说燕昭王以偃兵"例来作证明。公孙龙说："我私下里估计大王您不会消除战争的。"燕昭王说："为什么？"公孙龙说："从前大王您想打败齐国，天下杰出的人士中那些想打败齐国的人，大王您全都收养了他们，那些了解齐国的险阻要塞和君臣之间关系的人，大王您全都收养了他们；那些虽然了解这些情况但却不想打败齐国的人，大王您还是不肯收养他们，最后果然打败了齐国，并以此为功劳。如今大王您说，我很赞成消除战争。可是其他诸侯国的人士在大王您朝廷里的，都是善于用兵的人。我因此知道大王您不会消除战争的。"燕昭王无话回答。公孙龙与燕昭王之间的对答，主要是抓住了燕昭王说的是一套，做的是一套，言行不一，所以燕昭王无话可说。这是应对的技巧之一。

魏王派孟卯割让绛、窌、安邑等地给秦王。秦王很高兴，派使者起贾去向魏王为孟卯请求司徒的官职。魏王没有答应。孟卯进去谒见，对魏王说："秦国客人说什么？"魏王说："请求让你当司徒。"孟卯说："您怎样回答他的？"魏王说："我说'宁肯任用奴仆，也不用孟卯。'"孟卯长叹道："您受秦国控制是应该的了，秦国善待我，您对此为什么要猜疑呢？把绛、窌、安邑的地图让牛驮者献给秦国，秦国尚且会好好对待牛。我虽然不好，难道还不如牛吗？况且，您让三位将军先去秦国为我致意，说'看待孟卯如同看待我一样'，这是重视我啊。如今您轻视我，以后让我去索取秦国答应过的东西，我即使贤德，难道还能做到吗？"先前魏王送孟卯去谈判的时候，派了三个将军护送，十分看重他，以便让秦国接受孟卯，让谈判取得成功。孟卯抓住这一点来与眼下轻视自己的情形对比，指出魏王的前后矛盾之处，终于说服了魏王。魏王最后也答应了秦国使者，给了孟卯司徒的官职。

再次，避实击虚法。司马喜在中山国王前就“非攻”的主张诘责墨家学派一个名叫师的人，说：“先生您所主张的是‘非攻’吧？”师说：“是的。”司马喜说：“假如国王发兵攻打燕国，先生您将责备国王吗？”在这样的情况下，师采用避实击虚法，主动回避了司马喜的发问，而是反问回去，说：“这样说来，那么相国您赞成攻打燕国吗？”司马喜说：“是的。”在反问之后，师继续说：“假如赵国发兵攻打中山国，相国您也将赞成攻打中山国吗？”司马喜无话回答。墨家主张“非攻”，“非攻”的意思是所有的国家彼此之间都不要互相攻打。如果承认攻打是正确的，那么，不仅你可以攻打不如你的弱国，那么，别的更强大的国家也可以攻打你。中山是个小国，燕国也是一个小国。中山攻打燕国是有可能取胜的。但是赵国却是大国，是“战国七雄”之一，如果赵国攻打中山，那么中山必然灭亡。所以，这里师回避了中山相比燕国是强大这个事实，而击中中山相比赵国是弱的这个“虚处”来反驳，让司马喜无话可说。

又次，击其要害法。应对之辞要善于抓住对方自身的弱点。这是辩论的技巧之一。文中用“路说谓周颇”作例证说明这个问题。路说对周颇说：“您如果不爱赵国，那么天下人一定会跟随您。”周颇说：“我本来想让天下人跟随我啊。天下人跟随我，那么秦国就有利。”路说回答说：“这样说来，那么您想让秦国有利啦？”周颇说：“想让秦国有利。”路说说：“您想让秦国有利，那么为什么不因此而让天下人跟随您呢？”这里，路说抓住秦国人没有跟着周颇这个事实，击中了周颇的要害，导致周颇的说法就漏洞百出，自相矛盾。

最后，预设机巧，引人上当，然后反戈一击，说服对方。这种方法是先预设一个前提，然后让你顺着这个思路推演下去，最后被说服。秦王立为帝，宜阳令许绾骗魏王，要魏王去秦朝拜。魏敬对魏王说：“拿河内和大梁比，哪一个重要？”这里魏敬先假设一个问题，让魏王回答。魏王说：“大梁重要。”魏敬又说：“大梁跟您自身比，哪一个重要？”魏王说：“自身重要。”

魏敬又说:“假如秦国索取河内,那么您将给它吗?”魏王说。“不给它。”魏敬说:“河内在三者之中占最下等,您自身在三者之中占最上等。秦国索取最下等的您不答应,索取最上等的您却答应了。我私下里对此是不赞成的。”魏王说,“很对。”这才不去秦国。这种方法,孟子最为擅长。《孟子·梁惠王下》说:孟子谓齐宣王曰:“大王的臣子中,有一个将他的妻子和孩子托付给他的朋友后去楚国游历。等他回来的时候,他的妻子和孩子却在受冻挨饿,那么对他怎么办”齐宣王说:“抛弃他。”孟子说:“司法官不能管理他的下属,那么对司法官怎么办?”齐宣王说:“罢免他。”孟子又说:“国内不能治理好,那么对他怎么办?”王顾左右而言他。本段与此有异曲同工之妙。

（许富宏）

高 义

君子之自行也,动必缘义,行必诚义,俗虽谓之穷,通也。行不诚义,动不缘义,俗虽谓之通,穷也。然则君子之穷通,有异乎俗者也。故当功以受赏,当罪以受罚。赏不当,虽与之必辞。罚诚当[①],虽赦之不外[②]。度之于国,必利长久[③]。长久之于主,必宜内反于心不惭然后动。

孔子见齐景公[④],景公致廪丘以为养[⑤],孔子辞不受,入谓弟子曰[⑥]:“吾闻君子当功以受禄。今说景公[⑦],景公未之行而赐之廪丘,其不知丘亦甚矣。”令弟子趣驾[⑧],辞而行。孔子,布衣也,官在鲁司寇,万乘难与比行[⑨],三王之佐不显焉[⑩],取舍不苟也夫[⑪]。

子墨子游公上过于越[12]，公上过语墨子之义，越王说之[13]，谓公上过曰："子之师苟肯至越，请以故吴之地，阴江之浦[14]，书社三百[15]，以封夫子。"公上过往复于子墨子，子墨子曰："子之观越王也，能听吾言、用吾道乎？"公上过曰："殆未能也[16]。"墨子曰："不唯越王不知翟之意，虽子亦不知翟之意。若越王听吾言、用吾道，翟度身而衣，量腹而食，比于宾萌[17]，未敢求仕。越王不听吾言，不用吾道，虽全越以与我，吾无所用之。越王不听吾言，不用吾道，而受其国，是以义翟也[18]，义翟何必越，虽于中国亦可[19]。"凡人不可不熟论。秦之野人[20]，以小利之故，弟兄相狱[21]，亲戚相忍[22]。今可得其国，恐亏其义而辞之，可谓能守行矣，其与秦之野人相去亦远矣。

荆人与吴人将战，荆师寡，吴师众。荆将军子囊曰[23]："我与吴人战，必败。败王师，辱王名，亏壤土，忠臣不忍为也。"不复于王而遁[24]。至于郊，使人复于王曰："臣请死。"王曰："将军之遁也，以其为利也。今诚利，将军何死？"子囊曰："遁者无罪，则后世之为王臣者，将皆依不利之名而效臣遁，若是则荆国终为天下挠[25]。"遂伏剑而死。王曰："请成将军之义。"乃为之桐棺三寸[26]，加斧锧其上[27]。人主之患，存而不知所以存，亡而不知所以亡，此存亡之所以数至也。郼、岐之广也[28]，万国之顺也，从此生矣。荆之为四十二世矣[29]，尝有干谿、白公之乱矣[30]，尝有郑襄、州侯之避矣[31]，而今犹为万乘之大国，其时有臣如子囊与！子囊之节，非独厉一世之人臣也[32]。

荆昭王之时[33]，有士焉曰石渚[34]，其为人也公直无私，王使为政。道有杀人者，石渚追之，则其父也。还车而反[35]，立于廷曰："杀人者，仆之父也[36]。以父行法，不忍。阿有罪[37]，废国法，不可。失法伏罪，人臣之义也。”于是乎伏斧锧，请死于王。王曰：“追而不及，岂必伏罪哉？子复事矣[38]。”石渚辞曰：“不私其亲[39]，不可谓孝子。事君枉法，不可谓忠臣。君令赦之，上之惠也。不敢废法，臣之行也。”不去斧锧，殁头乎王廷。正法枉必死，父犯法而不忍，王赦之而不肯，石渚之为人臣也，可谓忠且孝矣。

〔注释〕 ① 诚：果真，如果。 ② 外：除去，推却。 ③ 度(duó)：衡量。 ④ 齐景公：春秋时齐国君主，公元前547年至公元前409年在位。 ⑤ 景公致廪丘以为养：此句意为景公送给他廪丘作为食邑。廪丘，齐邑名，在今山东省郓城县西北。 ⑥ “入”当为“出”字之误。 ⑦ 说(shuì)：游说，用话劝说别人使听从自己的意见。景公：“景”是谥号，此处不该如此称呼，当是追书之辞。 ⑧ 趣(cù)：赶快。 ⑨ 万乘：周制，王畿方千里，能出兵车万乘，后因以指帝位。 比：并。 ⑩ 不显焉：指不比他显赫。 ⑪ 苟：苟且，草率。 ⑫ 公上过：《墨子·鲁问》作“公尚过”，墨子的弟子。 ⑬ 说：通“悦”。 ⑭ 阴江：江名。 浦：水滨。 ⑮ 书社：古代二十五家为一社，书写社人姓名于册籍，称为“书社”。这里借指一定数量的土地和附着于土地的人口。 ⑯ 殆：大概，恐怕。 ⑰ 宾萌：战国时对外来客民的称谓。“萌”与“氓”音同通用。 ⑱ “翟”当为“粜”字之误。粜，卖。 ⑲ 中国：指中原各国。 ⑳ 野人：亦作“鄙人”，古时称四郊以外地区为“野”或“鄙”，“野人”是指在“野”的农业生产者。 ㉑ 狱：打官司。 ㉒ 亲戚：此指弟兄。 忍：残。 ㉓ 子囊：春秋时楚庄王之子。 ㉔ 遁：逃。 ㉕ 为：被。 挠：挫败。 ㉖ 桐棺三寸：指刑人之棺。 ㉗ 加斧锧其上：表示处以死刑之意。斧，古代一种用作杀人的刑具。锧，古代腰斩用的垫座。 ㉘ 郼：汤灭桀前的封国。 岐：武王灭纣前所居之地。 广：扩大，扩充。 ㉙ “为”下疑脱“荆”或“国”字。 ㉚ 干谿、白公之乱：据《左传·昭公十二年》载，楚灵王伐楚，“次于干谿”；又十三年载，楚灵王无道，公子弃疾为司马，“先除王宫”，后派人去干谿瓦解灵王的军队，夏五月，灵王于干谿自缢而死。“干谿之乱”即指此而言(张双棣等《吕氏春秋译注》)。白公，指白公胜，楚平王太子建之子，太子建为郑人所杀，白公胜为父报仇，杀死领兵救郑的楚令尹子西、司马子旗，并占据了楚都。“白公之乱”即指此而言(张双棣等《吕氏春秋译注》)。 ㉛ 郑襄、州侯之避：指郑褎、州侯助楚王行邪僻。

"襄"当作"褏"字之误。郑褏,楚怀王幸姬。州侯,楚襄王宠臣。 ㉜ 厉:磨砺。㉝ 荆昭王:楚昭王,公元前515年至公元前489年在位。 ㉞ 石渚:人名,他书或作"石奢"。 ㉟ 还车:指调转车头。 反:同"返",归,还。 ㊱ 仆:自称谦词。㊲ 阿(ē):偏袒,庇护。 ㊳ 事:职务。 ㊴ 私:偏爱。(孙启帆)

【鉴赏】 本篇主旨在于推崇"义",是《吕氏春秋》论述"义"的思想比较集中的一篇,也是《吕氏春秋》对"义"的看法比较有代表性的一篇。

"义"是春秋战国时期的时代话题,各家都对"义"发表了看法。在墨子的哲学思想中,对于"义"的论说是其中重要的部分,"贵义"思想贯穿《墨子》全书,而其中有《贵义》专篇,篇中说:"万事莫贵于义。"墨家思想行为"全以义为主",认为万事没有比"义"更珍贵的了,人们的一切言论行动,都要从事于义。墨所谓"义"的内容,就是兼相爱交相利。"惟兼相爱,乃能人人平等,而阶级之分可泯;惟交相利,乃能人人互助,而贫寡之患可除。墨子之谓义,就是要发展人类的博爱心理,而使世界得到持久和平。"(张澜《墨子贵义》)墨子自己就能够自苦行义,他批评世俗君子,能嘴上道说仁义,实际上却不能实行。他的这种"义"观,与其他各家的"义"观相比,体现了一种不重私利,为天下人谋利的奉献精神。

《管子》也重"义",其"义"强调的是一切事物都合于事理,要求适中合宜。《心术上》说:"礼出乎义,义出乎理,理因乎宜者也。"《释名》说"义,宜也"。这与儒、墨两家把"义"抬高到事关国家治理的根本原则有很大的差别。

儒家的孟子重"义"。孟子曰:"鱼,我所欲也;熊掌,亦我所欲也。二者不可得兼,舍鱼而取熊掌者也。生,亦我所欲也;义,亦我所欲也。二者不可得兼,舍生而取义者也。"(《孟子·告子上》) 孟子认为,"义"是高于人的生命的,所以说"舍生取义"。但是孟子所说的"舍生取义",并不是针对普通民众的,而是针对士或士以上官员甚至是君王。《孟子·梁惠王上》说:"王何必曰利? 亦有仁义而已矣。"孟子的观点是这样的,当人民为了生存而苦苦挣扎的时候是谈不上仁义这样的原则的,首先是要能生活,能活下来。虽然人人都有道德之端，但迫于生存，其实是无暇顾及这些良知良能的发挥的。对于民众如此的艰难困苦，孟子提出君王应当实行仁政，这就是说“义”，可见“义”是对君王官吏说的。因为君主和官员已经不存在物质上的生存问题了，所以要施行仁义使民众能得到基本的生存权，所以这个仁义是对君王讲的。

荀子政治哲学体系自始至终都贯彻着对“义”的追求，并以“义”为根本的伦理指导。因此，相对于孔、孟的仁政，荀子的政治哲学体系亦可称之为“义政”。荀子说：“行义以礼，然后义也”（《荀子·大略》），又说：“义者循礼”（《议兵》），并指出“礼之理者诚深也”（《礼论》）。对此，冯友兰先生解释说：“礼之‘义’即礼之普通原理。”由此可见，“礼之理”即“义”，“义”是礼的原理和根据，同时，礼又是“义”的实践工具和表现途径。可见，“义”是荀子思想体系中的一个核心观念，是其礼、法制度设计与运行的总的伦理价值指导。

在这种时代环境中，《吕氏春秋》对“义”发表看法也是必然的。《吕氏春秋》对“义”的理解，概括起来就是“法义”。君子“动必缘义，行必诚义”，即一举一动都必须依照“义”的原则。而所谓“义”，在本篇则体现为如何正确对待赏罚。有功即受禄，无功不受禄，正确对待赏罚就是“义”。而赏善罚恶的思想主要是法家的主张，而且赏与罚均有制度的严格规定，“义”只是思想上的观念。有了这样的观念配合赏罚的制度，国家治理就能有保障。所以《吕氏春秋》中的“义”可以称之为“法义”。

这种思想是通过以下几个具体事例来作论证的。孔子谒见齐景公，景公送给他廪丘作为食邑，以此作为孔子供养之地。孔子拒绝不接受赠地。回到住处，对弟子说：“我只听说，君子应当有功劳而受禄。时下我游说景公，景公并没有按我的劝导行事，却赐给我廪丘邑，他太不了解我了。”令弟子驱车，辞别景公离去。孔子游说，虽然意见很正确，但是景公没有采纳，意见没有发挥出它的效益，所以孔子就不接受封赏。这就是“义”。

墨子让公上过到越国游说，公上过叙述了墨子的主张，越王很高兴，对公上过说："您的老师如果愿到越国来，我愿把过去吴国的土地阴江沿岸三百社的地方封给他。"公上过回来报告了墨子，墨子说："你看越王能够听从我的言论，实行我的主张吗？"公上过说："恐怕不能。"墨子说："不仅越王不了解我的心意，即使你也不了解我的心意。如果越王听从我的言论，实行我的主张，我将测量自己的身体而穿衣，估量自己的肚腹而吃饭，和客民一样，不敢要求做官；如果越王不听从我的言论，不实行我的主张，即使把整个越国都给我，我也没有什么用。越王不听从我的言论，不实行我的主张，我却接受他的国家，这就是拿原则做交易。拿原则做交易，何必到越国去？即使在中原的国家也是可以的。"墨子也是因为意见没有被接纳而拒绝封赏，这就是"义"。

楚国与吴国即将交战，楚国军队人数少，而吴国军队人数多，楚国将军子囊说："我们与吴国交战，一定会打败仗。这样就使楚国军队溃散，使君主声名被玷污。使楚国领土丧失，忠臣不忍心这样做。"他没有向楚王报告就撤兵了。子囊带军队到达都城外，派人向楚王转达他的请求，说："请处我死刑。"楚王说："将军撤兵，是因为这样做有利。现今确实对国家有利，将军为什么还请处死刑呢？"子囊说："临阵撤兵的将军不受惩罚，那么今后为王率领军队的人，都会借不利于国家的名义来效法我而退缩。倘若这样，那么楚国最终还是天下的弱者。"于是拔剑自刎。楚王说："让我成全将军的义节。"于是赐子囊一具桐木棺材，上面放置斧锧。楚国将军子囊从军事角度来说是无罪的，但是从法律的角度来说，他的行为却是违反了楚国的法律。子囊自刎自甘受罚，这是尊重法律的行为，这种法律至上的行为，也就是《吕氏春秋》所高扬的"义"。

楚昭王为政时，有一个士名叫石渚。他为人公直无私，昭王任让他治理政事。有人杀了人，石渚追捕凶犯，原来杀人者竟是自己的父亲。便掉转车头返回，站在殿庭上说："杀人者，是我的父亲。对父亲执行刑罚，我不忍心；私庇罪犯，枉弃国法，是不能容许的。抛却国法当接受惩处，这是人臣应属守的义理。"于是伏在刑具上，请昭王下令处死。昭王说："追捕犯人但没有追到，怎么一定要惩处你呢？你还是履职去吧。"石渚谢绝说：

"不钟爱自己父母，不能称作孝子。为君主职事而枉法，不能称作忠臣。您下令赦免我，是为君者的仁惠。不敢枉废国法，是人臣的品行。"他不让拿掉刑具，在昭王朝廷上自刎而死。石渚没有按照法律把杀人犯抓回来，就应该受罚。这是遵守法律所必需的。但是杀人犯是他的父亲，这有人伦的亲情在里面。在"法"与"情"之间，选择了尊重"法"而又不违背人"情"的处理方式，这就是"义"。所以说《吕氏春秋》的"义"是"法义"。

（许富宏）

上　德[①]

为天下及国[②]，莫如以德，莫如行义。以德以义，不赏而民劝[③]，不罚而邪止，此神农、黄帝之政也。以德以义，则四海之大，江河之水，不能亢矣[④]；太华之高[⑤]，会稽之险[⑥]，不能障矣；阖庐之教[⑦]，孙、吴之兵[⑧]，不能当矣[⑨]。故古之王者，德回乎天地[⑩]，澹乎四海[⑪]，东西南北极日月之所烛[⑫]，天覆地载，爱恶不臧[⑬]，虚素以公[⑭]，小民皆之[⑮]。其之敌而不知其所以然[⑯]，此之谓顺天。教变容改俗而莫得其所受之，此之谓顺情。故古之人身隐而功著，形息而名彰[⑰]，说通而化奋[⑱]，利行乎天下而民不识[⑲]，岂必以严罚厚赏哉？严罚厚赏，此衰世之政也。

三苗不服[⑳]，禹请攻之，舜曰："以德可也。"行德三年而三苗服。孔子闻之曰："通乎德之情，则孟门、太行不为险矣[㉑]。故曰：德之速，疾乎以邮传命[㉒]。"周明堂[㉓]，金在其后[㉔]，有以见先德后武也[㉕]。舜其犹此乎[㉖]？其臧武通于周矣[㉗]。

晋献公为丽姬远太子[㉘]，太子申生居曲沃[㉙]，公子重耳居蒲[30]，公子夷吾居屈[31]。丽姬谓太子曰："往昔君梦见姜氏[32]。"太子祠而膳于公[33]，丽姬易之[34]。公将尝膳[35]，姬曰："所由远[36]，请使人尝之。"尝人人死[37]，食狗狗死，故诛太子。太子不肯自释[38]，曰："君非丽姬，居不安，食不甘。"遂以剑死。公子夷吾自屈奔梁[39]。公子重耳自蒲奔翟[40]。去翟过卫，卫文公无礼焉[41]。过五鹿如齐[42]，齐桓公死。去齐之曹[43]，曹共公视其骈胁[44]，使袒而捕池鱼[45]。去曹过宋，宋襄公加礼焉[46]。之郑，郑文公不敬[47]，被瞻谏曰[48]："臣闻贤主不穷穷[49]。今晋公子之从者，皆贤者也。君不礼也，不如杀之。"郑君不听。去郑之荆，荆成王慢焉[50]。去荆之秦，秦缪公入之[51]。晋既定，兴师攻郑，求被瞻。被瞻谓郑君曰："不若以臣与之。"郑君曰："此孤之过也[52]。"被瞻曰："杀臣以免国，臣愿之。"被瞻入晋军，文公将烹之。被瞻据镬而呼曰[53]："三军之士皆听瞻也，自今以来[54]，无有忠于其君，忠于其君者将烹。"文公谢焉[55]。罢师，归之于郑。且被瞻忠于其君而君免于晋患也，行义于郑而见说于文公也[56]，故义之为利博矣。

墨者钜子孟胜[57]，善荆之阳城君[58]，阳城君令守于国[59]，毁璜以为符[60]，约曰："符合听之。"荆王薨[61]，群臣攻吴起，兵于丧所[62]，阳城君与焉[63]，荆罪之[64]。阳城君走，荆收其国。孟胜曰："受人之国，与之有符，今不见符，而力不能禁，不能死，不可。"其弟子徐弱谏孟胜曰[65]："死而有益阳城君，死之可矣。无益也，而绝墨者于世，不可。"孟胜曰："不然。吾于阳城君也，非师则友也，非友则臣也，不死，自今以来，求严师必不于墨者矣，求贤友必不于墨者矣，求良臣必不于墨者矣。死之，所以行墨者之义，而继其业者也。我将属钜子于宋之田襄子[66],田襄子,贤者也,何患墨者之绝世也!”徐弱曰:“若夫子之言,弱请先死以除路[67]。”还殁头前于孟胜[68]。因使二人传钜子于田襄子。孟胜死,弟子死之者百八十。三人以致令于田襄子[69],欲反死孟胜于荆[70]。田襄子止之曰:“孟子已传钜子于我矣,当听。”遂反死之。墨者以为不听钜子不察[71],严罚厚赏不足以致此。今世之言治,多以严罚厚赏,此上世之若客也[72]。

〔注释〕 ① 上德:即以德为上,崇尚道德之意。 ② 为:治理。 ③ 劝:指努力向善。 ④ 亢:通“抗”,匹敌。 ⑤ 太华(huà):即西岳华山。 ⑥ 会稽:即会稽山,在今浙江省中部。 ⑦ 阖庐:通作“阖闾”,春秋末期吴国君主,公元前514年至公元前496年在位。 ⑧ 孙:指孙武,字长卿,春秋时期齐国人,著有《孙子兵法》。 吴:指吴起,战国时期魏国人,善用兵。初为鲁将,继为魏将,后至楚,为令尹,实行变法。楚悼王死后,被楚人射死。 ⑨ 当:抵敌。 ⑩ 回:运转。 ⑪ 澹:通“赡”,供给,供应。 ⑫ 烛:照耀。 ⑬ 臧:通“藏”,藏匿,隐匿。 ⑭ 虚素:指恬淡质朴之意。 ⑮ 皆:通“偕”,一同。 ⑯ 其之敌而不知其所以然:此句意为小民与王一起公正处事,自己却不知道为什么会这样。之,犹“与”,和。敌,通“适”,往。 ⑰ 形息:指身死。 ⑱ 奋:振起,发扬。 ⑲ 识:知道。 ⑳ 三苗:古部族名,也作“有苗”,居住在江、淮、荆州一带。 ㉑ 孟门:古山名,在山西、陕西交界处,夹黄河两岸。 太行:山名,在山西、河北交界处,多横谷,故有“太行八陉”之称。此“孟门、太行”指两山之要塞。 ㉒ 疾:急速。 邮:古代传递文书、供应食宿和车马的驿站。 ㉓ 明堂:古代天子宣明政教的地方,凡朝会及祭祀、庆赏、选士、养老、教学等大典,均于其中举行。 ㉔ 金在其后:意为金属乐器和器物摆在后边。金,五行之一,以五行说,金主杀气,故把它作为“武”的象征。 ㉕ 见:通“现”,显现。 ㉖ 其:大概。 ㉗ 其臧武通于周矣:此句意为他不轻易动用武力的精神流传到周代了。通,通达。 ㉘ 晋献公:春秋时晋国国君,公元前676年至公元前651年在位。 丽姬:即骊姬。晋献公伐骊戎,获骊姬。有宠,生奚齐,欲立之,故陷害太子申生。 ㉙ 曲沃:古邑名,晋的别都,治今山西省西南部,属临汾市。 ㉚ 公子重耳:即后来的晋文公。 蒲:晋邑名,在今山西省隰县北。 ㉛ 公子夷吾:晋献公之子。 屈:晋邑名,在今山西省吉县北。 ㉜ 昔:通“夕”。

姜氏：即齐姜，太子申生之母。 ㉝ 膳：进献食物。 ㉞ 易之：指用毒食替换太子所进的膳食。 ㉟ 膳：饭食。 ㊱ 所由远：此句意为膳食是从远处送来的。由，从，自。㊲ 尝：让……尝。 ㊳ 释：解释。 ㊴ 梁：春秋时国名，嬴姓，后为秦穆公所灭。㊵ 翟：古部落名，也作“狄”。 ㊶ 卫文公：春秋时卫国国君，公元前659年至公元前635年在位。 ㊷ 五鹿：卫邑名，在今河南省濮阳市东北。 如：往，去。 ㊸ 之：前往。 曹：春秋时国名。 ㊹ 曹共公：曹国君主，公元前652年至公元前618年在位。骈胁：肋骨紧密相接的生理畸形。 ㊺ 袒：裸露。 ㊻ 宋襄公：春秋时宋国君主，公元前650年至公元前637年在位。 加：施加，施及。 ㊼ 郑文公：春秋时郑国君主，公元前672年至公元前628年在位。 ㊽ 被瞻：郑大夫。《左传・僖公二十三年》作“叔詹”。 ㊾ 前一个“穷”：尽，终。 后一个“穷”：困厄，困窘。 ㊿ 荆成王：楚成王，春秋时楚国君主，公元前671年至公元前626年在位。 慢：轻忽，怠慢。 (51) 秦缪公入之：此句意为秦穆公把重耳送回晋国为君。秦缪公，即秦穆公，春秋时秦国君主，公元前659年至公元前621年在位。 (52) 孤：古代侯王的自称。 (53) 镬(huó)：古时指无足的鼎。 (54) 自今以来：从今以后。 (55) 谢：认错，道歉。 (56) 说：通“悦”。(57) 钜子：亦作“巨子”，战国时墨家学派对其首领的尊称，巨子职位由前任巨子传给他所认可的人。 (58) 阳城君：楚人。 (59) 国：指阳城君的食邑。 (60) 璜：古玉石器名。形状像璧的一半。古代贵族朝聘、祭祀、丧葬时所用的礼器，也作装饰用。 符：古代朝廷传达命令或征调兵将用的凭证，用金、玉、铜、竹、木制成，双方各执一半，合之以验真假。 (61) 薨(hōng)：周代诸侯死之称。 (62) 兵于丧所：此句意为在停丧的地方动起了兵器。 (63) 与(yù)：参与，在其中。 (64) 荆罪之：楚肃王即位以后，因为旧贵族们射吴起时射中悼王尸体，故对这些人治罪。“荆罪之”即指此而言。 (65) 徐弱：孟胜的学生。 (66) 属(zhǔ)：通“嘱”，托付。 田襄子：当为墨家首领，事迹无考。(67) 除：清除。 (68) 还：旋转，此指转过身去。 殁头：刎颈。 (69) “三人”当为“二人”之误。 以：通“已”，已经。 (70) 欲反死孟胜于荆：此句意为想返回去在楚国为孟胜殉死。 (71) 不察：指不知墨家之义。 (72) “若客”疑为“苛察”形似之误。（孙启帆）

【鉴赏】 上德，即以德为上，崇尚道德之意。本篇旨在论述德、义是治理天下和国家的根本。文中列举了舜以德服三苗、郑被瞻忠君行义，以及墨家巨子孟胜及其弟子死义的事例，宣扬了德义的威力。

三苗不服，禹向舜请求攻打。舜说：“用德可以制服他们。”于是在三苗施行德政三年，三苗终于臣服了。所以施行德政是治理国家，收服人心的根本。晋文公重耳在流亡的时候，路过郑国。郑文公不加礼遇。郑国大臣被瞻建议郑文公杀了重耳。郑文公不听。后来重耳回到晋国，当上了国王。发兵攻打郑国。被瞻请求面见晋文公要其退兵。晋文公要油炸被瞻。被瞻说："自古以来，无有忠于其君，忠于其君者将烹。"晋文公知其话中所含有的道义，不仅没有杀被瞻，还退兵不再攻打郑国。被瞻懂得以"义"救国。晋文公知道以"义"服人心，可见"义"在国家生死存亡大事上的重要性。墨者巨子孟胜，为了守朋友之间的信约而死，而他的学生为了老师之义，殉死的有一百八十人。墨家信徒之所以如此，主要是信守墨家之"义"。本篇宣扬这些"德义"之事，是充分肯定德义在治理国家中的作用和地位。

"以德治国"，是自西周以来的传统思想。周人制作礼乐，隆礼重仪，确立了以"德"为先的价值原则，敬天、保民、明德、慎罚是周人的基本的精神信仰。《尚书·蔡仲之命》："皇天无亲，惟德是辅。"屈原《离骚》也说："览民德焉错辅。"周人是将"德"和"天"联系在一起的，个人、家族、国家有德，便能得到上天的垂顾，成为"受命之人"、"受命之族"、"受命之国"。周人认为殷之所以灭，是因为无德，天命转移到了有德的周人身上。《易·坤》说："地势坤，君子以厚德载物。"《易·乾》曰："君子进德修业。"君子知道这个道理，所以"进德修业"，期望得到上天的辅助。《庄子》的《天地》篇就说："通于天地者，德也；行于万物者，道也。"德通天地，所以欲治理天下，必须重德。在孔子以前，西周的统治者就提出了"以德配天，明德慎罚"的思想。意思是说，"上天"只把统治人间的"天命"交给那些"有德"者，一旦统治者失去了"德"，也就失去了上天的庇护，新的有德者就应运而生，取而代之。因此统治者应首先用"德教"的办法来治理国家，也就是通过道德教化的办法使天下人民臣服，不应该一味用严刑峻法来迫使臣民服从。

这种思想一直为儒家所强调，并进一步成为治理国家的基本主张。《论语·为政》上说："为政以德，譬如北辰，居其所而众星共之。"孔子说：

用道德来治理国政，自己便会像北极星一样，在一定的位置上，别的星辰都围绕着它。这就是说“德”是治国的根本。又说：“道之以政，齐之以刑，民免而无耻；道之以德，齐之以礼，有耻且格。”意思是说：用政令来教导他们，使用刑罚来管束他们，百姓会因求免于刑罚而服从，但没有羞耻之心；如果用道德来教化他们，使用礼制来约束他们，百姓会知道羞耻并且可以走上正善之途。“德”是儒家礼乐教化的主要内容。“德”的外化即为礼，在心为“德”，发之于心而表现为行为即为“礼”。德的内容即为仁。所以，“仁”和“礼”是孔子的两大核心思想。“德”也成为中国伦理的核心概念，成为中华民族文化的核心概念。孔子之后的儒家门徒也特别重视“德”在治理国家中的作用。《大学》：“大学之道在明明德，在亲民，在止于至善。”大学的宗旨在于弘扬光明正大的品德，在于使人弃旧图新，在于使人达到最完善的境界。又说：“自天子以至庶人，一是皆以修身为本。”修身即修德。

孟子不再抽象地论述“德”，而把“德”具体化为“义”，成为儒家道德的“五常”之一。孟子非常重视义，把义提升到与仁对等的地位，认为义是人心固有的善端，它和“仁、礼、智”一道构成了人区别于动物的道德性，是人们提高德性、成就道德理想人格的逻辑起点，可以称之为“义德”。“义”也就是教化民心的基础，成为治国的思想基础。荀子主张“无德不贵”，意思是，德是个人成就的前提，具有德行之人方能在显贵之位。没有德行之人是不能居官位，承担治理国家的职责的。荀子认为“礼义者，治之始也”（《荀子·王制》），礼义，是“德”的内容，这样就是确立了以德治为治国的根本性地位。荀子又指出：“严令繁刑不足以为威，由其道则行，不由其道则废。”（《议兵》）这里的“由其道”即是指德治。这就是说德治是天下大治的真正内在动力。

《吕氏春秋》吸取了儒家“以德治国”的思想。文章指出“为天下及国，莫如以德，莫如行义”，做到“以德以义”，那么就能“不赏而民劝，不罚而邪止”。批评“严罚厚赏”，则为“衰世之政也”。“严罚厚赏”主要是法家的治国主张，其治国侧重对人的外在约束，并辅以“利”来调节。这也是秦国自商鞅变法以来一直实行的政策与制度。吕不韦倡导的"以德义治国"主要侧重对人内心的约束，主观上是想纠正秦国"严刑峻法"所带来的弊端，使秦的统治能够长久地存在下去。但是这种思想与秦王以及秦国的治国思想传统不相符合，最终未能得到实施。而秦也在统一六国之后不久即土崩瓦解。由此可见吕不韦思想的巨大价值。

（许富宏）

为欲

使民无欲，上虽贤，犹不能用。夫无欲者，其视为天子也与为舆隶同[①]，其视有天下也与无立锥之地同，其视为彭祖也与为殇子同[②]。天子至贵也，天下至富也，彭祖至寿也，诚无欲则是三者不足以劝[③]。舆隶至贱也，无立锥之地至贫也，殇子至夭也[④]，诚无欲则是三者不足以禁。会有一欲[⑤]，则北至大夏[⑥]，南至北户[⑦]，西至三危[⑧]，东至扶木[⑨]，不敢乱矣[⑩]；犯白刃，冒流矢[⑪]，趣水火[⑫]，不敢却也；晨寤兴[⑬]，务耕疾庸[⑭]，棋为烦辱[⑮]，不敢休矣。故人之欲多者，其可得用亦多；人之欲少者，其得用亦少[⑯]；无欲者，不可得用也。人之欲虽多，而上无以令之，人虽得其欲，人犹不可用也。令人得欲之道，不可不审矣。

善为上者，能令人得欲无穷，故人之可得用亦无穷也。蛮夷反舌殊俗异习之国[⑰]，其衣服冠带，宫室居处，舟车器械，声色滋味皆异，其为欲使一也[⑱]。三王不能革[⑲]，不能革而功成者，顺其天也。桀、纣不能离，不能离而国亡者，逆其天也。逆而不知其逆也，湛于俗也[⑳]，久湛而不去则若性。性异非性[21]，不可不熟。不闻道者，何以去非性哉？无以去非性，则欲未尝正矣。欲不正，以治身则夭，以治国则亡。故古之圣王，审顺其天而以行欲，则民无不令矣，功无不立矣。圣王执一[22]，四夷皆至者，其此之谓也。执一者，至贵也。至贵者无敌。圣王托于无敌，故民命敌焉[23]。

群狗相与居，皆静无争。投以炙鸡[24]，则相与争矣，或折其骨，或绝其筋[25]，争术存也[26]。争术存，因争，不争之术存，因不争。取争之术而相与争[27]，万国无一。凡治国[28]，令其民争行义也。乱国[29]，令其民争为不义也。强国，令其民争乐用也。弱国，令其民争竞不用也。夫争行义、乐用，与争为不义、竞不用，此其为祸福也，天不能覆，地不能载[30]。

晋文公伐原[31]，与士期七日[32]，七日而原不下，命去之。谋士言曰："原将下矣。"师吏请待之。公曰："信，国之宝也。得原失宝，吾不为也。"遂去之。明年，复伐之，与士期必得原然后反，原人闻之乃下。卫人闻之，以文公之信为至矣，乃归文公。故曰"攻原得卫"者，此之谓也。文公非不欲得原也，以不信得原，不若勿得也，必诚信以得之，归之者非独卫也。文公可谓知求欲矣。

〔注释〕 ① 舆：中国古代对一种奴隶或差役的称谓。 ② 彭祖：古代传说中长寿的人。 殇(shāng)子：未成年而死的孩子。 ③ 诚：果真，如果。 是：此。 劝：提倡，勉励。 ④ 夭：短命，早死。 ⑤ 会：恰巧，适逢。 ⑥ 大夏：古湖泽名。《淮南子·地形训》："西北方曰大夏，曰海泽。" ⑦ 北户：上古国名，所谓南荒之国。《尔雅·释地》："觚竹、北户、西王母、日下，谓之四荒。" ⑧ 三危：山名，在今甘肃省敦煌东。 ⑨ 扶木：即扶桑，古代传说中的东方之国。 ⑩ 乱：反叛，作乱。 ⑪ 流矢：没有确定目标的乱箭。 ⑫ 趣：通"趋"，奔赴。 ⑬ 寤：睡醒。兴：起身，起来。

⑭ 庸：通“佣”，雇工。 ⑮ 耝：古耕字。烦辱：繁杂劳苦。 ⑯ “得”上当脱一“可”字。 ⑰ 蛮夷：旧时泛称四方的少数民族。 反舌：蛮夷与华夏言语异声，故称“反舌”。 ⑱ 其为欲使一也：此句意为但是他们为欲望所驱使却与华夏是一样的。一，同一，一样。 ⑲ 革：改变，革除。 ⑳ 湛：通“沉”。 ㉑ 性异非性：此句意为本性与非本性不同。异，区别，不同。 ㉒ 一：指万物的普遍本质。 ㉓ 敌：通“适”，往，归向。《淮南子·齐俗训》作“系”，归系之意，与“适”义近。 ㉔ 炙鸡：烤熟的鸡。炙，烤，烹饪法的一种。 ㉕ 绝：断。 ㉖ 争术：指引起争夺的条件。 ㉗ 前一个“争”字上当有“不”字。 ㉘ 治国：指治理得好的国家，安定的国家。 ㉙ 乱国：指治理得不好的国家，混乱的国家。 ㉚ 此两句极言其祸福之大。 ㉛ 原：古国名，周文王之子始封于此，在今山西省沁水县。后东迁，在今河南省济源市西北。 ㉜ 期：约定。（孙启帆）

【鉴赏】 本篇从利用人们欲望的角度论述了役使人民的方法。君主能否使用人民，是国家存亡的关键。如何役使人民，这是统治者必须考虑的问题。对此问题，先秦时期的诸子各家都有论述。

老子的看法可以概括为“使民以愚”。《老子》第六十章说：“治大国若烹小鲜。”治理大的国家就像烹调小鱼，不要翻动。实际是指治国者要做到无为。那么，怎样做才是无为呢？《老子》第三章：“常使民无知、无欲，使夫智者不敢为也。为无为，则无不治。”如果人人都处在“无知、无欲”的状态中，就是“无为”了。“使民无知”，才能做到无为。所以《老子》第六十五章说：“古之善为道者，非以明民，将以愚之。民之难治，以其智多。故以智治国，国之贼。不以智治国，国之福。”古代以“道”治国的人，不能把“道”明示给老百姓，那样会使他们更加愚乱。老百姓之所以难以被统治，就是因为机智狡诈的人太多，所以用这种智慧的人来管理国家，是国家的奸贼。不用这种智慧的人管理国家是国家的福分。“民之难治，以其智多”，所以老子主张“使民以愚”。当然，老子这里的“愚”，不是愚昧，而是“朴”，实际是要人民都回到返璞归真的状态。在这种状态下，民就不争了。而要民“不争”、“无欲”，必须是作为统治者的君主首先做到。《老子》第十九章说：“绝圣弃智，民利百倍；绝仁弃义，民复孝慈；绝巧弃利，盗贼无有。”相对于君主来说，只有弃绝圣智、仁义、巧利，民才能得到治理。

孔子主张“使民以时”。《论语·学而》说：“道千乘之国，敬事而信，节用而爱人，使民以时。”这句话表面上是说执政者要按照农时使用民力，避免影响农业生产。但孔子的意思实际是“节用而爱人”。“使民以时”是建立在“爱人”的基础上。“爱人”就是“仁”。也就是说，作为君主，只有实施“仁”，以仁心爱人民，人民才会听从于你。君主才能役使他们。

墨子的主张是“不使民劳”。《墨子·节用上》说：“今天下为政者，其所以寡人之道多，其使民劳，其籍敛厚，民财不足，冻饿死者不可胜数也。”大意是为政的国君，强使人民劳苦工作，横征暴敛，致使人民财富匮乏，无法生活，死者无数。在这样的情况下，人民不可能被君主所役使的。所以，墨子反对“使民以劳”。作为君主要役使人民，必须爱惜民力，只有“不使民劳”，才不会遭到民众的反对，役使人民才有可能。

孟子主张“使民以教”。孟子曰：“桀纣之失天下也，失其民也；失其民者，失其心也。得天下有道：得其民，斯得天下矣；得其民有道：得其心，斯得民矣。”（《孟子·离娄上》）孟子认为，君主要役使人民，必须要得民心，“得其心，斯得民矣”。桀纣之所以失天下，主要是失民众之心。那么怎样才能做到得民心呢？主要有两种途径：一种是满足民众的欲望。孟子说：“得其心有道：所欲与之聚之，所恶勿施，尔也。”（《孟子·离娄上》）民众想要得到的，想办法让他得到。民众不想得到的，就不要强迫他们。另一种是“使民以教”。《孟子·尽心上》说：“仁言不如仁声之入人深也，善政不如善教之得民也。善政，民畏之；善教，民爱之。善政，得民财；善教，得民心。”孟子认为，君主役使人民，必须使民得到很好的教育。“善政不如善教之得民”，只有教化的好，民众才会被役使。体现了孟子一贯主张的“制民之产”与“谨庠序之教”的思想。

韩非子主张“使民以恶”。《韩非子·奸劫弑臣》说：“严刑重罚者，民之所恶也，而国之所以治也。哀怜百姓轻刑罚者，民之所喜，而国之所以危也。”治理国家必须要用“严刑重罚”，这是因为严刑峻法乃是“民之所恶”。君主要抓住“民之所恶”，也就是施行严刑重罚，民众就能被役使了。

这是治国的关键所在。

本篇主张“使民以欲”。指出：“使民无欲，上虽贤，犹不能用。”因此，人民有欲望，这是君主役使人民的基础。但是如果君主没有恰当的方法让人民得到欲望，那么人民即使欲望再多，即使欲望也得到满足，仍然不会供君主役使。所以，“令人得欲之道”，君主不可不审察清楚。

首先，说明“使民有欲”的原理。作者说：“故人之欲多者，其可得用亦多；人之欲少者，其得用亦少；无欲者，不可得用也。”欲望多的人，可以使用的地方也就越多；欲望少的人，可以使用的地方也就越少。没有欲望的人，就不可以使用了。正因为民众有欲望，所以君主可以利用民众的欲望来役使他们。

其次，“使民有欲”的原则就是“审顺其天而以行欲”。“人之欲虽多，而上无以令之，人虽得其欲，人犹不可用也。令人得欲之道，不可不审矣。”人们的欲望即使很多，可是君主没有恰当的原则役使他们，人们虽然得到了自己的欲望，还是不可以使用。那么，正确的原则是君主应该顺应人民的天性，不断地使人民满足欲望，那样，人民就会“无不令矣”。不过，如果人们的欲望得到了满足以后，就不会再听命于你。所以，君主如果要持续地役使人民，就要不断地调高人的欲望。所以说：“善为上者，能令人得欲无穷，故人之可得用亦无穷也。”

再次，“使民有欲”的方法是使人争。满足人们的欲望是君主役使人民的原则，但是君主不能简单地满足，而是只提供很少的资源，让人们来争夺。君主役使人们的方法就是要善于引导人群去争斗，然后把主动权抓在自己手里。“群狗相与居，皆静无争。投以炙鸡，则相与争矣，或折其骨，或绝其筋，争术存也”，一群狗和平相处，如果往里扔一块烤鸡，那么狗群就争抢起来了。君主役使人民也是一样。拿出一点好处，悬放在高处，让人去争。这样为了争到好处，不少人就来求自己，自己的权势就凸显出来了，然后可以为所欲为。

最后，文章以晋文公攻原得卫为例，说明君主要实现“使民忧欲”的愿望，必须靠诚信。如果君主不讲诚信，那么，使人争斗的前提就不存在。

最终还是无法达到目的。

需要指出的是，在本篇之前的《用民》篇中，作者批评了君主依靠威势来达到使民的错误思想。《用民》篇说："不得其道，而徒多其威。威愈多，民愈不用。亡国之主，多以多威使其民矣。故威不可无有，而不足专恃。"指出利用君主的"威势"想役使人民是不可靠的。为了说明这个道理，文中举了"宋人杀马取道"的寓言故事。

宋国有一个赶路的人，他的马不肯前进，就杀死它，并把尸体投入溪水里。又重新赶路，另一只马还是不肯前进，他又杀死这匹马，并把尸体投到溪水里去。像这样的情况发生了三次。没有掌握造父驭马的方法，而只是学到了造父的威严，这对于驾驭马是没有益处的。君主中的那些不肖者，就有点像这个宋国人的做法。没有掌握用民之道，而只是滥施淫威，人民是不会受其役使的。威严的手段越多，人民越不为他所用。亡国的君主，大多都是以繁多的威严手段来使用他的人民。所以威严不可以没有，但也不值得专门依仗。譬如像盐对于滋味。大凡用盐，必须有所依托，但不适量就会把所依托的菜肴弄坏，从而变得不可吃了。威严也是这样。这一寓言故事启发我们：驭马要讲究方法，执政更要讲究艺术。"使民以欲"，并"顺其欲"是役使人民的有效办法。《吕氏春秋》的这种思想在今天也是有启发意义的。

（许富宏）

举 难

以全举人固难①，物之情也。人伤尧以不慈之名②，舜以卑父之号③，禹以贪位之意④，汤、武以放弑之谋⑤，五伯以侵夺之事⑥。由此观之，物岂可全哉？故君子责人则以人⑦，自责则以义⑧。责人以人则易足，易足则得人。自责以义则难为非，难为非则行饰[9]，故任天地而有余。不肖者则不然，责人则以义，自责则以人。责人以义则难瞻[10]，难瞻则失亲。自责以人则易为，易为则行苟[11]，故天下之大而不容也，身取危，国取亡焉，此桀、纣、幽、厉之行也。尺之木必有节目[12]，寸之玉必有瑕瓋[13]。先王知物之不可全也，故择务而贵取一也[14]。

季孙氏劫公家[15]，孔子欲谕术则见外[16]，于是受养而便说[17]，鲁国以訾[18]。孔子曰："龙食乎清而游乎清，螭食乎清而游乎浊[19]，鱼食乎浊而游乎浊。今丘上不及龙，下不若鱼，丘其螭邪？"夫欲立功者，岂得中绳哉[20]？救溺者濡[21]，追逃者趋。

魏文侯弟曰季成[22]，友曰翟璜[23]。文侯欲相之而未能决，以问李克[24]。李克对曰："君欲置相，则问乐腾与王孙苟端孰贤[25]？"文侯曰："善。"以王孙苟端为不肖，翟璜进之[26]。以乐腾为贤，季成进之，故相季成。凡听于主，言人不可不慎。季成，弟也；翟璜，友也，而犹不能知，何由知乐腾与王孙苟端哉？疏贱者知，亲习者不知，理无自然[27]。自然而断相过[28]，李克之对文侯也亦过。虽皆过，譬之若金之与木，金虽柔犹坚于木[29]。

孟尝君问于白圭曰："魏文侯名过桓公，而功不及五伯，何也？"白圭对曰："文侯师子夏，友田子方，敬段干木，此名之所以过桓公也。卜相曰：'成与璜孰可[30]？'此功之所以不及五伯也。相也者，百官之长也。择者，欲其博也。今择而不去二人[31]，与用其雠亦远矣[32]。且师友也者[33]，公可也。戚爱也者[34]，私安也[35]。以私胜公，衰国之政也。然而名号显荣者，三士羽翼之也[36]。"

宁戚欲干齐桓公[37]，穷困无以自进，于是为商旅将任车以至齐[38]，暮宿于郭门之外[39]。桓公郊迎客，夜开门，辟任车[40]，爝火甚盛[41]，从者甚众。宁戚饭牛居车下[42]，望桓公而悲，击牛角疾歌。桓公闻之，抚其仆之手曰："异哉！之歌者，非常人也。"命后车载之[43]。桓公反，至，从者以请。桓公赐之衣冠，将见之。宁戚见，说桓公以治境内。明日复见，说桓公以为天下。桓公大说，将任之。群臣争之曰[44]："客，卫人也。卫之去齐不远，君不若使人问之，而固贤者也，用之未晚也。"桓公曰："不然。问之，患其有小恶，以人之小恶，亡人之大美，此人主之所以失天下之士也已。"凡听必有以矣。今听而不复问，合其所以也。且人固难全，权而用其长者[45]。当举也，桓公得之矣。

〔注释〕 ① 举：推荐，选拔。 ② 人伤尧以不慈之名：尧传位与舜而不传给其子，故有人以"不慈"之名诋毁他。伤，毁伤，诋毁。 ③ 舜以卑父之号："伤"字承上文而省略。《庄子·盗跖》谓："尧不慈，舜不孝"。又《韩非子·忠孝》谓："瞽叟为舜父而舜放之。"故有人以"卑父"之号诋毁他。 ④ 禹以贪位之意：舜推荐禹为继承人，舜死后，禹避之于阳城，而天下百姓却跟从禹，禹这才继承了帝位。故有人诋毁他"贪位"。⑤ 汤、武以放弑之谋：汤打败桀，桀出奔南方。武王伐商，纣兵败自焚而死。故有人诋毁他们放弑其军。 ⑥ 五伯：即"五霸"。 ⑦ 以人：指按一般人的标准。 ⑧ 以义：指按义的标准。 ⑨ 饰：通"饬"，整饬。 ⑩ "瞻"疑当作"赡"。 难赡：指难以满足要求。赡，充裕，足够。 ⑪ 苟：苟且，草率。 ⑫ 节：树木的枝干交接处。 目：文理纠结不顺的部分。 ⑬ �(tì)：他书或作"谪"，与"瑕"同义，指玉上的斑点。 ⑭ 故择务而贵取一也：此句意为所以对事物的选择只看重其长处。取一，指取其长处。⑮ 季孙氏劫公家：此句意为季孙氏把持公室政权。季孙氏，春秋时鲁国最有权势的贵族，此当指季平子。 ⑯ 谕术：即"谕以术"，晓之以理。 见外：被疏远。 ⑰ 于是受养而便说：《史记·孔子世家》："是岁，季武子卒，平子代立。孔子贫且贱，及长，尝为季氏史。"故此说孔子"受养而便说"。便说，便于劝说。 ⑱ 鲁国以訾：此句意为鲁国人因此都责备孔子。訾(zǐ)，毁谤非议。 ⑲ 螭(chī)：古代传说中一种动物，蛟龙之属，头上无角。 ⑳ 中绳：合乎标准。 ㉑ 濡(rú)：沾湿。 ㉒ 季成：魏文侯弟。 ㉓ 翟璜：又作"翟黄"。 ㉔ 李克：战国初期人，子夏的学生，仕于魏。 ㉕ 乐腾：魏文侯的臣子。 王孙苟端：魏文侯的臣子。 ㉖ 进：推荐，引进。 ㉗ 理无自然：没有这样的道理。无自，无从。然，如是，这样。 ㉘"自然"上当脱"理无"二字。 ㉙ 金虽柔犹坚于木：比喻李克之过较文侯之过为轻。 ㉚ 卜：选择。 孰：谁。 ㉛ 去：离开。 ㉜ 用其雠：指齐桓公任用管仲为相。管仲初辅佐公子纠，曾箭射公子小白。公子小白即位后(即齐桓公)，任用管仲为相，故此说"用其雠"。雠，通"仇"。 ㉝ 师友：指以师友为相。师友指上文提到的子夏、田子方。 ㉞ 戚爱：指以弟弟与宠爱的人为相。戚，亲属关系，此指弟弟，即上文提到的季成。爱，宠爱的人，即上文提到的翟璜。 ㉟ 私安：私利。 ㊱ 羽翼：此为辅佐之意。 ㊲ 宁戚：即宁速。 干：指谋求官位。 ㊳ 任车：指装载货物的车子。 ㊴ 郭：外城，古代在城的外围加筑的一道城墙。 ㊵ 辟：通"避"。 ㊶ 爝(jué)火：炬火，小火。 ㊷ 饭牛：喂牛。 ㊸ 后车：随从者所乘的车子。 ㊹ 争：通"诤"，诤谏。 ㊺ 权：权衡。(孙启帆)

【鉴赏】 本篇是说选拔人才之难。文章一开头便开宗明义："以全举人固难，物之情也。"下文围绕这个中心进行论证。

首先，世界上的事物本来就没有十全十美的事物，也没有十全十美的人。"尺之木必有节目，寸之玉必有瑕瓋。先王知物之不可全也，故择务而贵取一也"，一尺长的树木必定有结疤，一寸大的玉石必有瑕疵。先王知道事物不可能十全十美，所以对事物的选择只看重其长处。人也是如此，世界上不可能有十全十美的人。即使是尧舜这样的圣人，也有人诋毁。"人伤尧以不慈之名，舜以卑父之号，禹以贪位之意，汤、武以放弑之谋，五伯以侵夺之事。"有人用不爱儿子的名声诋毁尧，用不孝顺父亲的称号来诋毁舜，用内心贪图帝位来诋毁禹，用谋划放逐、杀死君主来诋毁汤、武王，用侵吞掠夺来诋毁五霸。所以在论述选拔、任用人的时候，不能求全责备。

其次，在评价选拔任用人才的问题上，应该看其优点，不能求全责备。对于一心建立功名的人，不能要求他们一举一动都符合原则。如果都按照既定规则，那么很多事情都是办不成的。文中列举孔子受养于季氏、白主论魏文侯置相事例作论证。

鲁国的季孙氏把持朝政，孔子想去跟他讲如何治国的道理，怕被拒之门外。于是孔子就接受了季孙氏的衣食，以便向他进言。鲁国人都因此责备孔子。“夫欲立功者，岂得中绳哉”，那些想建功立业的人，哪能处处都合乎规则呢？魏文侯的名声超过了齐桓公，可是功业却赶不上五霸，原因就是魏文侯以子夏为师，以田子方为友，敬重段干木。魏文侯在学习贤人，尊重贤人上超过了桓公。这是他的优点，但是魏文侯在选相上，却选自己的弟弟为相，这与齐桓公选自己的敌人管仲为相相比，就差得远了。所以魏文侯的功业比不上齐桓公。无论怎样，魏文侯的名声很显赫，他名声显赫是因为他的优点。所以评价一个人要看其优点，不能求全责备。

最后，从众人中选取人才，贵在取其所长，不应该“以人之小恶，亡人之大美”。宁戚想向齐桓公谋求官职，但处境穷困，没有办法使自己得到举荐，于是就替商人赶着装载货物的车来到齐国，晚上露宿在城门外。桓公到郊外迎接客人，宁戚在车下喂牛，他看到桓公，感到很悲伤，就拍击着牛角大声唱起歌来。桓公听到歌声后，就说：“真奇怪！那个唱歌的不是个平常人。”于是就命令副车载着他回到城里。到了朝廷里，宁戚进见齐桓公，用如何治理国家的话劝说桓公。第二天又进见齐桓公，又用如何治理天下的话劝说桓公。桓公非常高兴，准备任用他。臣子们劝谏说：“这个人是卫国人。卫国离齐国不远，您不如去询问一下。如果确实是贤德的人，再任用他也不晚。”桓公曰：“不然。问之，患其有小恶，以人之小恶，亡人之大美，此人主之所以失天下之士也已。”桓公的意思是说，如果要去卫国询问，担心问出宁戚有小毛病。因为人家的小毛病，丢掉人家的大优点，这是君主失掉天下杰出人才的原因。齐桓公能用人之长处，是正确的选人用人的做法。所以说“人固难全，权而用其长者”。人本来就难以十全十美，衡量之后，用其擅长的方面，这是举荐人才的好办法。金无足赤，人无完人，如果求全责备，吹毛求疵，不但选拔不了人才，而且还会遭受到骂名。孟尝君三千门客，其中既有冯谖这样深谋远虑的门客，也有鸡鸣狗盗之辈。用人者要知人善任，在选择人才的时候，要选拔能发挥所长的地方，扬长避短。

《吕氏春秋》的这种举才思想，被后世人反复强调。其中最为典型的就是刘邦任用陈平。《史记》记载了陈平的杰出谋略，也记载了陈平盗嫂、变节、受金等劣迹。《陈丞相世家》载陈平投降刘邦之后，“绛侯、灌婴等咸谗陈平曰：‘平虽美丈夫，如冠玉耳，其中未必有也。臣闻平居家时，盗其嫂；事魏不容，亡归楚；归楚不中，又亡归汉。今日大王尊官之，令护军。臣闻平受诸将金，金多者得善处，金少者得恶处。平，反复乱臣也，愿王察之。’”绛侯周勃、大将灌婴等人都进谗言，说陈平外表虽一表人才，但是内在才华未必有过人之处。陈平在家里时，与嫂子私通；后来投奔魏王，没有被接纳，结果投奔楚王项羽；最终又投奔了汉王您。您重用陈平，而陈平又用手中的权力受贿。大小将官都给他送礼，送得多的陈平就多给好处，送得少的，就少给好处。希望刘邦好好调查，然后处理陈平。这些都是陈平的缺点。刘邦听后，就找来当初介绍陈平的魏无知来责问。魏无知说：“臣所言者，能也；陛下所问者，行也。今有尾生、孝己之行而无益处于胜负之数，陛下何暇用之乎？楚汉相距，臣进奇谋之士，顾其计诚足以利国家耳。且盗嫂受金又何足疑乎？”魏无知回答刘邦说，我当初说的是陈平的能力，而不是他的品行。当今，尾生倒是孝顺，但是对您打天下取胜没有任何用处。陈平有奇谋，我举荐陈平是为了对国家有利，他受贿和盗嫂又有什么关系呢？司马迁把魏无知的话记载在《史记》中，实际上也是对这种人才选择方式的认可。

曹操也是这样理解的。《三国志·魏书·武帝纪》载曹操下的令曰：“夫有行之士未必能进取，进取之士未必能有行也。陈平岂笃行，苏秦岂守信邪？而陈平定汉业，苏秦济弱燕。由此言之，士有偏短，庸可废乎！有司明思此义，则士无遗滞，官无废业矣。”有品行的人未必能有进取之心，有进取之心的人，未必有品行。陈平没有品行，苏秦从不守信用。但是陈平定下汉朝的基业，苏秦能扶助弱的燕国。人都是有优缺点的，怎么能因有缺点就否定他们呢？

当然，对这种人才选拔方式也要辩证地看。刘邦任用陈平是天下大乱时期，曹操发布招贤令也是汉末动乱时期，在这种情况下，能谋定天下者，是时代所需。而品德如何就是次要的了。但是在和平时期，就另当别论了。本文所反映的人无完人，不以小恶掩大德的思想，至今仍具有借鉴意义。

（许富宏）

恃君览第八

恃君

凡人之性，爪牙不足以自守卫，肌肤不足以扞寒暑[①]，筋骨不足以从利辟害[②]，勇敢不足以却猛禁悍，然且犹裁万物[③]，制禽兽，服狡虫[④]，寒暑燥湿弗能害，不唯先有其备，而以群聚邪。群之可聚也，相与利之也。利之出于群也，君道立也[⑤]，故君道立则利出于群，而人备可完矣[⑥]。

昔太古尝无君矣，其民聚生群处，知母不知父，无亲戚兄弟夫妻男女之别[⑦]，无上下长幼之道，无进退揖让之礼，无衣服履带宫室畜积之便[⑧]，无器械舟车城郭险阻之备，此无君之患，故君臣之义不可不明也。自上世以来，天下亡国多矣，而君道不废者，天下之利也。故废其非君，而立其行君道者。君道何如？利而物利章[⑨]。

非滨之东[⑩]，夷、秽之乡[⑪]，大解、陵鱼、其、鹿野、摇山、扬岛、大人之居[⑫]，多无君。扬、汉之南[⑬]，百越之际[⑭]，敝凯诸、夫风、余靡之地[⑮]，缚娄、阳禺、驩兜之国[⑯]，多无君。氐、羌、呼唐、离水之西[⑰]，僰人、野人、篇笮之川[⑱]，舟人、送龙、突人之乡[⑲]，多无君。雁门之北[⑳]，鹰隼、所鸷、须窥之国[㉑]，饕餮、穷奇之地[22]，叔逆之所[23]，儋耳之居[24]，多无君。此四方之无君者也。其民麋鹿禽兽，少者使长，长者畏壮，有力者贤，暴傲者尊，日夜相残，无时休息，以尽其类[25]。圣人深见此患也，故为天下长虑，莫如置天子也，为一国长虑莫如置君也。置君非以阿君也[26]，置天子非以阿天子也，置官长非以阿官长也。德衰世乱，然后天子利天下[27]，国君利国，官长利官，此国所以递兴递废也，乱难之所以时作也。故忠臣廉士，内之则谏其君之过也，外之则死人臣之义也。

豫让欲杀赵襄子[28]，灭须去眉，自刑以变其容，为乞人而往乞于其妻之所。其妻曰："状貌无似吾夫者，其音何类吾夫之甚也？"又吞炭以变其音。其友谓之曰："子之所道甚难而无功[29]。谓子有志则然矣，谓子智则不然。以子之材而索事襄子，襄子必近子，子得近而行所欲[30]，此甚易而功必成。"豫让笑而应之曰："是先知报后知也[31]，为故君贼新君矣[32]，大乱君臣之义者无此[33]，失吾所为为之矣[34]。凡吾所为为此者，所以明君臣之义也，非从易也。"

柱厉叔事莒敖公[35]，自以为不知[36]，而去居于海上，夏日则食菱芡[37]，冬日则食橡栗[38]。莒敖公有难，柱厉叔辞其友而往死之[39]。其友曰："子自以为不知故去，今又往死之，是知与不知无异别也。"柱厉叔曰："不然。自以为不知故去。今死而弗往死，是果知我也[40]。吾将死之，以丑后世人主之不知其臣者也[41]，所以激君人者之行，而厉人主之节也。行激节厉，忠臣幸于得察，忠臣察则君道固矣。"

〔**注释**〕 ① 扞(hàn)：也作"捍"，抵御。 ② 辟：躲避。 ③ 裁：度，这里指主宰。 ④ 狡虫：指毒虫。 ⑤ 利之出于群也，君道立也：人能群聚，自然彼此都有利，这是立君的根本，所以这里说"利之出于群也，君道立也"。 ⑥ 人备：人事方面的准备。 ⑦ 亲戚：近亲，这里指父母。 ⑧ 畜积：蓄积。 ⑨ 利而物利章：为君之道，应把利民而不自利作为准则。物，通"勿"。章，章则，准则。 ⑩ 非滨："非"当作"北"，北滨即北海。 ⑪ 夷秽："夷"指东方少数民族，"秽"是其国名。 ⑫ 大解、陵鱼、其、鹿野、摇山、扬岛、大人：皆为东方部族名。 ⑬ 扬：扬州。汉：汉水。 ⑭ 百越："越"是古代部族名，居于长江中下游以南，部落众多，故称"百越"。 ⑮ 敝凯诸、夫风、余靡：皆为南越部族。 ⑯ 缚娄、阳禺：皆为南越部族。驩兜之国：疑即"驩头之国"，为南越部族。 ⑰ 氐、羌：都是古代我国西北方部族名。 呼唐：古水名。离水，古水名，黄河的支流，在西方。 ⑱ 僰(bó)：古部族名，居住在川南及滇东一带。 野人：未开化之人。 篇笮(zuó)川：水名。 ⑲ 舟人、送龙、突人：皆为西方部族名。 ⑳ 雁门：雁门山，即句注山，在山西省代县西北。 ㉑ 鹰隼、所鸷、须窥：皆为古国名。 ㉒ 饕餮(tāotiè)、穷奇：皆为古部族名。 ㉓ 叔逆：古部族名。 ㉔ 儋耳：古部族名，在北部边远地区。 ㉕ 尽其类：灭绝自己的同类。 ㉖ 阿(é)：私。 ㉗ 利天下：以有天下为己利。 ㉘ 豫让：晋国人，智伯家臣。赵、韩、魏三家灭智氏后，他为给智伯报仇，几次谋刺赵襄子。 ㉙ 所道：所由，所选取的道路。 ㉚ 所欲：想做的事，这里指刺赵襄子之事。 ㉛ 先知：即先知己者，先了解自己的人，这里指智伯。 后知：指后知己者，后了解自己的人，这里指赵襄子。 ㉜ 故君：过去的主人，这里指智伯。 贼：杀害。 新君：新主人，这里指赵襄子。 ㉝ 无此：既无如此。 ㉞ 所为为之：这样做的目的。 ㉟ 柱厉叔：为莒敖公臣。 莒敖公：春秋时莒国君主。莒，古国名。 ㊱ 不知：指不为莒敖公所知。 ㊲ 菱：植物名，俗称"菱角"，生于水中。 芡：植物名，生于水中。 ㊳ 橡栗：橡树的果实，即栎实，形状似栗子。 ㊴ 死之：为他而死，殉难。 ㊵ 此处意谓如今莒敖公死了，而我却不去殉难，这样就表明敖公果然知道我为不忠不义之臣了。 ㊶ 丑：使……惭愧。(石蕾蕾)

【鉴赏】 恃君，意即依靠君主。本篇认为一个国家必须要立君主。国家需要依靠君主才能成为国家，人民需要依靠君主，生活才能有所保障。此篇为《吕氏春秋》君道论的专门论述。

首先，从人的"群居"本性出发，论证人类必须要有君主，要建立君主体制。文中说:“凡人之性,爪牙不足以自守卫,肌肤不足以扞寒暑,筋骨不足以从利辟害,勇敢不足以却猛禁悍,然且犹裁万物,制禽兽,服狡虫,寒暑燥湿弗能害,不唯先有其备,而以群聚邪。群之可聚也,相与利之也。利之出于群也,君道立也,故君道立则利出于群,而人备可完矣。”人类的特点,手足不够锋利不足以保护自己,皮肤太单薄不足以抵御寒暑,行动不够灵活不足以躲避有害的情况,勇猛之气不够不足以让凶猛强悍的东西感到害怕退却。然而人类却仍然主宰着世间万物,制服凶猛的野兽,不怕寒冷炎热,主要是因为人类能做到“群聚”! 可以聚集成一群,利用集体的力量,分享各自的长处。既然需要群居,为了维护集体的利益,必须要有人出来协调,保证得到的食物能平均分配给群体中的每一个人。不然就会引起争夺,彼此之间就会相互残杀,导致群体破裂。所以,既然人为群居动物,那么君道就必然会产生。这就是君道产生的根基。

《吕氏春秋》的这一看法,应该吸收的是荀子的思想。荀子在《君道》篇里说:“君者何也? 曰:能群也。能群也者何也? 曰:善生养人者也,善班治人者也,善显设人者也,善藩饰人者也。善生养人者人亲之,善班治人者人安之,善显设人者人乐之,善藩饰人者人荣之。四统者俱,而天下归之,夫是之谓能群。”“君”这个词,是什么意思? 回答说:是能够把人组织成社会群体的意思。所谓能够把人组织成社会群体,是指什么? 回答说:是指善于养活抚育人,善于治理人,善于任用安置人,善于用不同的服饰来区分人。善于养活抚育人的,人们就亲近他;善于治理人的,人们就安心顺从他;善于任用安置人的,人们就喜欢他;善于用服饰来区分人的,人们就赞美他。这四个要领具备了,天下的人就会归顺他,这就叫作能把人组织成社会群体的君主。从人类的群居本性来说,君主确实是必需的,这种的论证非常有力。

其次,从历史出发,在人类社会发展到一定阶段之后,君主是必然出现的。文章认为:“昔太古尝无君矣,其民聚生群处,知母不知父,无亲戚兄弟夫妻男女之别,无上下长幼之道……此无君之患。”从前,人类曾经历过“无君”的阶段,那时的人民过着群居的生活,只知道母亲而不知道父亲，没有父母兄弟夫妻男女的区别，没有上下长幼的准则，没有礼仪、道德等观念，这些都是因为没有君主的祸患。“自上世以来，天下亡国多矣，而君道不废者，天下之利也。”自古以来，国家消亡的有很多，但是确立君主却一直没有偏废，这是因为有了君主，天下人都能得到利益。在上古时代的各个地方，夷人、百越人、氐人、羌人、突人以及穷奇等部族都没有君主，那里的人就像麋鹿禽兽一样，有力气被视为贤德，残暴的人受到尊重，年轻人役使老年人，大家彼此之间灭绝同类。所以，从历史来看，君主必须是要立的。只有立君主，人群才会有秩序，才能保障每个个体的利益。

再次，君道立，但是“君臣之义不可不明”。文章在列举了太古时代无君的祸患之后，提出了“君臣之义不可不明”的主张。文中记述的豫让自刑变容谋杀赵襄子，就是为了说明这一主张的。豫让想刺杀赵襄子，为的是想报答旧主智伯，最终豫让有机会也并不刺杀赵襄子，而以自杀报答智伯之恩。此事前文已有解说。这个故事实质是说君主如果善待任何一个普通的下人，下人就会加倍地报答君主。这就是“义”。这也是君主能“群”的理论基础。正因为“义”的存在，君主能够善待下属的每一个人，在下的人必能回报君主，这样国家就能得到治理了。群体中的每一个人，都能保障自己的利益了。所以荀子说：“请问为人君？曰：以礼分施，均遍而不偏。请问为人臣？曰：以礼侍君，忠顺而不懈。”(《荀子·君道》)君主就是按照一定的规范分施利益，周遍而不有所偏颇。这样下臣就会以“礼”侍君，忠诚于君主而不懈怠。

最后，察忠臣则君道立。君主要立君道，必须要善于发现国家的忠臣。文中举柱厉叔虽不被知遇仍死君难的事例来作证明。柱厉叔侍奉莒敖公，自己认为不被知遇，因而离开了他而到海边居住。莒敖公遇难，柱厉叔要离开海边去为他殉葬，要以这种方式警醒后世的君主要善于发现国内的忠臣。君道立的一个前提，就是有忠臣相助。但是忠臣是靠君主自己培养建立起来的。《孟子·离娄上》说：“欲为君，尽君道；欲为臣，尽臣道。二者皆法尧舜而已矣。”尧为君，重用舜。舜相对于尧来说，是臣。作为臣，舜是榜样。尧把帝位禅让给舜，尧是君的榜样。后来舜为君，舜也是君的榜样。所以说“君、臣”二者均以尧舜为榜样。这是君道的基础。对君臣之道，道家的庄子也有论述。《人间世》所谈的是为臣之道，而《应帝王》所谈的则是为君之道。“应帝王”即“应为帝王”。庄子认为“不应有心为帝王，乃是真帝王”。这句话虽然有体悟大道，顺应自然的意思在内，但是也含有君主应以公众的利益为重，而不有私心的意思在内。如果君主没有私心，忠臣是不难发现的，且“群”的利益也是容易分配的。做到这样，君主就能得到人们的衷心拥护，君道就能达到理想的状态了。《吕氏春秋》论述“君道”与庄子所论是一致的，这与《吕氏春秋》的浓厚的道家思想倾向也是一致的。

（许富宏）

知　分

达士者，达乎死生之分。达乎死生之分，则利害存亡弗能惑矣。故晏子与崔杼盟而不变其义[①]；延陵季子[②]，吴人愿以为王而不肯；孙叔敖三为令尹而不喜[③]，三去令尹而不忧，皆有所达也。有所达则物弗能惑。

荆有次非者[④]，得宝剑于干遂[⑤]，还反涉江，至于中流，有两蛟夹绕其船。次非谓舟人曰：“子尝见两蛟绕船能两活者乎？”船人曰：“未之见也。”次非攘臂祛衣[⑥]拔宝剑曰：“此江中之腐肉朽骨也[⑦]。弃剑以全己，余奚爱焉[⑧]！”于是赴江刺蛟，杀之而复上船，舟中之人皆得活。荆王闻之，仕之执圭[⑨]。孔子闻之曰：“夫善哉！不以腐肉朽骨而弃剑者，其次非之谓乎？”

禹南省，方济乎江，黄龙负舟，舟中之人五色无主。禹仰视天而叹曰："吾受命于天，竭力以养人。生，性也；死，命也，余何忧于龙焉！"龙俯耳低尾而逝。则禹达乎死生之分、利害之经也。凡人物者，阴阳之化也，阴阳者，造乎天而成者也。天固有衰嗛废伏[10]，有盛盈坌息[11]，人亦有困穷屈匮[12]，有充实达遂，此皆天之容物理也[13]，而不得不然之数也。古圣人不以感私伤神，俞然而以待耳[14]。

晏子与崔杼盟，其辞曰："不与崔氏而与公孙氏者[15]，受其不祥。"晏子俯而饮血[16]，仰而呼天曰："不与公孙氏而与崔氏者，受此不祥。"崔杼不说，直兵造胸[17]，句兵钩颈[18]，谓晏子曰："子变子言，则齐国吾与子共之。子不变子言，则今是已。"晏子曰："崔子，子独不为夫诗乎？诗曰[19]：'莫莫葛藟[20]，延于条枚，凯弟君子[21]，求福不回[22]。'婴且可以回而求福乎？子惟之矣[23]。"崔杼曰："此贤者，不可杀也。"罢兵而去。晏子援绥而乘[24]，其仆将驰，晏子抚其仆之手曰："安之，毋失节[25]。疾不必生，徐不必死。鹿生于山而命悬于厨[26]，今婴之命有所悬矣[27]！"晏子可谓知命矣。命也者，不知所以然而然者也，人事智巧以举错者[28]，不得与焉。故命也者，就之未得，去之未失。国士知其若此也，故以义为之决而安处之。

白圭问于邹公子夏后启曰[29]："践绳之节[30]，四上之志[31]，三晋之事[32]，此天下之豪英。以处于晋而迭闻晋事，未尝闻践绳之节、四上之志，愿得而闻之。"夏后启曰："鄙人也，焉足以问？"白圭曰："愿公子之毋让也。"夏后启曰："以为可为，故为之。为之，天下弗能禁矣。以为不可为，故释之。释之，天下弗能使矣。"白圭曰："利弗能使乎？威弗能禁乎？"夏后启曰：

“生不足以使之，则利曷足以使之矣？死不足以禁之，则害曷足以禁之矣？”白圭无以应。夏后启辞而出。凡使贤不肖异[33]，使不肖以赏罚，使贤以义。故贤主之使其下也必义，审赏罚，然后贤不肖尽为用矣。

〔**注释**〕 ① 晏子：名婴，齐国大夫。 崔杼：齐国大夫。他与庆封杀庄公，立景公，劫持齐国将军大夫等盟誓。 ② 延陵季子：季札，吴王寿梦少子，受封于延陵，故号“延陵季子”。 ③ 孙叔敖：春秋时期楚国人，名敖，字叔孙，官令尹。 ④ 次非：人名。 ⑤ 干遂：又作“于隧”，吴邑名，在今苏州市西北。 ⑥ 攘臂：捋衣出臂，表示振奋。 袪(qū)衣：撩起衣服。 ⑦ 腐肉朽骨：次非自指，表示自己决心与蛟龙以死相拼。 ⑧ 弃剑以全己，余奚爱焉：如果丢弃剑而能保全自己，我何必要舍不得这剑呢。言外之意是说，即使丢弃剑，亦不得保全自身，故决心赴江与蛟拼死。 ⑨ 执圭：春秋时期诸侯国爵位名。以圭赐给功臣，使持圭朝见，因称“执圭”。 ⑩ 嗛(qiàn)：通“歉”，不足，亏缺。 伏：伏藏，隐藏不明。 ⑪ 坌：通“坌”(bèn)，坟起，聚积起。 息：繁殖，生息。 ⑫ 屈(jué)：竭尽。 既：缺乏，不足。 ⑬ 容物理：容物之理。 ⑭ 俞然：安然。俞，安。 ⑮ 与：亲附。 公孙氏：诸侯之孙称公孙，这里指齐群公子之子。 ⑯ 饮血：即歃(shà)血，古代盟会时的一种仪式，口含牲血表示信誓。 ⑰ 直兵：矛一类兵器。 造：到，触到。 ⑱ 句(gōu)兵：戟一类兵器。 句，弯曲。这个意义后来写作“勾”。 ⑲ 下引诗句见《诗经·大雅·旱麓》。 ⑳ 莫莫：繁茂的样子。 葛藟：植物名，木质，藤木。 ㉑ 凯弟(tì)：通“恺悌”，指平易近人。 ㉒ 回：邪曲，邪僻。 ㉓ 惟：思，思考。 ㉔ 绥：车上供上车拉扶的绳子。 ㉕ 节：节度，礼仪。 ㉖ 悬：系，这里是掌握的意思。 ㉗ 这句意思是，自己的生命掌握在别人(指崔杼)手里。 ㉘ 举错：举止。错，通“措”，安置。 ㉙ 邹公子夏后启：夏后启是邹公子之名。邹，古国名，在今山东省邹县东南。 ㉚ 践绳之节：未详。高诱注为“正直”。这里似指正直人士之节操。 绳，墨绳，木工用以取直。 ㉛ 四上：指普通平民士人。 ㉜ 三晋之事：战国初期。韩、魏、赵三家专晋国政，最后分晋而自立为侯。 ㉝ 凡使贤不肖异：使用贤者与使用不贤者应采用不同的方法。(石蕾蕾)

【**鉴赏**】 本篇的中心讨论天命。是《吕氏春秋》天命观的代表作品，反映了吕不韦的天命思想，是研究《吕氏春秋》思想的重要篇章之一。

在中国，天命观念早在夏、商时代已很流行。至春秋战国时代，儒、墨、道等各家都发表了对"命"的看法，形成了各自的"天命观"。

孔子的"畏命"、"知命"观。《论语·季氏》载孔子之言说："君子有三畏：畏天命，畏大人，畏圣人之言。小人不知天命而不畏也。"君子害怕的事有三件：怕天命，怕王公大人，怕圣人的言语。小人不懂得天命，因而不怕。孔子对天命是持畏惧态度的，尤其是他钟爱的弟子先自己而去的时候，孔子总是感叹命运的无常。孔子说："死生有命。"（《颜渊》）是肯定命的存在的。他说："不知命，无以为君子也。"（《尧曰》）又说："道之将行也与，命也。道之将废也与，命也。"（《宪问》）虽然如此，孔子并没有消极对待天命，而是提出要"知天命"。天命就是自觉有一种天然的使命感，"知天命"，即领悟自己负有的使命，自己应该做哪些事情，尽量想办法去完成，这种责任来源于天道，所以称为天命。作为君子，应该知道"命"，"不知命，无以为君子也"（《论语·尧曰》）。不懂得天命，就不能做君子。所谓"知命"，不是"任命"、"听命"，而是应该要建立以有限的生命去追求人生的抱负，并用生命的力量去实现这种抱负，这样的人，才能成为作为最高道德标准的"君子"。所以知天命是儒家思想的基本特点。

墨子的"非命"观。墨子是不承认有天命的，所以"非命"。《墨子·非命上》引墨子的话说："执有命者之言曰：'命富则富，命贫则贫；命众则众，命寡则寡；命治则治，命乱则乱；命寿则寿，命夭则夭。'"那些持有命观点的人说，富人、穷人、寿者、夭折的人，都是命中注定的，不可改变的。墨子对此进行批驳说："然而今天下之士君子，或以命为有，盖尝尚观于圣王之事？古者桀之所乱，汤受而治之；纣之所乱，武王受而治之。此世未易，民未渝，在于桀、纣，则天下乱；在于汤、武，则天下治。岂可谓有命哉！"世道未变，人民也未变，可是在桀纣就乱，在汤武就治，哪里有什么命中注定呢？墨子说："执有命者言曰：'上之所罚，命固且罚，不暴故罚也；上之所赏，命固且赏，非贤故赏也。'以此为君则不义，为臣则不忠，为父则不慈，为子则不孝，为兄则不良，为弟则不弟。而强执此者，此特凶言之所自生，而暴人之道也!"(《墨子·非命上》)说命中注定的那些人,实际是强盗的逻辑。墨子的认识符合唯物史观,比孔子来说是有历史进步性的。

孟子的"立命"观。孟子是承认天命的,这一点与孔子是相同的。但是孟子提出"修身以立命"的思想。孟子说:"尽其心者,知其性也。知其性,则知天矣。存其心,养其性,所以事天也。夭寿不贰,修身以俟之,所以立命也。"(《孟子·尽心上》)意思是说,充分运用心灵思考的人,是知道人的本性的人。知道人的本性,就知道天命。保持心灵的思考,涵养本性,这就是对待天命的方法。无论短命还是长寿都一心一意地修身以等待天命,这就是安身立命的方法。孟子谈天命,谈人的本性,没有消极被动的神秘色彩,而是充满了积极主动的个体精神。对待天命,不过是保持心灵的思考,涵养人之所以为人的本性罢了;所谓安身立命,也不过是一心一意地进行自身修养而已。

庄子的"任命"观。庄子认为,命是一种不可抗拒的、异己的、必然的力量与趋势。《德充符》说:"游于羿之彀中,中央者,中地也,然而不中者,命也。"羿是百发百中的射手,有鸟进入羿的射程之内,而且正是当中的地方,那是肯定要被射中的地方,却没有被射中,那就是所谓的命。《人间世》说:"子之爱亲,命也,不可解于心;臣之事君,义也,无适而非君也,无所逃于天地之间。"子之爱亲,亦是命;臣子事君,亦是义。反过来说也是一样。"父母于子,东南西北,惟命是从。"(《大宗师》)父母与子女之间的关系,不仅是一种亲情关系,也是一种命的关系,是冥冥之中一种命定的关系。人既然无法、亦无力抗拒命运的安排,那就只能以一种泰然自若的态度来听命于命运的摆布。所以庄子对于命的认识,基本上采取了一种无可奈何的态度,顺其自然而听天命。"知其不可奈何而安之若命,德之至也。"(《人间世》)庄子认为这样一种对待命运的态度,正是精神修养达到极致的表现。从庄子对待命运可以看出,庄子是消极的。

与儒、墨、道家代表人物不同,杂家的《吕氏春秋》则主张"达命"。文中说:"命也者,不知所以然而然者也,人事智巧以举错者不得与焉。故命也者,就之未得,去之未失。"命,不知怎么样就成为这样的一种神秘的力量。人的智慧和行为举措想干涉也干涉不了。所以，对待命，关键是懂得命的道理，然后不要过度关注它而影响自己的生命质量。只有通达命理，才能正确处理事务。文中列举次非舍身刺蛟，禹渡江黄龙负舟而色不变，晏子与崔杼盟而不变其义等事例，都是说命由天定，不必在乎。

楚国有个人叫次非的。有一次乘船渡长江。等到了江心的时候，有两条蛟龙从两边绕住了他坐的船，一船上的人都为自己的生命担忧。次非拔起宝剑，说："我至多不过成为江中的腐肉朽骨罢了。"于是跳到江里刺杀蛟龙。杀死蛟龙后，又爬上船，全船的人都得以活命。禹到南方巡视，当他渡江的时候，遇到黄龙把他乘的船驮了起来。禹说："生和死都是命中注定的，我对黄龙又有什么害怕呢?"大禹和次非都知道遇到蛟龙并不是命中注定的，既然已经遇上了，然后就不必害怕它，并积极地设法去战胜它。这就是"达命"。

齐国把持朝政的崔杼想让晏子赞同他的执政，迫使晏子与自己盟誓。晏子的盟誓与崔杼的盟誓完全相反，崔杼很不高兴，用矛顶着他的胸，用戟勾住他的颈，威胁晏子说："你改变你刚才说过的话，那么我和你共同享有齐国；你若不改，现在就把你杀掉!"晏子说："我难道能以邪道求福吗? 你看着办吧。"崔杼说："这是个贤德的人，不可以杀他。"于是放了晏子。晏子上了车，他的车夫要赶着马快跑，晏子抚摸着车夫的手说："安稳点，不要在崔家人面前失态。快了不一定能活，慢了不一定就会死。鹿生长在山上，可是它的命运却掌握在厨师的手里，如今我们的命也是被别人掌握着，怕也没用。"晏子是通达命运的人。看透了命，知道命中注定不可改变，但是也不要害怕它。不因为有命而使自己感到恐惧，命就命吧，随它去吧，自己该干嘛就干嘛。这就是《吕氏春秋》的"达命"观。与其他诸子相比，《吕氏春秋》的"达命"观，是高出一筹的。高诱评价《吕氏春秋》"大出诸子之右"，由此也可见一斑。

（许富宏）

达　郁

凡人三百六十节[①]，九窍五藏六府[②]，肌肤欲其比也[③]，血脉欲其通也，筋骨欲其固也，心志欲其和也，精气欲其行也，若此则病无所居，而恶无由生矣[④]。病之留，恶之生也，精气郁也。故水郁则为污，树郁则为蠹[⑤]，草郁则为蒉[⑥]。国亦有郁，主德不通，民欲不达，此国之郁也。国郁处久，则百恶并起，而万灾丛至矣[⑦]。上下之相忍也，由此出矣。故圣王之贵豪士与忠臣也，为其敢直言而决郁塞也。

周厉王虐民，国人皆谤。召公以告[⑧]曰："民不堪命矣。"王使卫巫监谤者，得则杀之。国莫敢言，道路以目[⑨]。王喜，以告召公曰："吾能弭谤矣[⑩]。"召公曰："是障之也，非弭之也。防民之口，甚于防川，川壅而溃[⑪]，败人必多[⑫]。夫民犹是也，是故治川者决之使导，治民者宣之使言。是故天子听政，使公卿列士正谏，好学博闻献诗[⑬]，矇箴[⑭]师诵[⑮]，庶人传语，近臣尽规，亲戚补察，而后王斟酌焉。是以下无遗善，上无过举。今王塞下之口，而遂上之过，恐为社稷忧。"王弗听也。三年，国人流王于彘[⑯]。此郁之败也。郁者，不阳也。周鼎著鼠，令马履之，为其不阳也[⑰]。不阳者，亡国之俗也。

管仲觞桓公[⑱]，日暮矣，桓公乐之而征烛。管仲曰："臣卜其昼，未卜其夜[⑲]。君可以出矣。"公不说，曰："仲父年老矣，寡人与仲父为乐将几之[⑳]？请夜之[㉑]。"管仲曰："君过矣。夫厚于味者薄于德，沈于乐者反于忧。壮而怠则失时，老而解则无名[22]。臣乃今将为君勉之，若何其沈于酒也？”管仲可谓能立行矣。凡行之堕也于乐，今乐而益饬[23]；行之坏也于贵，今主欲留而不许。伸志行理，贵乐弗为变，以事其主，此桓公之所以霸也。

列精子高听行乎齐湣王[24]，善衣东布衣[25]，白缟冠[26]，颡推之履[27]，特会朝雨袪步堂下[28]，谓其侍者曰：“我何若？”侍者曰：“公姣且丽。”列精子高因步而窥于井，粲然恶丈夫之状也[29]，喟然叹曰：“侍者为吾听行于齐王也，夫何阿哉？又况于所听行乎万乘之主[30]。人之阿之亦甚矣，而无所镜[31]，其残亡无日矣。孰当可而镜？其唯士乎！人皆知说镜之明己也，而恶士之明己也。镜之明己也功细，士之明己也功大，得其细，失其大，不知类耳。”

赵简子曰：“厥也爱我[32]，铎也不爱我[33]。厥之谏我也，必于无人之所；铎之谏我也，喜质我于人中[34]，必使我丑。”尹铎对曰：“厥也爱君之丑也，而不爱君之过也。铎也爱君之过也，而不爱君之丑也。臣尝闻相人于师[35]，敦颜而土色者忍丑[36]。不质君于人中，恐君之不变也。”此简子之贤也。人主贤，则人臣之言刻。简子不贤，铎也卒不居赵地，有况乎在简子之侧哉！

〔注释〕 ① 节：指骨节。 ② 九窍：耳、目、口、鼻七窍加上前阴、后阴(肛门)，总称九窍。 五藏：也作“五脏”，心、肝、脾、肺、肾五个脏器的总称。 六府：也作“六腑”，胆、胃、小肠、大肠、三焦、膀胱的总称。 ③ 比：致密，细密。 ④ 恶：指恶疾。⑤ 蠹(dù)：蛀蚀树木的虫子。 ⑥ 蒉：本指树木植立而死，这里指草枯死。 ⑦ 丛：并，一起。 ⑧ 召公：指召穆公，名虎，为周厉王卿士。 ⑨ 道路以目：在路上相遇时只是彼此用眼神交流，而不敢说话。 ⑩ 弭(mǐ)：止，消除。 ⑪ 溃：决口。 ⑫ 败：

伤害。 ⑬ 诗：指讽谏之诗。古有“采风”之制，采民间诗歌献给君王来表达治国思想，其中有讽谏之诗。 ⑭ 矇(méng)：盲人，指乐官。古代乐官由盲人充当，故称为“矇”。 箴(zhēn)：箴言，一种寓有劝诫意义的文辞。 ⑮ 师：乐官。 诵：诵读。 ⑯ 谯：地名，在今山西省霍县东北。 ⑰ 著鼠：刻铸有鼠形图案。履：踩。 ⑱ 觞：向人进酒。此指宴饮。 ⑲ 臣卜其昼，未卜其夜：意思是说，白天招待您饮酒，我占卜过，至于夜间招待您饮酒，我不曾占卜。 ⑳ 寡人与仲父为乐将几之：大意是，我跟仲父您一起快乐的时光还能有多久呢。几，等于说几次。 ㉑ 夜之：指夜里继续饮酒。 ㉒ 解：懈怠。这个字义后来写作“懈”。 ㉓ 饬：严正。 ㉔ 列精子高：战国时期的贤人。 齐湣王：田姓，战国时齐国君主，齐宣王之子。 ㉕ 善衣东布衣：当作“著东布衣”，“东”字疑衍。一说当为“柬”字之误。柬布即练布，也就是练帛，白色的熟绢(张双棣等《吕氏春秋译注》)。 ㉖ 缟：未染色的绢。 ㉗ 颡推之履：敝屣。 ㉘ 会朝：指天黎明。 雨：当为“而”之误。 袪步：撩起衣服走路。 ㉙ 粲然：显明的样子。 ㉚ 所听行：所听所行之人，听从他人意见加以实行的人。这里指齐王。 ㉛ 无所镜：无法照见自己。 镜，照。 这句喻齐王不能察觉自己的过失。 ㉜ 厥：赵简子家臣。 ㉝ 铎：尹铎，赵简子家臣。 ㉞ 质：质正。 ㉟ 相人：通过观察人的相貌以判断其贵贱安危等。 ㊱ 敦颜：面色敦厚。(石蕾蕾)

【鉴赏】 达郁，意即排除壅塞，使其通达。在国家治理中，君主个人能不能倾听不同意见，官员能不能允许群众说话，在制度上保证让不同意见能够顺畅地表达，是十分重要的事情。本篇就是讨论畅达民意的问题，是《吕氏春秋》中比较有特色的一篇。

首先，国家有郁是必然的。文章说：“病之留，恶之生也，精气郁也。”人体要生病，就是由于精气的郁结。水郁结就会发臭，树木郁结就会生蛀虫，草木郁结就会枯死。进而论及国家，指出：“国亦有郁，主德不通，民欲不达，此国之郁也。”国家也有郁结的情形。如果君主的道德不畅达天下，百姓的利益诉求不能上达，就是国家的郁结堵塞，而国家长期郁结堵塞，就会“百恶并起”、“万灾丛至”，官员与百姓之间互相残害，国家离崩溃也就不远了。这里指出了解决国家郁结的两种形式：一是君主要有贤德，善于纳谏倾听；二是国家要有让民众反映诉求的渠道，让群众的声音能够上达天听。

其次，解郁的方法之一就是君主要让民众说话，让他们的诉求上达天听。这一点是通过周厉王弭谤事例来作证明的。周厉王暴虐，国人都指责他。厉王派卫国的巫者监视指责厉王的人，抓到以后就把他们杀掉。都城内的人都不敢说话，只是在道路上以目示意。周厉王很高兴，以为可以消除人们对他的指责了。邵公说，这种做法只是堵塞老百姓的口，其危害比堵塞水流的害处还要大。流水被堵塞，一旦决口，伤害人必然很多。善于治水的人都是用疏导的办法，建议厉王也疏导人民的怨言。但是厉王不听，最后，国人把厉王流放到彘。这就是有名的"防民之口甚于防川"的道理。《国语》对此也有详细记载。这从反面来论证，君主要让民众说话，让民意有渠道表达，有合理的利益诉求机制，才能畅通君民关系，国家的郁结才能打开。而如果不让民众说话，采用政治高压的手段，最终必然是在"沉默中爆发"。周厉王的结局就是最好的例证。

再次，解郁的方法之二就是君主要善于纳谏。"故圣王之贵豪士与忠臣也，为其敢直言而决郁塞也"，圣王都把忠臣与豪士善于直言看作好事。列精子高因为得到齐王的信任，因而随从从来都是对他曲意逢迎。列精子高就想到"万乘之主。人之阿之亦甚矣"，对于大国的君主，人们的曲意迎合也就更厉害了。这样，君主的缺点自己就无法看到，"无所镜，其残亡无日矣"。那么，谁能当镜子指出自己的缺点呢？只有贤士了。既然贤士能指出自己的缺点，那么君主就要善于纳谏。本文认为，"人主贤，则人臣之言刻"。因此，文章主张君主应该重视忠臣，只有他们才敢直言劝谏，排除国家的壅闭。

最后，士也要敢于直谏。在《吕氏春秋》看来，贤士的作用主要有两点：一是辅佐君主治理天下，这在多篇中有论述。二是进谏，《吕氏春秋》十分重视贤士对君主的进谏。《似顺》篇说："世主之患，耻不知而矜自用，好愎过而恶听谏，以至于危。"君主的最大问题就是不知道自己的不足还妄自尊大，刚愎自用还不听劝谏，最终走向危险。《先识》篇说："国之兴也，天遗之贤人与极言之士；国之亡也，天遗之乱人与善谀之士。"极言，就是直谏。国家的兴盛是上天赋予贤士直谏的职责所致。这是很好的思想。《直谏》篇也说："言极则怒，怒则说者危。非贤者孰肯犯危……无贤则不闻极言，不闻极言，则奸人比周，百邪悉起。"贤士不怕危险，敢于直谏。不是贤人，谁这样甘愿去冒着风险？本篇也说："故圣王之贵豪士与忠臣也，为其敢直言而决郁塞也。"忠臣和豪士直谏的目的就是决开壅塞，而进谏又是"忠臣廉士"应尽的责任与义务，《恃君》说："故忠臣廉士，内之则谏其君之过也，外之则死人臣之义也。"

这里的进谏理论主要以疏导为主，所以有人将其概括为"疏导论"（刘泽华《先秦士人与社会》），除此之外，还有以《贵公》篇为例的"为社稷论"，贤士进谏为国家社稷的治理而进谏；以《用众》、《自知》为例的"补短论"，君主纳谏可以补自身之不足等。这就说明《吕氏春秋》不但重视进谏，而且有一套比较成熟的进谏理论。

唐太宗曾说："以铜为镜，可以正衣冠；以史为镜，可以知兴替；以人为镜，可以明得失。"魏徵先后向唐太宗进谏两百多次，纠正了唐太宗施政过程中的许多失误。有鉴于此，历朝各代都设立了谏官制度，用以规劝皇帝的不当言行。这些都是要求君主要善于倾听贤士的谏言，倾听民众的意见。

当然，作为下臣，在进谏时，也要讲究艺术。直谏是一种方式，但是直言不讳地指出上级领导的过失，有时甚至不惜顶撞领导，这种方式带有一定的危险性。像关龙逄谏夏桀、比干谏商纣、杨继盛谏明世宗都落得了被杀的悲惨下场。这就使得直谏成为中国古代最危险的政治活动之一。如果说直谏是一项以命作注的赌博，曲谏则是更讲究进谏的艺术。由于这种进谏方式既顾及上级领导的颜面，又可达到规劝的目的，所以千百年来深受谏官们的青睐。例如《战国策》记载的"邹忌讽齐王纳谏"和"触龙说赵太后"两个故事，就是运用曲谏最成功的例子。而柳公权笔谏则在历史上留下一段佳话。唐穆宗在位时，荒废朝政，有一次他向大书法家柳公权请教书法，后者便借讲解书法向他进谏："用笔在心，心正则笔正。"唐穆宗为之动容，从此勤政爱民，不敢松懈。王安石变法时，尽管遭到朝中顽固派的口诛笔伐，但宋神宗始终不为所动，直到太皇太后和太后一把泪一把涕地哭诉，这才迫使他罢免了王安石。由此可见，哭谏也是一种方式。国民革命时期，为了达成抗日民族统一战线，张学良、杨虎城两位将军采用了极端的“兵谏”方式。最终促成了全民族的抗战局面。这些种种方式，都是反映民意的方式，如果使用得当，能够打通国家的壅阻，国家也将充满活力。

（许富宏）

开春论第一

爱类

仁于他物，不仁于人，不得为仁。不仁于他物，独仁于人，犹若为仁。仁也者，仁乎其类者也。故仁人之于民也，可以便之[①]，无不行也。神农之教曰[②]：“士有当年而不耕者[③]，则天下或受其饥矣。女有当年而不绩者[④]，则天下或受其寒矣。”故身亲耕，妻亲绩，所以见致民利也。贤人之不远海内之路[⑤]，而时往来乎王公之朝，非以要利也[⑥]，以民为务故也[⑦]。人主有能以民为务者，则天下归之矣。王也者，非必坚甲利兵选卒练士也[⑧]，非必隳人之城郭，杀人之士民也[⑨]。上世之王者众矣，而事皆不同。其当世之急、忧民之利、除民之害同[⑩]。

公输般为高云梯[⑪]，欲以攻宋。墨子闻之，自鲁往，裂裳裹足，日夜不休，十日十夜而至于郢，见荆王曰：“臣北方之鄙人也[⑫]，闻大王将攻宋，信有之乎？”王曰：“然。”墨子曰：“必得宋乃攻之乎？亡其不得宋且不义犹攻之乎？”王曰：“必不得宋，且有不义[13]，则曷为攻之。”墨子曰：“甚善。臣以宋必不可得。”王曰：“公输般，天下之巧工也，已为攻宋之械矣。”墨子曰：“请令公输般试攻之，臣请试守之。”于是公输般设攻宋之械，墨子设守宋之备。公输般九攻之[14]，墨子九却之，不能入，故荆辍不攻宋。墨子能以术御荆免宋之难者，此之谓也。

圣王通士不出于利民者无有[15]。昔上古龙门未开[16]，吕梁未发[17]，河出孟门[18]，大溢逆流，无有丘陵沃衍平原高阜尽皆灭之[19]，名曰鸿水[20]。禹于是疏河决江[21]，为彭蠡之障[22]，干东土，所活者千八百国，此禹之功也。勤劳为民，无苦乎禹者矣。

匡章谓惠子曰：“公之学去尊，今又王齐王[23]，何其到也[24]？”惠子曰：“今有人于此，欲必击其爱子之头，石可以代之[25]。”匡章曰：“公取之代乎？其不与[26]？”“施取代之[27]。子头所重也，石所轻也，击其所轻，以免其所重，岂不可哉！”匡章曰：“齐王之所以用兵而不休，攻击人而不止者，其故何也？”惠子曰：“大者可以王，其次可以霸也。今可以王齐王，而寿黔首之命，免民之死，是以石代爱子头也，何为不为？民寒则欲火，暑则欲冰，燥则欲湿，湿则欲燥。寒暑燥湿相反，其于利民一也。利民岂一道哉？当其时而已矣[28]！”

〔**注释**〕 ① 便：利。 ② 教：教令。 ③ 当年：壮年，成年。 ④ 绩：缉麻，把麻析成丝再搓成线。 ⑤ 远：以……为远。 ⑥ 要(yāo)：求。 ⑦ 以民为务：把为百姓谋利作为要务。 ⑧ 练：拣，挑选。 ⑨ 隳(huī)：毁坏。 ⑩ 当：承担。 ⑪ 公输般：即鲁班。我国古代著名工匠，姓公输，名般，春秋时鲁国人。 ⑫ 鄙：鄙野，偏远之地。 ⑬ 有：通“又”。 ⑭ 九：这里指多次。 ⑮ 通士：知识渊博，通达事理的读书人。 ⑯ 龙门：山名，在今山西河津县，位于黄河河道，传说禹曾凿龙门以通河水。 ⑰ 吕梁：山名，在今陕西韩城县。吕梁山也正当黄河河道，传说为大禹所开凿。 ⑱ 孟门：山名，在今山西吉县西，位于梁山、龙门之北。 ⑲ 沃衍：肥沃而平坦的土地。 阜：高山。 ⑳ 鸿：大。 ㉑ 决：打开缺口，疏导水流。 ㉒ 彭蠡：泽名，即鄱阳湖。 障：堤防。 ㉓ 王齐王：尊奉齐王为王。 ㉔ 到：倒，相反。 ㉕ 石可以代之：用石头代替爱子之头。 ㉖ 不(fǒu)：否。 ㉗ 施：惠子自称其名。 ㉘ 当：适合。(石蕾蕾)

【鉴赏】 爱类的意思是仁爱自己的同类。本篇反映了吕不韦的人本思想，是中国古代思想史上的光辉的篇章。

所谓“人本”就是“以人为本”。这里所说的“以人为本”，不是从哲学的存在论上说以人为“本根”或“本原”的意思，而是从价值论上说以人为最有价值的意思。按照西方通行的说法也就是人道主义。有学者认为，中国古代表述“价值”的概念是“贵”。如《论语》载有子曰“礼之用，和为贵”，即以“和”为最有价值。《孝经》云“天地之性(生)人为贵”，即以人为最有价值。《吕氏春秋》说的“孔子贵仁”，就是孔子以“仁”为最有价值。这是恰当的。因此，“人本”或“以人为本”的确切含义应该是“以人为贵”，即以人或人类为最有价值，以重视人的生命，维护人的权利为最高追求。

《吕氏春秋·贵公》篇载：“荆人有遗弓者，而不肯索，曰：‘荆人遗之，荆人得之，又何索焉？’孔子闻之曰：‘去其荆而可矣。’老聃闻之曰：‘去其人而可矣。’故老聃则至公矣。”在这里，孔子的关注点是“人”，而老子则“去其人”，放眼于自然。孔子与老子的不同可以说是人本主义与自然主义的区别。从这可以看出，在早期中国思想先驱中，人本主义是儒家竭力倡导的。《论语·乡党》载：“厩焚，子退朝，问‘伤人乎？’不问马。”孔子只问人，不问马，是因为在孔子看来，人比马“贵”。后期墨家对“仁”有一个界定，即：“仁，爱己者，非为用己也，不若爱马者。”(《墨子·经说上》)这里的“爱己”即是爱人如己，“非为用己”就是不以人为手段，不像爱马那样是为了用马，这就肯定了人的尊严、权利、价值，认为人不是手段而是目的。这个说法很符合孔子的思想，因为墨子曾经“学儒者之业，受孔子之术”（《淮南子·要略》），他的一些思想与儒家有共通之处。孟子说：“民为贵，社稷次之，君为轻。”（《孟子·尽心下》）这就是说，相比于社稷和君主而言，人民是最有价值的。荀子也是这样看的，他说：“天之生民，非为君也；天之立君，以为民也。故古者列地建国，非以贵诸侯而已；列官职，差爵禄，非以尊大夫而已。”（《荀子·大略》）荀子把孟子的“民为贵”思想更鲜明地表述出来，即人民是国家、社会的价值主体：天之生民，不是为了君主；相反，天之立君，是为了人民。不仅君主是“为民”而立，就是诸侯、大夫也是“为民”而设。“为民”而非“为君”，这是儒家政治哲学的根本的价值观。

《吕氏春秋》吸收了儒、墨两家的这种价值观，提出了自己的主张。文中说：“仁于他物，不仁于人，不得为仁。不仁于他物，独仁于人，犹若为仁。仁也者，仁乎其类者也。”对其他物类仁爱，对人却不仁爱，不能算是仁；对其他物类不仁爱，只是对人仁爱，仍然算是仁。所谓仁，就是对自己的同类仁爱。对于同类的相爱就是对人本身的相爱。这就是“以人为贵”的人本主义思想。人本主义在生态问题上首先是“爱人类”，由“爱人类”而推延至“爱万物”。为了说明这个问题，文中举例加以论证。楚国的公输般要攻打宋国，墨子自鲁国，“裂裳裹足”，日夜不息，十日十夜到达楚国来阻止。墨子最终以守城之术使楚国放弃攻打宋国。墨子从鲁国奔赴楚国，目的就是为了救宋国的平民于战争之中，是出于对人生命的珍视，对人的大爱。大禹时期，洪水泛滥，禹于是疏导黄河，筑鄱阳湖的堤防，三过家门而不入，使一千八百多个小国得到拯救。大禹治水，也是出于对人生命的尊重。所以仁德的人对于百姓，只要可以使他们得利，就没有什么事情不去做的。“贤人之不远海内之路，而时往来乎王公之朝，非以要利也，以民为务故也。”贤人不远万里四处奔波，往来于各国朝廷，并不是要获得利益，而是为了谋利啊。

当然，《吕氏春秋》所论，最终都归结到以君主为核心的统治集团的利益中去。所以文中说：“人主有能以民为务者，则天下归之矣。”君主如果能做到以人为本，那么天下就能得到治理了。

《吕氏春秋》的这种思想也被后世所继承，对中国文化产生了积极的影响。到了汉代，董仲舒说："天之生民，非为王也；而天立王，以为民也。故其德足以安乐民者，天予之，其恶足以贼害民者，天夺之。"(《春秋繁露·尧舜不擅移汤武不专杀》)上天不是为了立王而生出老百姓的，而是生出老百姓再立王的。所以，立王是为民服务的，而不是高高在上让民众服务于他的。如果君主不能以德安民，上天就会剥夺他做王的合法性。这也有把人放在首位的人本主义思想因素。《汉书·谷永传》载谷永的话说："臣闻天生蒸民，不能相治，为立王者，以统理之。方制海内，非为天子；列土封疆，非为诸侯。皆以为民也。"这种思想与董仲舒是一致的。反人道主义不讲"爱人"，甚至残酷地虐待人，将人视为工具、手段，这与儒家思想相对立。扬雄对此批判说："申、韩之术，不仁之至矣，若何牛羊之用人也？"(《法言·问道》)非人道主义就是"不仁"，反人道主义就是"不仁之至"。两晋之际，北汉主刘聪广建宫殿，浪费民力，廷尉陈元达谏阻说："天生民而树之君，使司牧之，非以兆民之命，穷一人之欲也。"(《资治通鉴》卷八十八)这样的思想一直延续不绝。明清之际黄宗羲在《明夷待访录》中说："古者以天下为主，君为客，凡君之所毕世而经营者，为天下也。今也以君为主，天下为客，凡天下之无地而得安宁者，为君也。"黄宗羲所说，真实地反映了当时的社会现实，也反映了人本思想观念的倒退。虽然黄宗羲喊出了"天下之治乱，不在一姓之兴亡，而在万民之忧乐"的呼声，但是，由于封建社会的政治体制，中国的人道主义理想几乎从来都没能真正实现过。

（许富宏）

慎行论第二

察传

夫得言不可以不察，数传而白为黑，黑为白，故狗似玃[①]，玃似母猴[②]，母猴似人。人之与狗则远矣，此愚者之所以大过也。闻而审则为福矣[③]，闻而不审，不若无闻矣。齐桓公闻管子于鲍叔，楚庄闻孙叔敖于沈尹筮，审之也，故国霸诸侯也。吴王闻越王句践于太宰嚭[④]，智伯闻赵襄子于张武[⑤]，不审也，故国亡身死也。

凡闻言必熟论[⑥]，其于人必验之以理。鲁哀公问于孔子曰："乐正夔一足[⑦]，信乎？"孔子曰："昔者舜欲以乐传教于天下[⑧]，乃令重黎举夔于草莽之中而进之[⑨]，舜以为乐正。夔于是正六律，和五声，以通八风[⑩]，而天下大服。重黎又欲益求人，舜曰：'夫乐，天地之精也，得失之节也，故唯圣人为能和，乐之本也。夔能和之，以平天下。若夔者，一而足矣。'故曰夔一足，非一足也。"宋之丁氏，家无井而出溉汲[⑪]，常一人居外。及其家穿井，告人曰："吾穿井得一人。"有闻而传之者曰："丁氏穿井得一人。"国人道之，闻之于宋君，宋君令人问之于丁氏，丁氏对曰："得一人之使，非得一人于井中也。"求能之若此[⑫]，不若无闻也。

子夏之晋，过卫，有读史记者曰[⑬]："晋师三豕涉河[⑭]。"子夏曰："非也，是己亥也[⑮]。夫'己'与'三'相近，'豕'与'亥'相似。"至于晋而问之，则曰"晋师己亥涉河"也。辞多类非而是，多类是而非。是非之经[⑯]，不可不分，此圣人之所慎也。然则何以慎？缘物之情及人之情以为所闻，则得之矣[⑰]。

〔**注释**〕 ① 玃(jué)：猳玃，兽名。 ② 母猴：兽名，又称猕猴、沐猴。 ③ 而：如果。 ④ 太宰嚭(pǐ)：伯嚭，春秋时期楚国人，为吴王夫差太宰，所以称为"太宰嚭"。⑤ 智伯：名瑶，晋哀公卿。 赵襄子：名无恤，晋卿。 张武：智伯的家臣。张武劝智伯联合韩康子、魏桓子把赵襄子围困在晋阳，欲杀之，后韩、赵、魏三家暗中联合，反灭了智伯。 ⑥ 熟论：深入研究、考察。 ⑦ 乐正：乐官之长。 夔(kuí)：人名，善音律，舜时为乐正。 ⑧ 传教：传布教化。 古人认为音乐能教化人，把音乐看作移风易俗的工具。 ⑨ 重(chóng)黎：相传尧时掌管时令，后为舜臣。 草莽：草野，指民间。 ⑩ 通：调和。 八风：八方之风。 ⑪ 溉：灌注。汲：打水。这里"溉""汲"连用，就是打水的意思。 ⑫ 能：疑为"闻"字之误。 ⑬ 史记：记载历史的书。 ⑭ 豕：猪。 涉河：渡黄河。 ⑮ 己亥：干支纪日。 ⑯ 经：界限。 ⑰ 缘：顺着。为：这里指审查。(石蕾蕾)

【鉴赏】 察传，意即对听到的传言不要轻信，必须加以辨察，这样才能澄清事实，否则，很有可能以讹传讹，黑白颠倒，是非不分。在古代资讯不发达的年代，口耳相传是社会大众唯一的交流渠道。而在口耳相传的过程中，或由于汉字的多音多义的原因，或由于未听清楚的原因，或由于理解不同的原因，或者故意进行强调、添加、隐瞒甚至歪曲的原因等等，说话者所说出的话到听众的耳朵里，意思就大不一样了。而且，经过多次的口耳相传之后，原来的话语越来越离谱，也就变成了谣言。谣言有一个特点，就是内容越是荒诞，情节越是离谱，反而越能够迎合人们的求奇心理，越容易引起人的关注，反而流传得越快越广。本篇就是我国最早的一篇探讨谣言的专论，在中外传播史上意义重大。

首先，传言有失事实，违背真相，使人判断失误，所以必须要察传。"夫得言不可以不察，数传而白为黑，黑为白，故狗似玃，玃似母猴，母猴似人。人之与狗则远矣，此愚者之所以大过也。"一个人听到传闻，不能不加以分析和考察，有些事情经过几次传言之后，白的就会被说成黑的，黑的也会被说成白的。在传言中，狗像玃，狗就被传言说成玃。玃像母猴，母猴像人。最后，原来是狗，几次传言之后就变成人了。人与狗相差是很远的，如果不能明察传言真伪，就很容易上当受骗。宋国有个姓丁的人，家中没有井而需要经常到外地汲水，为了能保证家里的用水，必须常年有一个人在水源地居住。等到他家挖井的时候，那个在外地居住的人回家帮忙，就告诉别人说："我家挖井得到了一个人。"有人听到了，传言说："丁家挖井挖到了一个人。”整个国家的人都在议论这件事。宋国的国君听到了，派人来问。丁氏回答说：“我是说得到了一个人使唤，并不是从井中挖出来一个人。”所以对入耳之言必须要加以辨别。孔子说“驷不及舌”，形容话语传播之快速。所以，要对传言加以辨别。

本篇提出君主要善于察言，是具有时代背景的。吕不韦时代正值战国时期，各国为生存钩心斗角，以奉养机巧善辩之“士”来图存求强。其中以纵横家苏秦、张仪最为著名。《战国策》说他们：“三寸之舌，强于百万雄兵；一人之辩，重于九鼎之宝。”他们以三寸不烂之舌游说各国，借用言语，甚至编造谣言来为自己所忠于的国家服务。在这种背景下，当时在人际传播领域论辩之风盛行，同时也出现了真言和假言、流言与谣言鱼龙混杂的现象。针对这种情况，吕不韦告诫君主得辨传言之真伪，以有利于国家的治理。“闻而审，则为福矣；闻而不审，不若无闻矣。”听到传言，仔细审查，那么对于国家就是福音，如果不加仔细审查，将会给国家带来损失，因此还不如不听。

其次，察传是关系到国家生死存亡的大事，不得不慎。孔子曾说过“一言可以兴邦”。有的人一句话就可以使国家兴盛。潜台词也含有这样的意思在内：如果误听一句话，也就可能使国家衰败。所以君主必须谨慎地对待传言。“齐桓公闻管子于鲍叔，楚庄闻孙叔敖于沈尹筮，审之也，故国霸诸侯也。吴王闻越王句践于太宰嚭，智伯闻赵襄子于张武，不审也，故国亡身死也。”齐桓公从鲍叔那里听到了管仲的情况，楚庄王从沈尹筮那里听到孙叔敖的情况，听到以后加以辨别，所以称霸诸侯。吴王夫差从太宰嚭那里听到关于越王勾践的好话，智伯从张武那里听到赵襄子的好话，不加辨别，结果国破家亡。所以，君主对待传言必须慎重。

那么，怎样才能做到慎重呢？《察传》说：“凡闻言必熟论，其于人必验之以理。”就是说采取谨慎的态度，去做一番调查研究的工作，推断它是否合乎常识、常情、常理。传言是通过语言传播的，而中国语言与拼音文字不同，这是需要辨察清楚的。根据汉代许慎《说文解字》的说法，汉字的造法主要有六种，分别是指事，象形，形声，会意，转注，假借。许多谣言的产生正是与这些造字法有关。本篇实际上已经涉及从语言和思维的角度，研究语言、文字信息何以会在传播中失真的问题。如“夔一足”，鲁哀公问孔子：“舜时期的乐官夔只有一条腿吗？”孔子回答说：“舜用夔一个人就可以让音乐教化天下了。”所以，“夔一足”不是说夔只有一只脚，而是说：“像夔一样的人，一个人就足够了。”这里实际上已经注意到汉语词汇在传播理解中的模糊与歧义现象。又如“晋师三豕过河”一例。子夏到晋国去，在路上听到有人说：“晋国军队三豕渡过黄河。”豕，即小猪。国家的军队里哪来三只小猪的呢？所以子夏说：“这是不对的。三豕应该是己亥。‘三’与‘己’形近，‘豕’与‘亥’写法类似。”果然，晋国军队是己亥渡过黄河。这种传言的错误，原因在于汉字中形似字较多，一般人对符号信息的编码系统不甚了解，于是出现似是而非、以讹传讹的怪事。所以本文提出“辞多类非而是，多类是而非。是非之经，不可不分，此圣人之所慎也。然则何以慎？缘物之情及人之情以为所闻，则得之矣”。即不要相信传言，而根据事理来判断，这样就能辨析了。

“得言不可以不察”这个命题，在今天仍闪烁着睿智的光芒，具有深刻的现实意义。在大众传播盛行、人们越发依赖传媒了解外界信息的今天，更加需要对海量信息保持“得言而察”的精神，那么，我们就不会为流言蒙蔽了眼睛，不会为不良信息玷污了自己的心智，不会为不正确的舆论操纵自己的言行。

本文在文学上成就也值得一提。本文意在向君主建议治国方策，而又善于以日常生活中的习见现象为例加以论证，所以读来非常亲切、生动，有很强的说服力。

（许富宏）

贵直论第三

知 化

夫以勇事人者，以死也。未死而言死，不论[①]。以，虽知之，与勿知同[②]。凡智之贵也，贵知化也。人主之惑者则不然，化未至则不知，化已至，虽知之，与勿知一贯也[③]。事有可以过者，有不可以过者，而身死国亡则胡可以过[④]，此贤主之所重，惑主之所轻也。所轻，国恶得不危？身恶得不困？危困之道，身死国亡，在于不先知化也。吴王夫差是也。子胥非不先知化也，谏而不听，故吴为丘墟，祸及阖庐[⑤]。

吴王夫差将伐齐，子胥曰："不可。夫齐之与吴也，习俗不同，言语不通，我得其地不能处，得其民不得使[⑥]。夫吴之与越也，接土邻境，壤交通属[⑦]，习俗同，言语通，我得其地能处之，得其民能使之。越于我亦然。夫吴、越之势不两立。越之于吴也，譬若心腹之疾也，虽无作，其伤深而在内也。夫齐之于吴也，疥癣之病也，不苦其已也[⑧]，且其无伤也。今释越而伐齐，譬之犹惧虎而刺猬[⑨]，虽胜之，其后患无央[⑩]。"太宰嚭曰："不可。君王之令所以不行于上国者[⑪]，齐、晋也。君王若伐齐而胜之，徙其兵以临晋，晋必听命矣。是君王一举而服两国也，君王之令必行于上国。"夫差以为然，不听子胥之言，而用太宰嚭之谋。子胥曰："天将亡吴矣，则使君王战而胜。天将不亡吴矣，则使君王战而不胜。"夫差不听。子胥两祛高蹶而出于廷[⑫]，曰："嗟乎！吴朝必生荆棘矣。"夫差兴师伐齐，战于艾陵[⑬]，大败齐师，反而诛子胥。子胥将死，曰："与，吾安得一目以视越人之入吴也！"乃自杀。夫差乃取其身而流之江[⑭]，抉其目著之东门[⑮]，曰："女胡视越人之入我也！"居数年，越报吴，残其国，绝其世，灭其社稷，夷其宗庙[⑯]，夫差身为擒。夫差将死，曰："死者如有知也，吾何面以见子胥于地下！"乃为幎以冒面死[⑰]。夫患未至则不可告也。患既至，虽知之，无及矣，故夫差之知惭于子胥也，不若勿知。

〔注释〕 ① 论：察，知。 ② 以：通“已”，指已死之后。 与勿知同：人死以后，尽管别人了解了他的勇，但与不知道他的勇是一样的，所以说“与勿知同”。 ③ 一贯：一样。 ④ 身死国亡：指关系到身死国亡的大事。 ⑤ 阖庐：春秋时期的吴国国君，夫差之父。夫差国破身死，使得阖庐不得享受祭祀，所以说“祸及阖庐”。 ⑥ 不得使：据上下文，“得”当作“能”。 ⑦ 通：当为“道”字之误。 属(zhǔ)：连。 ⑧ 已：治愈。 ⑨ 惧虎：担心虎患。 豣(jiān)：同“豜”，已长三年的猪。 ⑩ 央：尽。 ⑪ 上国：指中原地区各国，因地势高于吴越等南方国家，所以称“上国”(张双棣等《吕氏春秋译注》)。 ⑫ 袪(qū)：举，这里指提起衣服。 高蹶：高蹈，把脚抬得高高地走路。“两袪高蹶”是形容很生气的样子。 ⑬ 艾陵：春秋齐地，在今山东省莱芜县东。 ⑭ 身：指尸体。 ⑮ 著(zhuó)：附着。 ⑯ 夷：平。 ⑰ 幎(mì)：这里指幎目，覆盖死者面部的巾。冒：覆盖。 面：一本作“而”。(石蕾蕾)

【鉴赏】 化，即变化。知化，即知道变化的趋势。本篇强调君主应该具有预判能力，准确预见到事物发展变化的必然趋势，而及早采取有针对性的措施。在结构上比较简单，先提出观点，然后举吴王夫差不能知化导致国破身死的事例加以论证。

首先，君主本人应能“知化”，具有准确预判形势的能力。辩证唯物主义告诉我们，事物的发展变化有其必然性与偶然性。必然性是指客观事物联系和发展中合乎规律的确定不移的趋势，偶然性揭示的是事物联系和发展过程中并非必定如此的不确定趋势。必然性存在于偶然性之中，没有脱离偶然的纯粹必然，偶然性之中隐藏、体现着必然性，没有脱离必然的纯粹偶然。必然性是通过偶然性开辟道路，但又制约偶然性。预判能力就是从偶然性当中准确判断出其必然性的能力。对必然性与偶然性的认识，墨家领先一步。《墨子·经说上》说：“大故有之必然，无之必不然”，“小故，有之不必然，无之必不然。”这里包含着必然性与偶然性的深刻思想。本篇认为，对于君主来说，一国之君要善于在偶然性中发现必然，准确把握事物发展的趋势，作出有利的判断。文中说："危困之道，身死国亡，在于不先知化也。"一个国家如果处于危困之中，君主身死国亡，主要原因就是不"知化"，没有预判能力。所以"凡智之贵也，贵知化也"。文中举吴王夫差不知化为例：

吴王夫差将要讨伐齐国，伍子胥说："不行。齐国与吴国，习俗不同，言语不通，即使我们得到齐国的土地也不能与齐人相处，得到齐国的百姓也不能役使。而吴国与越国接壤，道路相连，习俗一致，言语相通。我们得到越国的土地就能够与越人相处，得到越国的百姓就能够役使。越国对于我国也是如此。所以吴国与越国是势不两立的两个国家。越国对于吴国如同心腹之疾，虽然没有发作，但它造成的伤害深重而且处于体内。而齐国对于吴国只是癣疥之疾，不愁治不好，况且也没什么妨害。如今舍弃越国而去讨伐齐国，这就像是担心虎患却去猎杀野猪一样，虽然打胜，但也不能除去后患。"太宰嚭说："不能听信伍子胥的话。君王您的命令之所以在中原行不通，是因为齐、晋两国的原因。君主如果进攻齐国并战胜它，然后移兵直压晋国边境，晋国一定会俯首听命。这是君王一举而收服两个国家啊！这样，君王的命令一定会在中原各国得到推行。"夫差认为太宰嚭说得对，不听从伍子胥的话，而采用了太宰嚭的计谋。

就吴国当时的实力，未必打得过齐国。太宰嚭说"如果进攻齐国并战胜它"只是一个假设，并无把握。晋国的实力也很强大，吴国即使战胜齐国，晋国也不会束手就擒，吴晋之战，鹿死谁手也未可知。所以太宰嚭说吴国一战而收服两个国家简直是妄言。更关键的是，吴国的后方是敌国越国。一旦吴国军队到北方打仗去了，后防线必然空虚。越国会乘虚而入的。所以，就当时的形势看，越国才是吴国最危险的敌人，伍子胥对形势的判断是正确的，是能"知化"的人。吴王如果能够看到这一点的话，就能够采纳伍子胥的建议，但是吴王没能看到这一点，是不"知化"。

吴国不"知化"的结果，伍子胥也预测到了。伍子胥说："上天想要灭亡吴国的话，就让君主打胜仗吧；上天不想灭亡吴国的话，就让君主打不了胜仗。"夫差不听。伍子胥提起衣服，大步从朝廷中走了出去，说："唉！

吴国的朝堂一定要荆棘丛生了!”夫差兴兵伐齐,与齐军在艾陵交战,把齐军打得大败。回来以后就要杀伍子胥。伍子胥说:“我怎么才能有一只眼睛留下看越军入吴呢?”说完就自杀了。夫差把他的尸体投进江里,把他的眼睛挖出来挂在国都的东门,然后说:“你怎么会看到越军侵入吴国?”过了几年,果然越人报复吴国,攻破了吴国的国都,灭绝了吴国的世系,捣毁了吴国的社稷,夷平了吴国的宗庙,夫差本人也被活捉。夫差临死时说:“死人如果有知的话,我有什么脸面在地下见伍子胥呢!”于是以巾盖脸自杀了。对于昏君,祸患到来之前无法使他明白祸患将会来到;祸患到来以后,即使他们明白过来,也来不及了。这些都是事先不能准确预判的结果。

其次,君主本身不具备“知化”能力,但臣下具有,这时的君主要善于听取谏言而接纳。吴王夫差本身没有对形势进行准确预判的能力,看不清吴国当时的主要敌人是越国,但是伍子胥看得清,并直言进谏,可惜吴王不听。秦末时期,项羽与刘邦相继起义,刘邦攻下咸阳后,项羽入关,并设鸿门宴会。就当时的情况看,日后能与项羽争天下的只有刘邦。所以项羽的谋臣范增设计要杀掉刘邦。但是这一点,项羽却看不到,也不采纳范增的意见,在鸿门宴上放走了刘邦,最终落得乌江自刎。历史上,有一些明君,本身具有预判能力,有远见,比如李世民在做唐王的时候,能准确预判将会发生宫廷政变。及时采取措施,先下手为强,发动玄武门政变,最终取得成功。也有一些没有远见的君主,但是能够倾听下臣的意见。比如三国时期的刘备,本身对天下大势看不清楚,但他三顾茅庐,倾听诸葛亮的意见,实行“联吴抗曹”的策略,并委国事给诸葛亮,最后三分天下,也取得了成功。只有那些本身不具备预判能力,而又不愿意采纳大臣的意见的君主,最终的结局必然是亡国身死。《吕氏春秋》所论,不仅是对前人历史的总结,也为后来的历史所证明。即使在今天,也有较强的借鉴意义。

(许富宏)

原乱

乱必有弟[1]，大乱五[2]，小乱三，训乱三[3]，故诗曰"毋过乱门"，所以远之也。虑福未及，虑祸之[4]，所以皃之也[5]。武王以武得之，以文持之[6]，倒戈弛弓[7]，示天下不用兵，所以守之也。

晋献公立骊姬以为夫人[8]，以奚齐为太子[9]，里克率国人以攻杀之[10]。荀息立其弟公子卓[11]，已葬[12]，里克又率国人攻杀之。于是晋无君[13]。公子夷吾重赂秦以地而求入[14]，秦缪公率师以纳之，晋人立以为君，是为惠公。惠公既定于晋，背秦德而不予地。秦缪公率师攻晋，晋惠公逆之[15]，与秦人战于韩原[16]。晋师大败，秦获惠公以归，囚之于灵台[17]，十月乃与晋成[18]，归惠公而质太子圉[19]。太子圉逃归也，惠公死，圉立为君，是为怀公。秦缪公怒其逃归也，起奉公子重耳以攻怀公[20]，杀之于高梁[21]。而立重耳，是为文公。文公施舍，振废滞[22]，匡乏困[23]，救灾患，禁淫慝[24]，薄赋敛，宥罪戾[25]，节器用，用民以时，败荆人于城濮，定襄王[26]，释宋[27]，出谷戍[28]，外内皆服，而后晋乱止。故献公听骊姬，近梁五、优施[29]，杀太子申生[30]，而大难随之者五[31]，三君死[32]，一君虏[33]，大臣卿士之死者以百数，离咎二十年[34]。自上世以来，乱未尝一。而乱人之患也，皆曰一而已，此事虑不同情也[35]。事虑不同情者，心异也。故凡作乱之人，祸希不及身[36]。

〔**注释**〕 ① 弟：次序。 ② 五：与下两句的“三”都是泛指多次。 ③ 讨：一说为“讨”字之误。 ④ 虑祸之：当作“虑祸过之”。 ⑤ 皃：疑为“完”字之误。完：保全。 ⑥ 文：指礼乐教化。 ⑦ 倒(dào)戈：倒置干戈。 ⑧ 骊姬：骊戎国君的女儿，初为献公妾，后立为夫人，谗害太子申生等，乱晋国。 ⑨ 奚齐：献公之子，骊姬所生。 ⑩ 里克：晋大夫。 ⑪ 荀息：晋大夫，奚齐的老师，晋献公临终曾向他托孤。公子卓：晋献公之子，骊姬之妹所生，又称卓子。 ⑫ 已葬：指葬晋献公以后。据《史记》，里克杀奚齐在晋献公死而未葬的时候，已葬之后又杀公子卓。 ⑬ 于是：在这时。 ⑭ 赂：赠送财物。 入：进入晋国为君。骊姬之乱发生后，献公之子夷吾、重耳等都被迫逃亡国外，夷吾先于重耳回国。 ⑮ 逆：迎。 ⑯ 韩原：晋地，在黄河以东。⑰ 灵台：高台名。 ⑱ 成：平，媾和。 ⑲ 归：送回。 质：以……为人质。 圉(yǔ)：晋惠公太子的名字。 ⑳ 起：举，扶植。 奉：帮助。 ㉑ 高梁：晋地，在今山西省临汾县东北。 ㉒ 振：举，指起用。 废：被废弃罢黜的人。 滞：沉滞不得升迁的人。 ㉓ 匡：救济。 乏困：缺少资财的人。 ㉔ 淫慝(tè)：邪恶。 ㉕ 宥(yòu)：赦免。 戾：罪。 ㉖ 定襄王：这里指安定周襄王的王位。 ㉗ 释宋：“宋”下当有“围”字。释宋围：为宋国解围。据《左传》，晋文公四年楚及陈、蔡、郑、许等国围宋。 ㉘ 出谷戍：使驻守谷邑的楚军撤离。谷，春秋齐邑，在今山东省东阿县。㉙ 梁五：人名。优施：名叫施的玩杂戏的人。梁五、优施都是晋献公的嬖幸之臣。㉚ 杀太子申生：公元前656年晋献公听信骊姬谗言，逼太子申生自杀。 ㉛ 大难随之者五：指下文“三君死”、“一君虏”及惠公入晋为君后杀其大夫里克、丕郑等五次大的祸乱。 ㉜ 三君：奚齐、卓子、怀公。 ㉝ 一君：指惠公。 ㉞ 离：通“罹(lí)”，遭受。咎：灾祸。 ㉟ 同情：同实，一样。 ㊱ 希：少。(石蕾蕾)

【鉴赏】 原乱，推究祸乱的根源。国家需要稳定，不要动乱，这是任何统治者都希望看到的局面。因为国家一乱，势必会引起连锁反应，这叫“乱必有弟”。一旦国家动乱，不会很快地平静下来，这叫“乱未尝一”。那种认为祸乱“一而已”的想法，是不切实际的。所以，君主要慎重持国，“虑福未及，虑祸过之”。不要轻启祸端。而随意制造祸乱的人，也不会有好结果，最终也会祸及己身。

动乱的根源在哪里呢？本篇的认识，是极具启发意义的，这也是本篇的价值所在。现在许多人在研究动乱的根源，有人说是国内的经济发展不力，有人说是国际环境影响，也有人认为是自然环境的恶化，比如水灾、旱灾、地震等自然灾害。总之，有许许多多的说法，但这些说法都没有找到根本。本篇认为，动乱的根源在于家庭。没有处理好家庭关系，是一切动乱的根源。

为了说明这一点，本篇举晋国骊姬之乱的历史为证。晋国之乱，源自献公。晋献公五年，伐骊戎，得骊姬。骊姬后生奚齐。晋献公有八个儿子，以太子申生、公子重耳、公子夷吾有贤名。献公宠爱骊姬后，就疏远了这三个儿子。晋献公二十一年，骊姬谋划废太子申生，而立自己的儿子奚齐为太子。于是一次，骊姬对申生说："大王昨晚梦见了你母亲齐姜，你速取曲沃祭祀你母亲吧，回来安慰大王。"太子申生于是到曲沃祭祀。回来时给献公献上祭肉。当时，献公在外打猎，祭肉放在宫中。骊姬派人将毒药放在肉中。等献公回来时，厨师献上祭肉，献公正要吃，骊姬从旁打断说："祭肉是从很远的地方送过来的，应该试试有没有毒。"于是把肉给狗吃，狗毒死了。又叫来一位宫中小臣，吃了肉也死了。骊姬立即进谗言说："太子怎么这么毒辣呢？难道他想弑父代立吗？"然后又哭着说："太子之所以这样做，都是因为想杀掉我和奚齐的缘故啊，我还是请求避难他国吧！"太子逃到新城。有人对太子说："在肉里放药的是骊姬，你为什么不申辩呢？"申生说："大王已经年纪大了，没有骊姬，寝食难安。即使去辩解，也只会惹大王发怒。"于是在新城自杀。当时公子重耳和夷吾均在国都，骊姬害怕二位公子揭发，乘机说坏话说："太子放毒药，两位公子都是知道的。"结果，重耳和夷吾都吓跑了。晋献公死后，还没有安葬，晋国大夫里克杀掉奚齐。晋国没有国君。晋国国相荀息立骊姬的小儿子悼子（即本篇所说的卓子）为国君，在悼子和荀息的主持下，把晋献公安葬了。不久，里克又杀掉了悼子。于是晋国又没有了国君。公子夷吾贿赂土地给秦穆公，在秦穆公的支持下回到晋国当了国君，这就是晋惠公。晋惠公当上国王后，反悔不给秦国土地，结果被秦穆公捉住囚禁在灵台。晋国大臣与秦谈判，以太子圉为人质换回惠公。后来太子圉从秦逃跑回来，晋惠公死。太子圉即位，为晋怀公。秦穆公因晋怀公曾从秦国逃回，于是奉公子重耳回晋，杀掉怀公，立重耳，是为晋文公。晋文公在位，励精图治，终于终止了晋国长达二十多年的内乱。自献公宠爱骊姬以来，“大难随之者五，三君死，一君虏，大臣卿士之死者以百数，离咎二十年”。

过去，中国是家天下的体制。天下是国君一家之天下。国君一家是否和平安宁，对于整个国家来说是至关重要的。所以儒家说“修身、齐家、治国、平天下”，修身的目的是为了“齐家”。而如果家不“齐”，那么，国就无法得到治理。因此，动乱的根源在家庭。本篇举例说的晋国之乱，实际上也就是源于晋献公的家庭之乱。家庭一乱，势必引起连锁反应，最终祸及全国，所以本篇说：“乱必有弟，大乱五，小乱三，训乱三，故诗曰‘毋过乱门’，所以远之也。虑福未及，虑祸之，所以远之也。”

而就家庭内乱来说，一般都是由国君宠爱妃子引起的。这里就有一个后世说不完的话题：即后宫乱政的问题。晋国之乱是晋献公宠爱骊姬引起的，其实，早在晋国之前，后宫乱政现象已经屡见不鲜了。像夏桀宠爱妹喜，商纣王宠爱妲己，周幽王宠爱褒姒等。所以妹喜、妲己、褒姒、骊姬被称为中国古代四大妖姬。这在吕不韦也是亲身经历的。吕不韦正是看到秦昭王太子安国君宠爱华阳夫人，为其筹划异人为华阳夫人嗣子的。异人成为秦国国君之后，吕不韦即为相。这里虽不能说是华阳夫人乱政，但作为执政者的吕不韦来说，还是要防止这种局面再次出现。后来的历史也证明了吕不韦的远见。如晋朝的贾后，不仅长得奇丑，还豢养宠男，搞得朝廷乌烟瘴气，直接导致了“八王之乱”。唐玄宗宠爱杨贵妃，重用杨贵妃的哥哥杨国忠，专权擅国，朝廷上下怨声载道，直接导致了“安史之乱”，国家命运发生转折。明朝天启年间的客氏，勾结太监魏忠贤，祸乱后宫，导致国家衰败，不久被清所灭等。这些朝廷的动乱均是由国君一家的乱象导致的。

在家天下的体制内，国君一家的动乱是国家动乱的源头，因此预防后宫乱政，确保国君的家庭和平相处，是本篇对秦王嬴政以及后世帝王的警示。

（许富宏）

博志

先王有大务[①]，去其害之者，故所欲以必得，所恶以必除，此功名之所以立也。俗主则不然，有大务而不能去其害之者，此所以无能成也。夫去害务与不能去害务，此贤不肖之所以分也。使獐疾走，马弗及至，已而得者，其时顾也[②]。骥一日千里，车轻也；以重载则不能数里，任重也[③]。贤者之举事也，不闻无功，然而名不大立、利不及世者，愚不肖为之任也[④]。冬与夏不能两刑[⑤]，草与稼不能两成，新谷熟而陈谷亏，凡有角者无上齿[⑥]，果实繁者木必庳[⑦]，用智褊者无遂功[⑧]，天之数也。故天子不处全[⑨]，不处极，不处盈。全则必缺，极则必反，盈则必亏。先王知物之不可两大[⑩]，故择务当而处之[⑪]。

孔、墨、宁越[⑫]，皆布衣之士也，虑于天下，以为无若先王之术者，故日夜学之。有便于学者无不为也，有不便于学者无肯为也。盖闻孔丘、墨翟，昼日讽诵习业[⑬]，夜亲见文王、周公旦而问焉。用志如此其精也[⑭]，何事而不达？何为而不成？故曰："精而熟之，鬼将告之。非鬼告之也，精而熟之也。"今有宝剑良马于此，玩之不厌，视之无倦。宝行良道[⑮]，一而弗复[⑯]，欲身之安也，名之章也，不亦难乎！宁越，中牟之鄙人也[⑰]，苦耕稼之劳，谓其友曰："何为而可以免此苦也？"其友曰："莫如学。学三十岁则可以达矣。"宁越曰："请以十五岁。人将休，吾将不敢休；人将卧，吾将不敢卧。"十五岁而周威公师之[18]。矢之速也而不过二里止也，步之迟也而百舍不止也[19]。今以宁越之材而久不止，其为诸侯师，岂不宜哉！

养由基、尹儒[20]，皆文艺之人也[21]。荆廷尝有神白猿，荆之善射者莫之能中。荆王请养由基射之，养由基矫弓操矢而往[22]，未之射而括中之矣[23]，发之则猿应矢而下[24]，则养由基有先中中之者矣[25]。尹儒学御三年而不得焉，苦痛之[26]，夜梦受秋驾于其师[27]。明日往朝，其师望而谓之曰[28]："吾非爱道也[29]，恐子之未可与也。今日将教子以秋驾。"尹儒反走，北面再拜曰："今昔臣梦受之[30]。"先为其师言所梦，所梦固秋驾已。上二士者，可谓能学矣，可谓无害之矣，此其所以观后世已。

〔注释〕 ① 务：事。 ② 顾：回头看。獐性多疑，善顾，这里用来作比喻。 ③ 任：负担。 ④ 为之任：成为他的负担。 ⑤ 刑：通"形"，成。 ⑥ 凡有角者无上齿：指有些长角的动物如牛、羊等上颚缺门齿及犬齿。 ⑦ 庳(bēi)：低矮。 ⑧ 用智褊(biǎn)者：指思想褊狭的人。褊，狭窄。 无遂功：当作"功无遂"。遂，成。 ⑨ 处(chǔ)：做。 ⑩ 两大：两方面同时得以发展壮大。 ⑪ 当(dàng)：适宜。 ⑫ 宁越：战国时赵人，曾为周威公师。 ⑬ 讽、诵：皆为背诵。 ⑭ 用志：用心。 精：纯粹，专一。 ⑮ 宝行：可宝贵的行为。 良道：善道，好的学说。"宝行良道"是承上文"宝剑良马"而言。 ⑯ 一：做一次。 ⑰ 中牟：战国赵地，在今河南省汤阴县西。 ⑱ 周威公：战国西周国君。 ⑲ 舍：古代度量单位，三十里为一舍。 ⑳ 养由基：春秋时期楚人，以善射著称。 尹儒：人名，善御。 ㉑ 文艺：指高超的技艺。文，美，善。艺，技艺。 ㉒ 矫：举。 ㉓ 未之射而括中之矣：意思是，箭还未射出去，就已经把白猿射中了。括，箭末端扣弦处，这里指箭。 ㉔ 发：把箭射出去。 ㉕ 有先中中之者：大意是，具有在射中目标之前就从精神上把它射中的技艺，极言技艺纯熟。 ㉖ 痛：忧伤。 ㉗ 秋驾：一种驭马的技艺。 ㉘ 望而谓之曰：这句主语是"其师"。 ㉙ 道：技艺。 ㉚ 今昔：指昨夜。昔，通"夕"。(石蕾蕾)

【鉴赏】 博志，应作搏志。博、搏字形相似而误。搏，即对打，搏斗；

志，为心志。搏志，即心志相搏，也就是一心二用。本篇论学习的关键的是要专心致志。

首先，从日常生活现象出发，论证人不能一心二用，大凡能成就事业的国君，都能去除内心的杂念，一心将精力扑在事业上。文章一开头便说："先王有大务，去其害之者，故所欲以必得，所恶以必除，此功名之所以立也。"古代的先圣国王，都能去掉伤害事业的不利因素，所以能够成就功名。而这里所指的不利因素就是心思不专一。所以下文说："假使獐子能一心一意地快跑，马也是追不上的。但是獐子往往被捕获，主要是它们经常回头张望。千里马能日行千里，主要是所驾之车轻的缘故；如果让千里马驮以重载，那么一日只能跑数里，这是因为负重的缘故。贤明的人做事，他的功名不闻于世，他为人民带来的好处，人们享受不到，是因为有愚昧不肖的人成为他的拖累。"这些都是因为不能做到心思专一，而心有负担的缘故。

从事物的客观实际情况来讲，冬天与夏天不能同时形成，野草与庄稼不能同时生长。新粮成熟的时候陈粮必然被吃得差不多了。凡是有角的动物，肯定没有上颚的牙齿。果实繁多的树木必然长得低矮。思想褊狭的人做事不可能取得成功。这是大自然的法则。所以，古代的天子知道事物的两个方面不能同时都发展壮大，所以只能选择其中之一。这也要求人在做事的过程中，只能专心一意。

这段文字的思想，反映的是春秋战国时期人们的普遍认识。《老子》第十章说："载营魄抱一，能无离乎？专气致柔，能如婴儿乎？"意思是说精神和形体合一，能不分离吗？结聚精气以致柔顺，能像婴儿一样的状态吗？这里已经认识到只有做到"专气"或"一"，才能达到理想的状态。《庄子·达生》篇说："用志不分，乃凝于神。"只有运用心志不分散，才能高度凝聚精神，心思专一。"用志不分"应该就是搏志的先声。《孟子·告子上》也说："夫今弈之为数，小数也，不专心致志，则不得也。"下棋作为一门技术，也就算一门小技术。但是，就像这样的一门小技术，如果不专心致志，还是下不好的。

对‘心不二用’论述较多的还是距《吕氏春秋》不远的荀子。荀子把人一心二用当作“蔽”,要求“解蔽”。《荀子·解蔽》篇说:“天下无二道,圣人无两心。”大道只有一个,人心也只有一个,天下没有两种都正确的原则,圣人也不会有两种对立的思想。荀子把蒙蔽的实质说得很清楚,就是未能专心致志地体会大道。《解蔽》篇又说:“物不可两也,故知者择一而壹焉。”认识事物的准则不可能有对立的两种,所以明智的人选择一种而专心于它。又说:“故好书者众矣,而仓颉独传者,壹也;好稼者众矣,而后稷独传者,壹也;好乐者众矣,而夔独传者,壹也;好义者众矣,而舜独传者,壹也。倕作弓,浮游作矢,而羿精于射;奚仲作车,乘杜作乘马,而造父精于御。自古及今,未尝有两而能精者也。曾子曰:‘是其庭可以搏鼠,恶能与我歌矣?’”古代喜欢写字的人很多,但只有仓颉一个人的名声流传了下来,这是因为他用心专一啊;喜欢种庄稼的人很多,但只有后稷一个人的名声流传了下来,这是因为他用心专一啊;爱好音乐的人很多,但只有夔一个人的名声流传了下来,这是因为他用心专一啊;爱好道义的人很多,但只有舜一个人的名声流传了下来,这是因为他用心专一啊。倕制造了弓,浮游创造了箭,而羿善于射箭;奚仲制造了车,乘杜发明了用四匹马拉车,而造父精通驾车。从古到今,还从来没有过一心两用而能专精的人。曾子说:“唱歌的时候看着那打节拍的棍棒而心想可以用它来打老鼠,又怎么能和我一起唱歌呢?”所以对那些“未得道而求道者”,“虚一而静”是他们行动的准则。

其次,如何才能达到心志专一呢?学习的理想状态是人与学习的对象高度融合,合而为一。孔丘、墨翟、宁越,都是没有地位的读书人。他们日夜学习,“盖闻孔丘、墨翟,昼日讽诵习业,夜亲见文王、周公旦而问焉。”据说,孔丘、墨翟白天背诵经典研习学业,夜里就亲眼见到文王和周公,当面向他们请教。其实,夜里并不能见到文王和周公,而是自己所学已经能够深入领会文王和周公的思想,做到了与学习的对象高度融合。宁越是草野之民,他的朋友告诉他,学习三十年就可以显达了。而宁越却只用了十五年。在这十五年中,别人休息,宁越不休息；别人睡觉，宁越不睡觉。学了十五年，终于成就大器，周威公拜他为老师。楚王请养由基射白猿，养由基箭未发，白猿就被射中了。尹儒学习驾车，学了三年，仍无所得。有一天夜里做梦，梦见从老师那里学到了驾车的技艺。第二天遇到了老师，老师所教的技艺刚好是前一天晚上梦见的方法。养由基和尹儒学习技艺，都是将自己的全部心力全神贯注在对象上，做到了人与对象的高度合一，所以技艺才达到高超的境地。而人与对象的高度合一，才是真正的"搏志"。这对今天的学生如何进行有效的学习具有重要的启发意义。

（许富宏）

似顺论第五

似顺

事多似倒而顺[①]，多似顺而倒。有知顺之为倒、倒之为顺者，则可与言化矣。至长反短[②]，至短反长[③]，天之道也。

荆庄王欲伐陈，使人视之。使者曰："陈不可伐也。"庄王曰："何故？"对曰："城郭高，沟洫深[④]，蓄积多也。"宁国曰[⑤]："陈可伐也。夫陈，小国也，而蓄积多，赋敛重也，则民怨上矣；城郭高，沟洫深，则民力罢矣。兴兵伐之，陈可取也。"庄王听之，遂取陈焉。

田成子之所以得有国至今者[⑥]，有兄曰完子，仁且有勇。越人兴师诛田成子曰："奚故杀君而取国[⑦]？"田成子患之。完子请率士大夫以逆越师，请必战，战请必败，败请必死。田成子曰："夫必与越战可也。战必败，败必死，寡人疑焉。"完子曰："君之有国也，百姓怨上，贤良又有死之，臣蒙耻。以完观之也，国已惧矣。今越人起师，臣与之战，战而败，贤良尽死，不死者不敢入于国。君与诸孤处于国[8]，以臣观之，国必安矣。”完子行，田成子泣而遗之。夫死败，人之所恶也，而反以为安，岂一道哉！故人主之听者与士之学者不可不博。

尹铎为晋阳下[9]，有请于赵简子。简子曰：“往而夷夫垒[10]。我将往，往而见垒，是见中行寅与范吉射也。”铎往而增之。简子上之晋阳，望见垒而怒曰：“嘻！铎也欺我。”于是乃舍于郊[11]，将使人诛铎也。孙明进谏曰[12]：“以臣私之[13]，铎可赏也。铎之言固曰[14]：‘见乐则淫侈，见忧则诤治[15]，此人之道也。今君见垒念忧患，而况群臣与民乎？夫便国而利于主，虽兼于罪[16]，铎为之。夫顺令以取容者[17]，众能之，而况铎欤？’君其图之。”简子曰：“微子之言，寡人几过。”于是乃以免难之赏赏尹铎[18]。人主太上喜怒必循理[19]，其次不循理必数更[20]，虽未至大贤，犹足以盖浊世矣。简子当此。世主之患，耻不知而矜自用[21]，好愎过而恶听谏[22]，以至于危。耻无大乎危者。

〔注释〕 ① 倒：逆，这里指违背事理。 顺：一致，这里指合于事理。 ② 至长反短：指夏至白天最长，过了夏至反要逐渐缩短。至，极，最。 ③ 至短反长：指冬至白天最短，过了冬至反要逐渐变长。 ④ 沟洫(xù)：指护城河。洫，沟渠。 ⑤ 宁国：楚臣名。 ⑥ 田成子：春秋末齐国大夫，名田恒(陈恒)，又称田常(陈常)，谥成子。 ⑦ 君：指齐简公，为田成子所杀。 ⑧ 孤：指战死者的后代。 ⑨ 尹铎：赵简子的家臣。 为：治。 晋阳：春秋晋邑，赵简子的封地，在今山西省太原市。 下：指由晋阳来到晋国国都新绛(今山西省曲沃县)。晋阳地势高，新绛地势低，分别处于汾水上、下游，所以从晋阳到新绛称“下”。 ⑩ 夷：平。 夫：那。 垒：军营的墙壁。 ⑪ 舍：驻扎。 ⑫ 孙明：赵简子家臣。 ⑬ 私：私下考虑。 ⑭ 固：本来。 ⑮ 诤：争，竞相。 ⑯ 兼：加倍。 ⑰ 取容：取悦于人。 ⑱ 免难之赏：使君主免于患难的重赏。尹铎增高营垒，使简子警惧戒备这样就可以免于患难。 ⑲ 太上：指德行最高的。 ⑳ 更：改变，这里指改变喜怒不循理的做法。 ㉑ 矜：骄傲自负。自用：自以为是，依己意而行。 ㉒ 愎(bì)过：坚持错误。愎，执拗，固执。(石蕾蕾)

【鉴赏】 本篇主要讨论事物的现象与本质之间的关系，强调正确认识事物的本质。这是关于现象与本质范畴的一篇专论，在中国哲学史上具有重要的意义。

本篇一开始就指出："事多似倒而顺，多似顺而倒。有知顺之为倒、倒之为顺者，则可与言化矣。"事情有很多似乎悖理其实是合理的，有很多似乎合理其实是悖理的。如果有人知道表面合理其实悖理、表面悖理其实合理的道理，就可以跟他谈论事物的发展变化了。这里已经认识到事物的现象与本质之间的矛盾。现象是事物的外部联系和表面特征，是事物本质的外部表现。本质是事物的根本性质，是构成一事物的各必要要素的内在联系，是客观事物各种具体表现的内在根据。现象是表面的、外露的，因而可以直接为人的感官所感知，但是离不开本质，并由本质所决定；本质则深藏于事物内部，是看不见、摸不着的，只能靠理性思维才能把握，但是本质又是通过现象表现出来。任何事物既有为我们感觉所能直接感受的表现于外的一面，又有深藏于内的、统制着外在各种变化的内在的一面。要进一步认识和把握客观事物，就要从现象进到本质。

为了说明这种认识，文中举楚庄王攻打陈国的例子作说明。楚庄王打算进攻陈国，派人去察看陈国的情况。派去的人回来说："陈国不能进攻。"庄王说："那是什么缘故？"回答说："陈国城墙很高，护城河很深，蓄积的粮食财物很多。"这时楚国的大臣宁国说："照这样说，陈国是可以进攻的。因为陈国是个小国，而蓄积的粮食财物却很多，说明它的赋税繁重，那么人民就怨恨君主了。城墙高，护城河深，那么民力就凋敝了。对一个怨声载道的国家来说，起兵进攻它，是轻易可以获胜的。所以陈国是可以攻打的。"楚庄王听从了宁国的意见，于是攻取了陈国。从表面上看，陈国"城郭高，沟洫深，蓄积多"，但这只是表象，这个表象的背后，却是陈国的国君不爱惜民力，赋税繁重，民众对国家怀有不满。这是现象背后的东西。楚国的宁国能够透过表象看到本质，所以建议可以攻打陈国，并取得了成功。

齐国的田成子杀死了齐君而代立，这是十分不得人心的事。田成子的哥哥名叫完子，利用越国攻打齐国的机会，请求率领士大夫迎击越军，并且要求准许自己一定同越军交战，交战还要一定战败，战败还要一定战死。田成子说："一定同越国交战是可以的，交战一定要战败，战败还要一定战死，这我就不明白了。"完子说："你据有齐国，百姓怨恨你，贤良之中又有敢死之臣认为蒙受了耻辱。据我看来，国家已经令人忧惧了。如今越国起兵，我去同他们交战，如果交战失败，随我去的贤良之人就会全部死掉，即使不死的人也不敢回到齐国来。你和他们的遗孤居于齐国，据我看来，国家一定会安定了。"完子出发，田成子哭着为他送别。完子看到了田成子篡位成功只是表象，真正享有一个国家，必须要任用贤人，赢得人心才能长久地做国君。田成子吸取了完子的训导，励精图治，终于可以长久地享有齐国。

假象是与事物的已知本质相反的现象。如果把一时的局部的现象误认为就是事物的本质，或者把假象当作真相，混淆真伪，在认识论上就会作出片面的甚至根本错误的结论，在实践中导致失败。尹铎治理晋阳，到新绛向赵简子请示事情。赵简子说："去把那些营垒拆平。我将到晋阳去，如果去了看见营垒，这就像看见中行寅和范吉射似的。"尹铎回去以后，反倒把营垒增高了。赵简子上行到了晋阳，望见营垒，生气地说："哼！尹铎欺骗了我！"于是住在郊外，要派人把尹铎杀掉。孙明进谏说；"据我私下考虑，尹铎是该奖赏的。尹铎的意思本来是说：遇见享乐之事就会恣意放纵，遇见忧患之事就会励精图治，这是人之常理。如今君主见到营垒就想到了忧患，又何况群臣和百姓呢！有利于国家和君主的事，即使加倍获罪，尹铎也宁愿去做。顺从命令以取悦于君主，一般人都能做到，又何况尹铎呢！希望您好好考虑一下。"简子说："如果没有你这一番话，我几乎犯了错误。"于是就按使君主免于患难的赏赐赏了尹铎。赵简子只看到眼前的假象，而没有发现假象背后所隐藏的本质，尹铎和孙明则都透过了假象看到了本质。所以，人主即使没有透过现象看本质的能力，也要善于采纳下臣的意见，以避免引起失误和危险。

（许富宏）

士容论第六

上 农

古先圣王之所以导其民者，先务于农。民农非徒为地利也，贵其志也。民农则朴，朴则易用，易用则边境安，主位尊。民农则重[①]，重则少私义[②]，少私义则公法立，力专一。民农则其产复[③]，其产复则重徙[④]，重徙则死其处而无二虑。民舍本而事末则不令[⑤]，不令则不可以守，不可以战[⑥]。民舍本而事末则其产约，其产约则轻迁徙，轻迁徙则国家有患皆有远志，无有居心。民舍本而事末则好智，好智则多诈，多诈则巧法令[⑦]，以是为非，以非为是。

后稷曰："所以务耕织者，以为本教也[⑧]。"是故天子亲率诸侯耕帝籍田[⑨]，大夫士皆有功业[⑩]，是故当时之务[⑪]，农不见于国[⑫]，以教民尊地产也。后妃率九嫔蚕于郊，桑于公田，是以春秋冬夏皆有麻枲丝茧之功[⑬]，以力妇教也[⑭]。是故丈夫不织而衣，妇人不耕而食，男女贸功以长生[⑮]，此圣人之制也。故敬时爱日[⑯]，非老不休，非疾不息，非死不舍。

上田[⑰]，夫食九人。下田，夫食五人。可以益，不可以损。一人治之，十人食之，六畜皆在其中矣[⑱]。此大任地之道也[⑲]。故当时之务，不兴土功，不作师徒[⑳]，庶人不冠弁、娶妻、嫁女、享祀[㉑]，不酒醴聚众，农不上闻[㉒]，不敢私籍于庸[㉓]，为害于时也。然后制野禁[24]，苟非同姓，农不出御[25]，女不外嫁[26]，以安农也。

野禁有五：地未辟易[27]，不操麻[28]；不出粪[29]；齿年未长[30]，不敢为园囿[31]；量力不足，不敢渠地而耕[32]；农不敢行贾，不敢为异事，为害于时也。然后制四时之禁：山不敢伐材下木，泽人不敢灰僇[33]，缳网罝罦不敢出于门[34]，罛罟不敢入于渊[35]，泽非舟虞不敢缘名[36]，为害其时也。

若民不力田，墨乃家畜[37]，国家难治，三疑乃极[38]，是谓背本反则，失毁其国。凡民自七尺以上属诸三官[39]，农攻粟[40]，工攻器，贾攻货。时事不共[41]，是谓大凶。夺之以土功，是谓稽[42]，不绝忧唯[43]，必丧其秕。夺之以水事[44]，是谓籥[45]，丧以继乐[46]，四邻来虚[47]。夺之以兵事，是谓厉[48]，祸因胥岁[49]，不举铚艾[50]。数夺民时，大饥乃来，野有寝耒[51]，或谈或歌，旦则有昏[52]，丧粟甚多。皆知其末[53]，莫知其本真[54]。

〔**注释**〕 ① 重：稳重，持重。 ② 义：通“议”。 ③ 产：家产，指土地、农具等。复：繁多。 ④ 重：以……为重，觉得难办。 ⑤ 本：根本，指农业。 末：末业，指工商。 不令：不受令，不听从命令。 ⑥ 战：指进攻。 ⑦ 巧法令：在法令上要机巧。 ⑧ 本教：根本的教化。 ⑨ 籍田：古代供帝王举行亲耕仪式的田地，其出产用于宗庙祭祀。 ⑩ 功业：职事，这里指在举行籍田之礼时需要完成的劳动。 ⑪ 时：农时。 务：急务。 ⑫ 国：这里指都邑。 ⑬ 枲（xǐ）：麻的雄株。 功：事。 ⑭ 力：致力，尽力。 妇教：对妇女的教化。 ⑮ 贸：交换。 功：功效，指劳动所得， 长（zhǎng）生：延续生命。 ⑯ 敬：慎。 ⑰ 上田：上等田地。 夫：成年男子，这里指一夫所耕的田地。 食（sì）供养。 ⑱ 六畜皆在其中：指把饲养的六畜也包括在内统一计算。 ⑲ 任地：使用土地。 ⑳ 作：兴。 师徒：军队。 ㉑ 冠（guàn）弁（biàn）：举行冠礼。弁，皮冠。古代男子二十岁时要举行冠礼，以表示进入成年。 享祀：祭祀。享，进献。 ㉒ 上闻：赐爵的一种。 ㉓ 籍：通“藉（jiè）”，借。

㉔ 野禁：关于乡野的禁令。 ㉕ 农：指从事农耕的男子。 出御：从外地娶妻。御，娶妻。 ㉖ 女：未婚女子。 古代男女同姓不通婚，但如本地皆为同姓，则可不受限制。 ㉗ 辟易：整治。辟，耕垦。易，治。 ㉘ 操麻：操作麻事，即从事绩麻等劳动。 ㉙ 出粪：清楚污秽，指打扫房舍等。粪，秽物。 ㉚ 齿年：年龄。 长(zhǎng)：上年纪。 ㉛ 园：栽种果树的地方。 囿：饲养禽兽的地方。园囿的劳动较轻，所以禁止青壮年去做。 ㉜ 渠：使……扩大。 ㉝ 灰：烧草木成灰。 僇：通"戮"，这里指割草。 ㉞ 缳(xuàn)：罗网。 罝(jū)：捕兽网。 罦(fú)：捕鸟网。 ㉟ 罛(gū)、罟(gǔ)：都是捕鱼的网。 ㊱ 舟虞：官名，负责管理舟船。 ㊲ 墨：通"没"，没收。 乃：同"其"。 畜：通"蓄"，积蓄，财产。 ㊳ 三：指农、工、商三类人。 疑：通"拟"，仿效。 ㊴ 七尺：指成年。 官：这里指职业、职事。 ㊵ 攻：治，进行、从事某种工作。 ㊶ 时：农时。 事：农事。 共：同，一致。 ㊷ 稽：延迟，指延误农时。 ㊸ 唯：通"惟"，思虑。 ㊹ 水事：治水之事。 ㊺ 籥(yuè)：通"瀹"，浸渍。 ㊻ 丧以继乐：这里意思是说治水本是好事，但由于时间不对，结果使农民丧失收成。 ㊼ 虚：当作"虐"，残害。 ㊽ 厉：虐害。 ㊾ 胥岁：全年，这里是整年连续不断的意思。胥：皆，尽。 ㊿ 不举铚(zhì)艾(yì)：用不着开镰收割，意思是地里毫无收成。铚，收割用的短镰。艾，收割。 51 寝耒(lěi)：闲置不用的农具。耒，泛指农具。 52 有：通"又"。 53 末：末节。 54 本真：根本，这里指重农。（石蕾蕾）

【鉴赏】 上农即尚农，意思是尊尚农业，也就是重农。农村、农业和农民问题一直都是中国政治的核心问题。历代统治者无不重视农业和农民问题。春秋战国时期，生产力低下，人们的生活来源主要依靠农业，人们对农业问题也是高度重视。战国时期的战争也都是为了争夺土地而展开的。成语"逐鹿中原"，说的就是对中原的争夺。因为中原有大量的肥沃的土地，至今都还是粮食的主产区。实际上，在战国时期，谁掌握了土地，谁才能成为国家的主人。因此，国君无不重视土地。有了土地，必须重视土地的出产，这就需要重视农业和农民。吕不韦也重视农业，所以提出"尚农"。但是吕不韦的"尚农"还有与他人不同的认识。

首先，重农不只是为了获得土地生产之利，更重要的是可以使农民淳朴易用。文中说："古先圣王之所以导其民者，先务于农。民农非徒为地利也，贵其志也。”古代的圣王善于使民的关键，就是让人民从事农业。让人民从事农业，不仅仅是让他们种庄稼获得食物，而是让他们安心从业，便于国家和统治者管理。因为“民农则朴，朴则易用，易用则边境安，主位尊”，农民的特性是非常纯朴的。让农民从事农业生产，这样就便于统治者使唤。人民从事农业生产，就会被固定在土地上，就不能在境内惹事，国家就平安，君主的地位就能得到尊崇。“民农则重，重则少私义，少私义则公法立，力专一”，农民从事农业生产就会稳重，稳重就很少考虑个人的私利，不像商人那样更多考虑个人的私利。这样国家就会安定，社会就会减少争斗。国家的法律也就能得到执行了。因此，重农实为消除动乱、富国强兵的根本，是一种重要的治国方略。所以“天子亲率诸侯耕帝籍田”、“后妃率九嫔蚕于郊，桑于公田”，目的都是“教民尊地产”和“力妇教”，其重点并不在“君民并耕”，而是“教化人民”。本篇又说：“民舍本而事末则其产约，其产约则轻迁徙，轻迁徙则国家有患。”如果人民都不从事农业生产，而去经商，那么他们必定经常迁徙，民众经常迁徙，那么国家就有祸患了。所以“若民不力田”则“国家难治”。

其次，提出了关于农业生产的各种政令，中心思想是要强本抑末，不违农时，以利于发展农业生产。这些政策措施包括：其一，要慎守农时。“故敬时爱日，非老不休，非疾不息，非死不舍。”所以要珍惜农时，人如果不是年老，不得停止劳作，不是患病不得休息，不到死的那一天，人就得都要进行农业生产。不到适当的季节，山中不得伐木，水泽地区不得烧灰割草，渔网不得下水。“是故当时之务，农不见于国”，正当农事大忙的时候，农民不得出现在都城，只能在土地里专心从事农业生产。这些都是为了确保不违农时。其二，确定农民的负担，将农民固定在土地上。国家的政策应当规定每个农民的具体负担的数额。如果种上等田地，每年要上供够九个人生活的粮食；如果种下等田地，每年要上供够五个人生活的粮食。如果包括蔬菜和家畜在内，一个农民一年要供十个人的消费。不仅如此，男子不得从外地娶妻，女子也不得嫁到外地，以便农民安处一地。其三，政府的工作也围绕农业展开。正当农事大忙时节，政府不得大兴土木，大兴土木就会侵夺农时，田里连秕谷也收不到，这叫“延误”。政府也不能进行战争，如果这样，灾祸就会连年不断。这些政策措施，虽然也有对政府的约束，但主要是给农民增加沉重的负担，把农民固定在土地上，迫使农民不得随意迁徙。所有这些，不是站在爱惜民力的立场上，而是站在统治者的立场上。这就是吕不韦的农业思想。

本篇反应的是古代农书《野老》的农学思想，是现存可见的最早的关于古代农业生产的文字材料。马骕《绎史》卷一百四十六说《上农》四篇“盖古农家野老之言，而吕子述之”。关于野老其人，文献中有零星的记载。《汉书·艺文志》次列《野老》十七篇，班固自注：“六国时，在齐楚间。”应劭曰：“年老居田野，相民耕种，故号野老。”《太平御览》卷第五百十将“野老”列为“逸民部”，与其并列还有：鬼谷先生、郑长者、南公者，鹖冠子、河上丈人。王应麟曰《真隐传》说：“六国时人。游秦楚间，年老隐居，掌劝为务。著书言农家事，因以为号。”总之，野老大概是战国时期楚国的一位隐士，曾在齐国、秦国活动过，晚年著有《野老书》，是我国古代一位重要的农学家。因其曾在秦国活动过，故其著作在秦地流传，吕不韦的门客将其部分采入《吕氏春秋》中。

本篇与《吕氏春秋》中的《任地》等几篇关于农业生产的论文，对研究古代农业生产发展史和农学史，有着重要的参考价值。

（许富宏）

【寓言篇】

〔法言篇〕

直躬救父

楚有直躬者[①]，其父窃羊而谒之上[②]。上执而将诛之[③]。直躬者请代之。将诛矣，告吏曰："父窃羊而谒之，不亦信乎？父诛而代之，不亦孝乎？信且孝而诛之，国将有不诛者乎？"荆王闻之，乃不诛也。(《仲冬纪·当务》)

〔注释〕 ① 直躬：以直道立身的人。 ② 谒：告发。 上：官府。 ③ 诛：杀。(许富宏)

割肉相啖

齐之好勇者[①]，其一人居东郭[②]，其一人居西郭。卒然相遇于涂[③]，曰："姑相饮乎？"觞数行[④]，曰："姑求肉乎？"一人曰："子，肉也；我，肉也；尚胡革求肉而为[⑤]？于是具染而已[⑥]。"因抽刀而相啖[⑦]，至死而止。勇若此不若无勇。(《仲冬纪·当务》)

〔注释〕 ① 好勇：好夸耀自己勇敢。 ② 郭：外城。 ③ 卒(cù)然：通"猝然"，意外地。 涂：道路。 ④ 觞(shāng)：古代酒器。这里指举觞饮酒。 数行：喝了几遍酒。 ⑤ 革：更，另。 ⑥ 具：备办。 染：调味用的酱。 ⑦ 啖(dàn)：吃。(许富宏)

【鉴赏】 这两则寓言故事同出于《仲冬纪·当务》篇。"当务"的意思是切合时务。寓言故事的特点是寓有哲理。这两则寓言故事寓意深刻，深刻地批判了形而上学的机械论。

唯物辩证法认为，任何事物都处在普遍联系之中，因此，任何事物都是有条件的。每一个具体事物，总是在一定条件下才能产生，在一定条件下才能发展，又在一定条件下趋于灭亡。不同的条件对于事物的存在和发展所起的作用是各不相同的。具体地全面地分析种种不同的条件，是我们弄清问题、解决矛盾的必要前提，对于做好工作具有决定的意义。而不顾条件，机械地理解事物的，势必会使事情向相反的方向发展，导致失败。

春秋时期，楚国有个以直道立身的人，他的父亲偷了一只羊，他向官府作了举报。官府抓住了他的父亲。当时法律规定，偷羊者斩，其父因而被投入死牢。这个以直道立身的人向官府求情，愿替父受死。到了行刑的那一天，他告诉官吏说："父亲犯法，我毫不包庇，向官府举报，这样的人难道不诚实吗？父亲获刑，我代父受过，这样的人难道不是大孝的人吗？我这样一个至忠至孝的人却被斩首，试问天下还有什么人不该斩呢？"楚王一听，觉得有道理，当即把他无罪释放。

单纯就"信"来说，这个直躬的人是没有做错的，有人偷了羊，他知道了，报告官府，这是守"信"的表现。单纯就"孝"来说，这个人做的也没有错，自己的父亲因自己告发而下狱等死，自己要求替父受刑，这是一个孝子应该做的。但是，这里的情况有一些特殊，偷羊的那个人是自己的父亲，这个人陷入了左右为难的境地：如果不告发，自己就不守"信"了，也与以直道立身的性格相违背；如果告发，那么自己就不"孝"了。在"信"与"孝"之间选择的时候，他选择了"信"，将自己父亲偷羊的事报告给了官府。结果差点害得父亲被杀掉。

这个直躬的人为什么做错了呢？主要是他片面的理解"信"的含义。人言为信，信，就是诚实不欺。但是，在春秋战国时代，儒家所倡导的"信"是专门针对朋友关系而言的。《论语·学而》中引曾子的话说："吾日三省吾身：为人谋而不忠乎？与朋友交而不信乎？传不习乎?"我们每天都要多次反省自己:替别人办事是否尽心竭力了呢?同朋友往来是否诚实了呢?老师传授我们的学业是否复习了呢?可见,"信",是针对朋友而言的。孟子也把人伦关系概括为五种:即父子有亲,君臣有义,夫妇有别,长幼有序,朋友有信。而针对父母,则只言"孝"。朋友之间讲"信",这是"信"的前提,也就是条件。楚国的这个人,现在是他自己的父亲偷了羊,那么就不能讲"信",只能讲"孝"了。所以,这个直躬的人不能执著于"诚实不欺",而应考虑其条件。他原本就不应该向官府报告。他的做法应该是:教育父亲,并把羊还给人家。这样,既做到了"孝",又不违法。在原文中,这则寓言故事实际上批判了这个以直道立身的人,名义上讲"信"其实不是"信",是"信而不当"。实际上是批判这个人不讲条件,机械地认为要讲"信",差点送掉了自己的性命。

第二则故事说的也是这个道理。齐国有两个好夸耀自己勇敢的人。其中一人住在城东,另一人住在城西。一天,他们两个人在路上意外地相遇了,彼此说:"姑且一起喝几杯吧。"酒过三巡,其中一个人说:"还是弄点肉来下酒吧。"另一个人说:"你身上有肉,我身上也有肉,为什么要另外买肉呢?在这儿准备一点调料就足够了。"于是,他们两人准备好调料,就拔出刀来互相割肉吃,一直到死为止。

"勇敢"这个词也是有其具体所指的,那就是指在战场上,在与敌人的斗争中,敢于斗争,不惧风险,不怕牺牲。"勇敢"的条件是在战场上或在与敌人战斗中。如果失去这个条件,那就不是勇敢。这两个齐国人,不是在战场上,而是在喝酒的场合;彼此之间不是敌人,而是朋友。互相割肉吃,虽然有不怕死的精神,实际上并不是勇敢。最终导致了自己的死亡,只能留下笑柄。

这两则故事,在方法论上属于形而上学。所谓形而上学,是指用孤立地、静止地、片面地看问题的观点和方法,是与唯物辩证法相对立的。楚国的那个以直道立身的人,只是片面地机械地理解"信",而不知"信"的范围;齐国的两个勇敢的人也只是把"勇敢"片面地理解成不怕死。这样孤立地从字面意义来理解“信”和“勇敢”，就是犯了形而上学的错误。吕不韦已经对这些问题有所认识，其思想闪耀着辩证法的光辉，在中国哲学史上，或是中国思想史上有着重要的地位，值得我们珍视。

（许富宏）

亡鈇疑邻

人有亡鈇者[1]，意其邻之子。视其行步，窃鈇也；颜色，窃鈇也；言语，窃鈇也；动作态度，无为而不窃鈇也。扫其谷而得其鈇[2]，他日，复见其邻之子，动作态度，无似窃鈇者。其邻之子非变也，己则变矣。变也者无他，有所尤也。（《有始览·去尤》）

〔注释〕 ① 鈇(fū)：斧子。 ② 扫(hú)：掘。 谷：坑。（许富宏）

邻人伐树

有与人邻者，有枯梧树，其邻之父言梧树之不善也[1]，邻人遽伐之[2]。邻父因请而以为薪。其人不说曰：“邻者若此其险也，岂可为之邻哉？”此有所宥也[3]。夫请以为薪与弗请，此不可以疑枯梧树之善与不善也。（《先识览·去宥》）

〔注释〕 ① 父(fǔ)：古代对老年男子的尊称。 ② 遽(jù)：迅速，急忙。 ③ 宥：通“囿”，局限，闭塞。（许富宏）

齐人攫金

齐人有欲得金者，清旦，被衣冠，往鬻金者之所①，见人操金，攫而夺之②。吏搏而束缚之③，问曰："人皆在焉，子攫人之金，何故？"对吏曰："殊不见人④，徒见金耳。"（《先识览·去宥》）

〔注释〕 ① 鬻(yù)：卖。 ② 攫(jué)：夺取。 ③ 吏：市场管理员。 搏：捉住。 ④ 殊：极，这里有根本的意思。（许富宏）

【鉴赏】 这三则寓言故事都是说"去尤"，"尤"就是人们认识上的蔽障。尤，类似庄子所说的"成心"，也就是人主观上的偏见。人的主观认识往往存在着偏差，这种主观偏差使得人往往看问题仅限于现象，而看不到实质。由于人的认识活动总是表现为把原有的认知模式延伸并运用于将要认识的客体，表现为主体按照一定的逻辑建构原则来处理、改造来自客体的信息，因此，人们通过对客体信息的一次性建构，往往不能获得关于客体的完整的、真实的和准确的认识。人们认识事物都必然渗入主观成见，而有了主观成见，看待事物就必然会产生偏差。因而成见是人们形成正确认识的大敌。准确的判断来源于对客观事实的调查，而不是主观的猜想。

有个人丢了一把斧子，他怀疑是邻居的儿子偷去的。便站在自己家门口，看邻居的儿子走路像是偷斧子的，脸上的表情像是偷斧子的，和别人说话也像是偷斧子的。后来他在地里干活，找到了他自己不小心丢的斧头。他走出门去再看邻居的儿子走路、表情、说话又哪儿都不像是偷斧子的了。

这则寓言故事告诉我们，人一旦有了主观认识上的成见，就会产生认识上的错误，必然产生误判。那个丢斧子的人，怀疑邻居的儿子，心里被偏见迷惑住了，其时看什么都像是偷了斧子的。一旦斧子找到了，看见邻居家的儿子怎么都不像偷了斧子的。只有待偏见消失了，人才会产生正确的判断。

这里面有一个问题，就是这个人产生偏见的原因，实际上是个人的私心在作怪。斧子丢了，自己的利益遭受到损失，因而就会产生怀疑。那么，他为什么不从自身上找原因呢？他为什么不想想是不是自己弄丢了呢？这就是私心在作怪。“邻人伐树”与“齐人攫金”这两个故事说的就是这个道理。

有个人与别人为邻，家中有棵梧桐树凋枯了。他邻居的一位老者说这棵梧桐树不祥，吓得他慌忙把树伐倒。那位老者请求把树送给他做柴火。这个人听了很不高兴，说：“这个邻居竟然这样险诈啊，怎么可以跟他作邻居呢！”这个伐树的人，自始至终考虑的问题是自己的利益。邻居的老者说这棵梧桐树不吉利，他怕威胁到自己，所以赶紧把这个树砍倒了。这个时候，他认为这个邻居老者真是个好人，不然危险就降临到自己身上了。而当这个老者要这棵树当柴火的时候，他立马抱怨说这个老者不是个东西，这种人不能和他作邻居，因为老者侵犯到了他的利益。老者还是那个老者，这个人前后态度发生了大逆转，完全是为了个人的私利。对自己有利的，就觉得好；对自己不利的，就觉得坏。这是产生蔽障的根本原因。

从前，齐国有个一心想得到金子的人。有一天清早，他穿好衣服戴好帽子就到市场去。他看见有人拿着金子，抓住金子就夺了过来。官府的差役把他逮住，问他说：“金子的主人就在那里，你为什么要夺人家的金子？”这个人回答说：“我拿金子的时候，根本就没看到人，只看到了金子。”这个齐人眼前只有金子，在他眼里只有利益，而没有别的东西。这则寓言故事虽有点夸张，但是确实道出了人产生蔽障，产生“尤”的原因，那就是个人的私欲。

个人一旦被私欲所左右，那么脑海中想的没有一样不是私利，眼睛看到的也没有一样不是私利。心中所想和眼中所见都是私利，就不能正确认识事物，不能对事情的真相产生正确的判断。疑邻人之子和满眼是金就必然会出现。

人都是有私心的。在评判是非的问题上，必然带上人为的因素。只有去掉私欲，才能去掉蔽障，对事物或现象的认识才能够全面、彻底。这就是“去尤”。《庄子·秋水》说：“无一而行，与道参差。”意思是不要拘执于一偏而行，致使和大道不合。人要突破主观的局限性和执著性，以开放的心灵观照万物，首先必须要去掉个人的私欲。这与庄子相比是有进步意义的。

庄子肯定人是有主观成见的。《庄子·齐物论》说：“物无非彼，物无非是。自彼则不见，自是则知之。”意思是说，物没有是非，从他人的角度看，自己都是不正确的，从自己的角度看，自己都是正确的。《齐物论》又说：“使我与若辩也，若胜我，我不胜若，若果是也，我果非也邪？我胜若，若不胜我，我果是也，而果非也邪？其或是也，其或非也邪？其俱是也，其俱非也邪？我与若不能相知也，则人固受黮闇，吾谁使正之？”这段话意思是：假如我和你辩论，你胜了我，我没有胜你，你就是对的吗？我就是错的吗？如果我胜了你，你没有胜我，我就是对的吗？你就是错的吗？是我们两人有一人对、有一人错呢？还是我们两人都对或者都错了呢？我和你都不知道。凡人都是有偏见的，我们让谁来给我们作评判呢？这种认识应该说是十分杰出的。但是庄子也由此滑入了不可知论的泥潭。《齐物论》又说：“使同乎若者正之？既与若同矣，恶能正之！使同乎我者正之？既同乎我矣，恶能正之！使异乎我与若者正之？既异乎我与若矣，恶能正之！使同乎我与若者正之？既同乎我与若矣，恶能正之！然则我与若与人俱不能相知也，而待彼也邪？”假如请意见和你相同的人来评判，既然他的意见已经和你相同了，又怎么能评判呢？假如请意见和我相同的人来作评判，既然他的意见已经和我相同了，又怎么能评判呢？假如请意见和你我都不相同的人来作评判，既然他的意见已经和你我都不相同了，又怎么能评判呢？假如请意见和你我都相同的人来作评判，既然他的意见已经和你我都相同了，又怎么能评判呢？所以说我和你以及其他人都不能评判是非了。庄子没有认识到人只要去掉私心，就可以有公正的评判。从这个角度来说，《吕氏春秋》是超过庄子的。

吕不韦倡导“去尤”就是要让包括秦王嬴政在内的秦实际统治者要打开思路，放眼全局，改变过去的法家思想为主的治国思想，转而接受人类所有的文明成果。这实际上也是吕不韦主编《吕氏春秋》的指导思想。《吕氏春秋》“兼儒墨，合名法”就是吸收同时代的人们智慧的具体表现。这样看来，“去尤”是吕不韦实施治国理想的一个思想解放的步骤。“去尤”才能有正确的认识，“去尤”就是秦王嬴政在治国时真正意识到的问题，是“先识”。所以，“去尤”也是国家能否得到治理的前提。

（许富宏）

以备不生

人有为人妻者，人告其父母曰：“嫁不必生也[①]，衣器之物，可外藏之[②]，以备不生。”其父母以为然，于是令其女常外藏。姑妐知之[③]，曰：“为我妇而有外心，不可畜[④]。”因出之。妇之父母以谓为己谋者[⑤]，以为忠，终身善之。（《孝行览·遇合》）

〔**注释**〕 ① 生：生孩子。 ② 外藏：将财物暗自藏在外面。 ③ 姑妐(zhōng)：指公公和婆婆。姑：夫之母。妐：夫之父。 ④ 畜：养育。 ⑤ 以谓：即以之谓，意即把女儿被休弃一事告知。（许富宏）

宋人御马

宋人有取道者[①]，其马不进，倒而投之鸂水[②]。又复取道，其马不进，又倒而投之鸂水。如此者三。虽造父之所以威马[③]，不过此矣。不得造父之道，而徒得其威，无益于御。(《离俗览·用民》)

〔注释〕 ① 取道：出行，赶路。 ② 倒：仆，倒下。这里指把马放倒。 鸂水：即溪水。 ③ 造父：古代善于驾马的人。曾为周穆王御者。(许富宏)

【鉴赏】 所谓寓言，都寓有深刻的哲理。这里选取的两则寓言，分别涉及可能性与现实性、形式与内容的关系问题。

首先，第一则寓言讽刺的是把可能性等同于现实性。现实是标志一切实际存在的东西，而某种事物和现象在其还未成为现实以前，只是一种可能性。可能不等于现实，它不是指当前已经存在的事物，而是指包含在事物中的、预示事物发展前途的种种趋势，是潜在的尚未实现的东西。可能也不一定会变为现实，因为事物发展前途中存在着种种不同的趋势，有各种可能。在一定条件下，只有其中的一种趋势、一种可能会转变为现实。其他可能则往往不会变成可能。

有个给人家当妻子的人，有人告诉她的父母说："出嫁以后不一定生孩子，衣服器具等物品，可以拿到外边藏起来，以防备以后不生孩子而被休弃。"她的父母认为这个人说得对，于是就让女儿经常把财物拿到外边藏起来。公婆知道了这件事，说："当我们的媳妇却有外心，不可以留着她。"于是休弃了她。这个女子的父母把女儿被休弃的事告诉了给自己出主意的人，认为这个人对自己忠诚，终身与他交好，最终也不知道女儿被休弃的原因。

这则寓言故事中，有人说"出嫁以后不一定生孩子"，这句话本身没有错。女人出嫁以后，不生孩子完全是一种可能。但生孩子也是一种可能啊，而且是有很大希望成为现实的可能。可是，这个女子的父母就只信不生这个可能。不生孩子被休弃也是一种可能，因为过去的伦理，"不孝有三，无后为大"，不生孩子会被认为是不孝，是"七出"之一。但是不被休弃也是一种可能啊，这个女子的父母却只采取被休弃这种可能。结果听取了朋友的话，让女儿把财物往外转移。转移财物恰恰是加大了被休弃的可能，最终这个女子从被休弃的可能变成了现实。这个女子的父母弄巧成拙，造成了女儿的悲剧，又留下了笑柄。

按唯物辩证法，可能毕竟还不是客观存在的实际事物，不能作为我们当前活动的可靠的出发点。而且，为了正确地估计事物发展的种种可能，也必须从客观现实出发，不能把自己的行动建立在良好愿望和主观猜测的基础上。那个女子的父母就不是从眼前的现实出发的，而是把未来建立在猜测的基础上，其教训是十分深刻的。

其次，第二则寓言故事讽刺的是混淆了形式与内容之间的关系。内容是构成事物的一切要素的总和。这些要素包括事物的各种内在矛盾以及由这些矛盾所决定的事物的特性、运动的过程和发展的趋势。形式是指把内容诸要素统一起来的结构或表现内容的方式。在内容与形式的关系中，内容居于决定的地位。在社会实践中，特别注意事物的内容，反对只注意形式的形式主义。

宋国有一个赶路的人，他的马不肯前进，就杀死它把它扔到溪水里。又重新赶路，他的马不肯前进，就又杀死它把它扔到溪水里。这样反复了三次。即使是造父对马树立威严的方法，也不过如此。那个宋国人，没有学到造父驭马的方法，却仅仅学到了威严，这对于驾马没有什么好处。

这则寓言故事中，这个宋国人想在马跟前表达出“威”，想让马感到害怕而让马前进。但是作为一个赶马的人，想让马听自己使唤的首先是提高赶马的技巧，这才是让马感受“威”的内容。如果没有造父那样的技巧，只是一味地斗狠杀马，用这种残酷的形式是不能奏效的。

最后，这两则故事还讽刺人的褊狭与缺乏自我反省的精神。《论语·学而》说：“吾日三省吾身。”儒家强调我们每个人最需要的就是自省精神。要善于反思自己，做事失败了，首先要从自身找原因，而不是首先怪罪他人。那个嫁女的父母，没有反思自己做得不对，偏听偏信，缺乏明辨的能力，反而相信他人的建议，思想狭隘到了极点。那个宋国人，马不前进，不是从自我身上反省技不如人，反而怪罪马不听话卖力，也是思想狭隘的人啊。如果能够做到自我反省，上述情况就能够避免。所以这两则故事里面还有希望人们多自我反省，以此打开心胸的意味！

（许富宏）

循表夜涉

荆人欲袭宋，使人先表澭水[①]。澭水暴益[②]，荆人弗知，循表而夜涉，溺死者千有余人，军惊而坏都舍[③]。向其先表之时可导也[④]，今水已变而益多矣，荆人尚犹循表而导之，此其所以败也。（《慎大览·察今》）

〔**注释**〕 ① 表：作标记。 澭水：故水名。在今河南境内，已消失。 ② 暴：突然。 益：涨水。 ③ 都舍：都市里的房子。 ④ 向：从前。 可导：可以顺着标记渡过水去。（许富宏）

刻舟求剑

楚人有涉江者，其剑自舟中坠于水，遽契其舟[①]，曰："是吾剑之所从坠[②]。"舟止，从其所契者入水求之。舟已行矣，而剑不行，求剑若此，不亦惑乎？（《慎大览·察今》）

〔**注释**〕 ① 遽：迅速。 契：刻。 ② 是：此处。（许富宏）

〖引婴投江〗

有过于江上者，见人方引婴儿而欲投之江中①，婴儿啼。人问其故，曰："此其父善游。"其父虽善游，其子岂遽善游哉②？此任物，亦必悖也。(《慎大览·察今》)

〔注释〕 ① 方引：刚刚拉着。 ② 岂遽：难道。(许富宏)

【鉴赏】 这几则寓言故事都出自同一篇《察今》。所说的道理主要是一切从实际情况出发，要善于根据客观实际情况的变化而及时调整策略。

辩证唯物主义认为，世界是运动的。一切事物都处于运动发展中，万事万物都在不断变化发展。运动是一切物质的根本存在方式，没有运动就没有任何事物的客观存在。这种运动发展的外延是非常广泛的，包括时间上的变化，空间上的变化，内在结构的变化，外在联系的变化等。正因为事物都处于不断运动变化之中，所以要根据客观实际情况的变化及时作出变化，而不能死守教条。教条主义就是不对具体事物作调查研究，只是生搬硬套现成的原则、概念来处理问题。一切从概念出发，从以往的经验出发，不对具体情况作具体分析。"循表夜涉"与"刻舟求剑"都是批评这样的观念。

楚国人想要偷袭宋国，派人先在澭河里测量好水深并做好记号。后来河水突然大涨，楚国人不知道，依然按着原来的标记在夜间渡水，结果，淹死一千多人，军队惊慌的状况就像城市里的房屋倒塌一样。先前，他们设立标记的时候，是可以根据标记渡水的。现在河水已经发生变化而上涨了，楚国人还按照原来的标记过河，这正是他们遭到失败的原因啊。

有一个渡江的楚国人，他的剑从船上掉进了水里。他急忙用刀在船沿上刻了一个记号，说："这儿是我的剑掉下去的地方。"船停止以后，这个人从他所刻记号的地方下水去找剑。船已经向前行驶了很远，而剑却不会和船一起前进，像这样去找剑，不是很糊涂吗？

剑掉到了水里，而船在不停地移动。这个人不考虑船的移动，怎么能找到剑呢？这也是没有考虑到客观世界是不断运动变化的这个道理。

"循表夜涉"与"刻舟求剑"都是从过往的经验出发，没有针对具体情况作具体分析，犯了教条主义的错误。

有个路过江边的人，看见一个人正拉着小孩想将他丢进江中。小孩在啼哭。人们问他为什么要把婴儿扔到江里，他回答说："这是因为他的父亲善于游泳。"他的父亲虽然善于游泳，他的儿子难道就善于游泳了吗？这样处理事情，也必然是荒谬的！

这个寓言故事也是说明，处理事情要从实际出发，对象不同，处理的方法也要有所不同。小孩子会不会游泳，要从小孩子的实际情况出发。小婴儿因为年龄太小，体力弱，即使会游泳，也不敢到江里游泳的。因为江水水流大，水文条件复杂。故事中说那个小婴儿吓哭了，说明他实际上是不会游泳的。不仅如此，从个体能力的获得来看，游泳是一项运动能力。运动能力的获得是需要经过个体长期的不断的训练才能获得，也就是说，只有经过长期的实践才能获得。小婴儿出生时间短，能够用来训练的时间也不会长，加上婴幼儿年龄小，认识能力和理解能力等都不能够理解游泳的知识与相关的技巧。所有的这些因素决定了这个小婴儿是不可能到江里游泳的。那个要扔小孩子的人，把游泳能力的获得认为是先天的遗传因素，实际上是否定实践的作用。

人的认识是由多方面的复杂原因共同促成的。其中既有生物进化和心理发生的因素，也有社会的因素。在人的认识中，尽管有生物进化比如遗传的差别，但是这些生理素质只是人们进行实践，获得知识和能力的一种条件，它本身并不是技能和知识。一个人的生理素质无论有多好，如果脱离实践，就不可能获得知识和技能。相反，生理素质并不优越的人，只要努力实践，也能获得知识和技能。由于实践在认识中发生着决定性的作用，这就告诉我们，任何人、任何天才，如果脱离实践，都是不可能获得真知的。那位婴儿的父亲善于游泳，即使婴儿继承了他父亲的遗传基因，但是不经过游泳的实践训练还是不会游泳的。即使能在水里游泳，也还不能到江水里游泳，因为这必须经过长期的在江里的训练。而那位扔小婴儿的人，都没有认识到这些问题啊！

这几则寓言故事共同说明了一个道理，就是做事要根据实际情况及时调整。一切从实际情况出发，实事求是。如果把这三则故事放在《察今》中，则还有另外一层意思，这就是劝勉当政者，要明白世事在变，要随时根据变化了的实际情况，及时进行变法改革。只有这样，才能制定出符合实际的政策，有利于国家的治理。而在吕不韦当政的时候，客观形势已经变成秦统一天下成为大趋势，秦国已经或即将成为一个史无前例的大帝国。这个庞大的帝国如何治理，应该作出因应调整。吕不韦设计的《吕氏春秋》就是这样的一部治国宝典，其中融合吸收百家思想也是顺应时代要求的。而秦国一味继承自秦孝公以来的以法家思想为治国指导思想，必然不能适应新的时代要求，就像循表夜涉和刻舟求剑一样。后来的事实正如吕不韦所预料的，秦国在统一之后几十年内便土崩瓦解了。由此可见吕不韦的远见及这几则寓言故事的价值。

（许富宏）

黎丘丈人

梁北有黎丘部[①]，有奇鬼焉，喜效人之子侄昆弟之状[②]，邑丈人有之市而醉归者[③]。黎丘之鬼效其子之状，扶而道苦之[4]。丈人归，酒醒，而诮其子曰[5]："吾为汝父也，岂谓不慈哉？我醉，汝道苦我，何故？"其子泣而触地曰[6]："孽矣！无此事也。昔也往责于东邑[7]，人可问也。"其父信之，曰："嘻！是必夫奇鬼也！我固尝闻之矣。"明日端复饮于市[8]，欲遇而刺杀之。明旦之市而醉，其真子恐其父之不能反也，遂逝迎之[9]。丈人望其真子，拔剑而刺之。丈人智惑于似其子者，而杀真子。夫惑于似士者而失于真士，此黎丘丈人之智也。(《慎行论·疑似》)

〔注释〕 ① 部：一作"乡"。 ② 子侄：子孙。 昆弟：兄弟。 ③ 丈人：古代对老者的尊称。 ④ 苦之：折磨他。 ⑤ 诮(qiào)：责备。 ⑥ 触底：叩头。 ⑦ 责：即债。这里指讨债。 ⑧ 端：故意。 ⑨ 逝：往。(许富宏)

宣王好射

齐宣王好射，说人之谓己能用强弓也。其尝所用不过三石[1]，以示左右，左右皆试引之，中关而止[2]。皆曰："此不下九石，非王其孰能用是？"宣王之情，所用不过三石，而终身自以为用九石，岂不悲哉！(《贵直论·雍塞》)

〔注释〕 ① 石(dàn)：古代重量单位。一百二十斤为一石。 ② 中：半。 关(wān)：把弓拉满。(许富宏)

【鉴赏】 这两则寓言故事都是说人被假象所蒙蔽而看不清真相。造成假象的原因有不同，黎丘丈人是因为客观存在的两物形状相似而难以识别造成的假象，齐宣王则是主观认识遭受蒙蔽而造成的假象。这两则寓言故事所说的道理都是十分深刻的。

梁国北部有个黎丘乡，那里有个奇鬼，善于模仿人的子孙兄弟的样子。乡中有个老者到市上去，喝醉了酒往家走。这个奇鬼模仿他儿子的样子搀扶他回家，在路上苦苦折磨他。老者回到家里，清醒以后责问他的儿子说："我作为你的父亲，难道能说不慈爱吗？我喝醉了，你在路上苦苦折磨我，这是为什么呢？"他的儿子哭着磕头说："您遇着鬼了，没有这回事呀！昨天我去东乡讨债去了，这是可以问别人的。"父亲相信了儿子的话，说："哈哈，这一定是那个奇鬼作怪了，我本来就听人说起过它。"第二天，老者特意到市上饮酒，希望再次遇到奇鬼，把它杀了。天刚亮就到了集市上饮酒，又喝醉了。他的儿子怕父亲回不了家，就去接他。老者见到儿子，拔剑就刺。老者的思想被像他儿子的奇鬼所迷惑，而杀死了自己的真儿子。那些被像是贤士的人所迷惑的人，错过了真正的贤士。这种思想正像黎丘老者一样啊！

这则故事中，因为那个鬼装扮成黎丘丈人的儿子，使得黎丘丈人分不清他的儿子和鬼，所以他以为杀的是鬼，而误杀了自己的儿子。在大千世界中，有很多事物的外在形象是相同的，即使人也有长得很相像的。相似之物往往使人迷惑，所以需要认真辨察，不然就会造成严重后果。而要辨察清楚，必须要对情况十分熟悉。《疑似》篇中在这则故事之后，还说："疑似之迹，不可不察。察之必于其人也。舜为御，尧为左，禹为右，入于泽而问牧童，入于水而问鱼师，奚故也？其知之审也。夫孪子之相似者，其母常识之，知之审也。"对于令人疑惑的相似的现象，不能不审察清楚。审察这种现象，一定要找适当的人。即使舜做车夫，尧做主人，禹做车右，进入草泽也要问牧童，到了水边也要问渔夫。什么缘故呢？因为牧童、渔夫对当地情况十分熟悉。孪生子长得很像，但他们的母亲总是能够认清，这是因为他们的母亲熟悉的缘故。只有对客观情况十分熟悉，才能辨析清楚。

通常，如果外观相似，那么就会给认识带来偏差。正确的做法是透过外在现象而把握本质。事物的外观虽然相同，但是其内在的实质是不同的。鬼毕竟是鬼，虽然可以装成人的模样来戏弄人，但是运用人的智慧完全可以识破它。披着羊皮的狼，虽然在外观上看上去像是羊，但其实质却是狼。科学的认识就是要扒开羊皮让狼的本质显露出来，而不是被其外表所迷惑。如果这个黎丘丈人在开始被鬼折磨的时候，能够运用智慧，比如说可以问这个鬼一些家里的事，或者昨天发生的事，鬼肯定答不上来，这时就能确定是人还是鬼了。第二天，黎丘丈人如果在遇到儿子时，再这么问一下，儿子肯定能答出来，那么儿子和鬼也就能分辨清楚了，也就不会发生杀错的事了。黎丘丈人没有经过全面的观察，没有运用自己的智慧，仅凭外观就对儿子和鬼作出判断，其错杀了儿子也就在所难免了。

这个寓言故事在今天也极具启发意义。今天的人，在恋爱中也常常只看重人的外观。男人要求女方漂亮，女人要男人帅气。但是这个漂亮女人的素养或者这个帅气男人的内涵到底怎样倒是次要的。这样看问题的方式与这个黎丘丈人又有什么不同呢？其结局也大都和这个黎丘丈人一样！

除了因客观自然物因外观相似而使人迷惑外，更加使人迷惑的是人的主观认识上的偏执。齐宣王爱好射箭，喜欢别人夸耀他能够拉开强弓。他平时使用的弓所用的力气大概三百多斤就能够拉开了。齐宣王把弓拿给左右的大臣看，近臣都拿过来试拉，故意把弓拉开一半就停止了，都说："这张弓的弓力不少于九百多斤，不是大王又有谁可以用这么硬的弓呢？"齐宣王听了非常高兴。然而，齐宣王使用的弓用的力气不过三百多斤，可是他却一辈子以为是用的九百多斤，这岂不是可悲吗？

这则故事讽刺的是齐宣王被假象蒙蔽是缘于自身的主观上的原因。人们对客观世界的认识，既有依据知识、经验等的理性因素，也有性格和习惯等心理因素。人的非理性心理因素对人的认识能力的发挥和运用起到导向和调节的作用，对人的认知活动有重要的影响。齐宣王的个性是好大喜功，喜欢听奉承话。这就影响到了齐宣王的判断。不仅如此，齐宣王对事物的判断也仅停留在感性认识的阶段。感性认识是人们的感觉器官直接感受到的关于事物的现象、事物的各个表面、事物的外部联系的认识。左右的大臣只把弓拉了半满，齐宣王由此判断出自己的力气大到能拉九百斤的弓。这就是感性认识。这种认识发现不了拉弓的真伪，这样就不能够正确地认识事物。这种主观上的偏差是使人受到蒙蔽而不知的主要原因。

这两则寓言故事实际上是一个整体，分别从客体和主体两个角度来剖析人受蒙蔽的原因。要想使认识正确，必须透过现象看到本质，就必须破除内心上的主观偏执，排除情感因素，增加理性思维的能力，使个人的感性认识上升到理性认识，才能打开蔽塞，迎来正确的认识。

（许富宏）

齐人好猎

齐人有好猎者，旷日持久而不得兽，入则愧其家室。出则愧其知友州里。惟其所以不得之故[①]，则狗恶也[②]。欲得良狗，则家贫无以[③]。于是还疾耕[④]。疾耕则家富，家富则有以求良狗，狗良则数得兽矣，田猎之获常过人矣。(《不苟论·贵当》)

〔**注释**〕 ① 惟：思考。 ② 恶：不好。 ③ 无以：没有用来买好狗的钱。 ④ 还疾耕：回家奋力耕作。(许富宏)

良犬捕鼠

齐有善相狗者，其邻假以买取鼠之狗[①]，期年而得之，曰："是良狗也。"其邻畜之数年，而不取鼠，以告相者。相者曰："此良狗也。其志在獐麋豕鹿[②]，不在鼠。欲其取鼠也则桎之[③]。"其邻桎其后足，狗乃取鼠。(《士容论·士容》)

〔**注释**〕 ① 假：借，凭借。 ② 麋(mí)：麋鹿。 豕：小猪。 ③ 桎(zhì)：古代用来束缚双足的刑具。这里指用这种刑具把狗拴起来。（许富宏）

【鉴赏】 这两则寓言故事有一个共同的特点，即都是说齐国人买狗的故事，其中的道理都是说做事要从实际出发，实事求是，按客观规律办事。"实事求是"这个成语，最早出自《汉书·河间献王传》，是东汉著名史学家班固赞誉汉景帝的儿子刘德严谨治学态度的话。原文是："修学好古，实事求是。"唐代颜师古对其中的"实事求是"所作注释是："务得事实，每求真是也。"原指做事要追求事实，得到真相。在辩证唯物主义中，实事求是的内涵主要是一切从实际出发。所谓一切从实际出发，指的是人们在认识事物、解决问题时，从不以人的主观意志为转移的客观实际出发，按客观规律办事。

齐国有个爱好打猎的人，荒废了很长时日也没有猎到野兽。在家愧对家人，在外愧对邻里朋友。他琢磨自己打不到猎物的原因，发现原来是猎狗不好。想弄条好猎狗，家里又穷得没钱买。于是他就回家奋力耕田，努力耕田，家里就富了，家里富了就有钱来买好的猎狗，有了好狗，就屡屡打到野兽。打猎的收获，常常超过别人了。不只是打猎如此，任何事情都是这样。

这则寓言故事所要说明的道理就是一切从实际出发，实事求是。爱好打猎，但是这个人的实际情况是缺少好的猎狗，而要买猎狗，家里又没有钱。家里只有几亩地。只能靠种地来挣钱。于是只能从家里的这种实际情况出发，先奋力耕田，通过耕田致富了，再买好的猎狗，有了好的猎狗，就能屡屡打到好的野兽了。这个齐国人，在思想上做到了以从实际出发为指导，因而最终取得了成功。

一切从实际出发，还要求在方法上按客观规律办事。第二则寓言故事说的就是这个道理。齐国有个人特别善于识别狗的优劣。他的邻居请他找一只捉老鼠的狗。过了一年，这人才找到一只，说："这是一条优良的狗呀！"邻居把狗养了好几年，可这只狗并不捉老鼠。他把这个情况告诉了那个人。这个善于识别狗的人说："这的确是一只好狗呀，它想捕捉的是獐、麋、猪、鹿这类野兽，而不是老鼠。如果你想让它捉老鼠的话，就得把它的后腿拴起来。"这个邻居果真把狗的后腿拴住了。这只狗才捉起老鼠来。俗话说："狗拿耗子，多管闲事。"狗一般是不捉老鼠的，而是捕捉獐、麋、猪、鹿等野兽的。让狗去捕捉獐子、鹿等小型野兽，这是发挥狗善于奔跑善于捕获的特长，是尊重动物的特性，顺应了自然规律。上升到哲学的高度来说，就是按照客观规律办事。但是这个人把狗腿拴起来，束缚住了狗的特点，实质是违背了自然规律，违背了按客观规律办事的原则和方法。

当然，作为寓言，其解读也可以是多角度的。我们从马克思主义哲学的角度来分析，这两则故事说的是唯物主义的一切从实际出发的思想和方法。从日常生活常理上说，还可以作进一步的解读。

齐人好猎，还可以解读为一个人要想成功，必须正确处理理想与现实的关系。理想是现实的超前反映，并且高于现实。这个齐国人是有理想的，他的理想就是能够像别的猎人一样有一条好狗，能够打到比常人多的野兽。但是理想与现实之间总是有差距的，理想并不等于现实。虽然如此，理想是不能离开现实的，理想必须以现实为基础。理想的实现也必须从现实开始，实现理想，应当从脚下开始，从小事做起，扎扎实实走好现实通往理想的道路。孔子说："始吾于人也，听其言而信其行。今吾于人也，听其言而观其行。"(《论语・公冶长》)"观其行"就是看一个人具体怎么做。只有脚踏实地，从眼前的实际情况出发，扎扎实实地做事，才能实现理想。荀子说："骐骥一跃，不能十步；驽马十驾，功在不舍；锲而舍之，朽木不折；锲而不舍，金石可镂。"(《荀子・劝学》)只有持之以恒地付出努力，才能达到自己的目标。好猎的齐国人就是这样做的，先从耕田开始，然后买狗，最后打猎，一步一个脚印地从最基本的工作做起，最终实现了自己的理想。

良犬捕鼠，则可以解读为讽刺了统治者不善于使用人才。《淮南子・兵略训》说："若乃人尽其才，悉用其力。"意思是说，如果能够人尽其才，物尽其用，我们的国家就可以发展得更加迅速。人尽其才的思想很早就有了。《论语·宪问》载孔子的话说："孟公绰为赵魏老则优。不可以为滕薛大夫。"孔子说，孟公绰这个人，要他做赵、魏大国中的大佬，是十分合适的人选，其才能、学问、道德都适合担任此职；但是如果滕、薛两个小国家请他做大夫，要他在实际政务上从政则十分不当。孔子已经认识到要根据人才的特点使用他们。俗话说："骏马能历险，犁田不如牛，坚车能载重，渡河不如舟。"骏马能在艰险的路上奔驰，但是如果让其犁田，那么就不如牛了。大车能载很重的物品，但是渡河却不如一只小船。那只"志在獐鹿"的良狗应让它"逐鹿"，而不应该让其捕鼠。可见，即使有了人才还需会合理使用。唐代散文家韩愈感叹"千里马常有，而伯乐不常有"，不仅含有人才不被发现而遭埋没的思想，实际也包含有讽刺统治者不善于发现和使用人才的意思。俄罗斯著名作家克雷洛夫曾经说："有了天才不用，天才一定会衰退的。而且会在慢性的腐朽中归于消灭。"人才就要给其合理的舞台，如果束缚住了人才，甚至给人才戴上枷锁，最终会导致人才的死亡或消失。对照这则寓言，如果那只狗不把它放掉，总有一天它会死去的。这样的教训不能说不深刻啊！

（许富宏）

【名句篇】

天无私覆也，地无私载也，日月无私烛也，四时无私行也，行其德而万物得遂长焉。(《孟春纪·去私》)

外举不避仇，内举不避子。(《孟春纪·去私》)

【鉴赏】 这两句都出自《去私》篇，所言的核心思想就是去除私心。烛，即照。天覆盖万物，没有偏私；地承载万物，没有偏私；日月普照万物，没有偏私；春夏秋冬更迭交替，没有偏私。天地、日月、四季施其恩德，于是万物得以生长。天和地、日和月，春夏秋冬，寒来暑往，对人类来说，都是公平的。这是自然的规律。《吕氏春秋》是以道家的哲学思想为基础的，以道家思想为世界观和方法论。既然天地日月四时都对人类是公正无私的，那么，代表天地日月来管理天下的天子也应该是公正无私的。这是顺应自然规律的必然要求。天地日月四时行其恩德，自然万物才得以生长，那么作为天子，也只有行其恩德，天下的百姓才能得到生存。

那么，作为天子，应该施行什么样的恩德呢？《去私》篇在接下来的文中写道："尧有子十人，不与其子而授舜；舜有子九人，不与其子而授禹，至公也。"尧有十个儿子，但是他没有把帝位传给自己的儿子，而是传给了舜；舜也有九个儿子，但是他也没有把帝位转给自己的儿子，而是传给了禹。他们是最公正无私的了。

其实"天无私覆"句并非《吕氏春秋》的原创，而是出自孔子。《礼记·孔子闲居》引孔子的话说："天无私覆，地无私载，日月无私照。"这是孔子闲居时对他的弟子子夏所说的话。子夏问孔子："什么是禹、汤、文王这三王的德行呢？"孔子说："要奉行'三无私'来服务天下。"子夏又问"什么是三无私？"孔子就答以这句话，并以《诗经》中的描述，进一步颂扬了禹、汤、文王奉行"三无私"的德行。《吕氏春秋》引用这句话，但是作了改造。孔子说的是禹、汤、文王，这三王虽说是古代的圣王，但是他们的帝位传承还是世袭制。《吕氏春秋》却对典范人物作了改造，改成尧把帝位给舜，舜把帝位传给禹。但是并没有说禹把帝位传给启。从这里可以看出，《吕氏春秋》的意图是说明帝位的传承应该是禅让。只有做到了禅让帝位，才是真正的大公无私。如果说，孔子说的是贤人政治，没有触及政权体制改变的话，那么《吕氏春秋》所说实际上已经触及政权体制的改革了。《吕氏春秋》反对政权更替采用世袭制，而主张禅让制。这是吕不韦的治国理想，也是他比孔子进步的地方。

当然，如果天下仅天子一人大公无私还是不行，作为辅助天子的大臣也应该大公无私，一切以国家的利益为重。这就是第二则名言所告诉我们的。

外举不避仇，内举不避子，这句话是从一个历史故事中概括出来的。《去私》篇载：

晋平公问祁黄羊说："南阳这个地方没有县令，哪个人可以胜任这个职务？"祁黄羊回答说："解狐可以做。"晋平公说："解狐，他不是你的仇人吗？"祁黄羊回答说："您问的是谁可以担任这个职务，不是问谁是我的仇人。"晋平公说："很好。"于是就任用了解狐。国人对此都说好。过了一段时间，晋平公又问祁黄羊说："国家的军队缺个尉，哪个人可以胜任这个职务？"祁黄羊回答说："祁午可以胜任。"晋平公说："祁午，他不是你的儿子吗？"祁黄羊回答说："您问的是谁可以担任这个职务，不是问谁是我的儿子。"晋平公说："好。"于是就任用了祁午。国人对此都说好。孔子听到了以后，感慨地说："祁黄羊说的话，真是太好了。推荐外人不排除自己的仇人，推荐家人不回避自己的儿子。祁黄羊可以说是真正的大公无私了。"

这则历史故事侧重点是说大臣在处理国家大事时要秉公办理。祁黄羊举荐人才，不管这个人是不是自己的朋友或者仇人，也不管是不是自己的儿子。心里想的只是这个人是不是荐得其人，是不是有利于整个国家的治理。祁黄羊荐才之后，国人都说好，说明祁黄羊没有私心。如果在国家治理中，所有的臣属都能够做到心中无私，那么，这个国家肯定能治理好。对于祁黄羊，《尸子》评价说："内举不避亲，外举不避仇，仁者之于善也，无择也，无恶也，唯善之所在。"根据尸子的说法，是大仁大善。

《吕氏春秋》设计的理想的君位继承制度就是禅让制，在这一制度下，君主由人民公认的贤君圣人来担任。这样确保了最高统治者的智慧和人格魅力，也保证了即位者在继位后的民意基础。这样，就必须要求帝位掌控者有至公无私的心胸和精神。同时也要求，作为主事的各级官员也要秉持公心，摒除私利。君臣上下，都能本着一颗公心，国家才能得到治理。这在当时的情况下，无疑是幻想。因为这种观念，基于孟子的性善论。但是到了战国末期，以荀子为代表的诸子各家都认识到，人性是恶的。法家思想在这方面更是走向了极端，以激发人们的逐利之心来进行富国强兵。更有苏秦、张仪等纵横家，或合纵或连横，正所谓“熙熙攘攘，皆为利往”，人人皆为个人的私利奔波匆忙。要求摒弃私心，放弃私利是与时代潮流格格不入的。而禅让制也是不可能的。战国中晚期，燕王哙于公元前320年即位后，任用子之为燕相，子之为相时，办事果断，善于监督考核臣属，得到燕王的赏识和重用。燕王因年老不再过问政事，从此“国事皆决于子之”。燕王又听信鹿毛寿的建议，效法尧以天下让于许由的故事，把燕国政权禅让给子之。结果导致燕国大乱。太子与将军联合攻杀子之，反被子之杀死。后来齐兵攻入燕国，子之被抓，被剁成肉酱。这件事离吕不韦其实不远，他主张禅让制只能说是良好的愿望了。

（许富宏）

势不便、时不利、事仇以求存。（《恃君览·行论》）

【鉴赏】 此句意思是说，在己方形势不便，时机不利的时候，要与仇人共事以求生存下去。本篇出自《恃君览·行论》，就上下文来说，主要是针对君主而言的。

原文是这样说的：“人主之行，与布衣异。势不便，时不利，事仇以求存。执民之命。执民之命，重任也，不得以快志为故。故布衣行此指于国，不容乡曲。”意思是人主的行动，与平民百姓是不同的。在形势不便，时机不利的时候，要与仇人共事以求生存下去。人主担负人民的重托，担负人民的重托是重大的责任，不能恣意而行以求畅快自己的心意。所以，平民百姓如果与仇人共事以求生存，那么就会不被乡里人所容，这是人主不同于平民百姓的地方。为了说明这个道理，文中列举了禹怀杀父之仇事舜，文王屈事纣王等为例证。

尧把天下禅让给舜。鲧当时是诸侯，对尧发怒说："得天道的人继承帝位，得地道的人位居三公。现在我得地之道，但是却不封我三公之位。"鲧想得到三公之位，以为尧任命官员有失误，于是训练他的猛兽之师想作乱。让他的猛兽并排站在一起，像一座城，命令猛兽的尾巴举起来，就像一幅幅旌旗。舜下令召他，他不来，在都城外面集结军队来威胁舜。于是舜在羽山杀了鲧，用吴刀肢解了他的尸体。鲧的儿子禹不敢有怨，反而事舜以求生存。最后官至司空，负责治水，禹采用疏导的办法打通水路，水泻而得治理。禹在治水过程中，脸色晒得黧黑，步伐前后相接，从不停息，整天步履匆忙，勤于办事连呼吸都顾不上，以此来讨舜的欢心。

商纣王无道，杀了梅伯并将梅伯的尸体剁成了肉酱，杀了鬼侯并将其肉煮熟，作为祭品来祭祀诸侯的宗庙。文王流着眼泪来请示纣王，纣王怕他反叛，欲杀文王并灭掉周。文王说："父亲虽然无道，儿子还敢不侍奉吗？君主虽然不施以恩惠，朝臣还敢不侍奉君吗？我怎么敢称王而反叛你呢？"于是纣赦免了他。天下的人都知道了这件事，认为文王是害怕纣王而担心自己的性命。《诗经》说："只有这个文王啊，如此小心翼翼。明白地说出要侍奉上帝，这使他后来能够成功，获得了天下啊！"禹的父亲鲧被舜杀了，但是禹度时机不利，并没有复仇，而是侍奉舜，兢兢业业治理洪水，三过家门而不入。最后舜将帝位禅让给了禹。商纣王暴虐，周文王差点被商纣王杀掉，但是他屈心以事纣，终于获得机会起而反纣。越王勾践卧薪尝胆，甘做吴王的奴隶，最后打败吴王，称霸一方。所有这些都说明在形势、时机不利的时候，要和仇家合作以求得生存。

要做到"事仇求存"，首先，要合理利用敌人的力量。敌人当然是要反对的，但是当自己的一方力量尚且未达到击败敌人，也就是形势、时机都不利的时候，要善于合理利用敌人的力量。这是事仇求存的第一层内涵。二战时期的英国首相丘吉尔，一生都仇视共产主义，特别是仇视共产主义的国家苏联。但是当时更大的威胁却是德国法西斯，为了对付希特勒，丘吉尔派人主动联系斯大林，结成反法西斯联盟。丘吉尔利用了苏联强大的实力，最终在苏军和美英联军的东西夹击下，德国法西斯战败，就连柏林也是苏军攻克的。丘吉尔的做法也是事仇以求存的一种。

其次，要容忍待机。在时机不利的情况下，不能冲动，要善于忍耐，等待时机。退，是为了更好的进。禹和周文王都是容忍的典型。有一种动物叫壁虎，在遇到危险的时候，它往往会将自己的尾巴咬断，让蹦跳的尾巴吸引敌人，自己逃命。这虽然是痛苦的，却不失为明智之举。壁虎的"自残"是一种隐忍的智慧。秦末，楚汉战争中的项羽，曾经破釜沉舟与秦军主力决战，号称霸王。但是项羽却不能做到隐忍，在安徽和县的乌江以自刎的方式结束了他的一生。假使项羽能忍一时之耻辱，渡江回江东，江东还有半壁江山，又何愁不能东山再起呢？项羽的失败也是因为缺乏隐忍的精神。司马迁虽然感慨项羽是一代英雄，但他却不赞成项羽的做法。司马迁自己也曾受到李陵冤案的牵连，为了完成《史记》的撰写，司马迁选择了隐忍。在人生选择的关键时刻，选择接受宫刑这样的奇耻大辱。司马迁的容忍成就了《史记》，也是事仇以求存的典型。

第三，保留自身，徐图发展。隐忍不是投降，不是失节，一旦时机成熟，东山再起。俗话说：留得青山在，不怕没柴烧。暂时时机不利的时候，退一步，以求生存。古巴比伦国富翁致富最重要的一点就是"把所得的十分之一或更多的黄金储存起来"。因为有了这种存留本金，他们就可以用钱滚钱的方式赚取更多的钱财。有了这个"本"，才有翻身的机会。如果禹反抗舜，结果只能是死亡，文王反抗纣王，结果也只能是死亡。一旦生命都失去了，再想发展也就没有任何机会了。《三国演义》中的关羽，在你死我活的军阀战争中，明确地认识到刘备和曹操势不两立，但是在刘备败逃以后，关羽接受了曹操的要求，为了保护嫂子屈身事仇。期间虽然也替曹操斩杀了几名大将，可一旦知道刘备的下落，挂印封金、过五关斩六将、千里走单骑，最终与刘备团聚。关羽在曹营也是事仇以求存的案例。

"事仇以求存"在形式上，是一种藏。即把自己的本意先隐藏起来，等待时机，时机一到，挺身而起，实现自己的真实意图。所以“事仇以求存”是极高的生存智慧，对我们今天仍有很大的启发。

（许富宏）

先圣王成其身而天下成，治其身而天下治。（《季春纪·先己》）

欲不正，以治身则夭，以治国则亡。（《离俗览·为欲》）

【鉴赏】 古代的圣王都是先治好己身然后才能治理天下的，所以天下能否得到治理，关键在于自身能否治好。这个意思在前文的《先己》篇中已经讲到了。《先己》论为君之道说：“凡事之本，必先治身。”治身是处理一切事务的根本。这种思想是先秦时期儒家所竭力倡导的，也是被《吕氏春秋》合理吸收的。

既然治身如此重要，那么到底怎么样才能治身呢？《论语·子路》引孔子的话说：“其身正，不令而行；其身不正，虽令不从。”又说：“苟正其身矣，于从政乎何有？不能正其身，如正人何？”一个人如果能端正自己，那么治理国政有什么困难呢？连本身都端正不了，怎么能端正别人呢？孔子提出“正身”的思想。至于如何做到“正身”呢？只有对人的欲望进行合理的规范。《论语·尧曰》引孔子的话说：“欲而不贪。”人有欲望，但是不能过分。贪欲就是过分的欲望。欲而不贪，就是对欲的一种规范，有欲望但不能过分，体现了孔子的中庸之道。但是什么是过分的欲望？不同的君主欲望也不同，怎么样来衡量欲望是否过分？这些都是无法确定的。正因为如此，早于孔子的老子则干脆提出君主要做到“无欲”。所谓“无欲”是对君王的欲望的一种抑制。例如《老子》第三十七章说：“不欲以静，天下将自正。”不欲就是无欲。第五十七章说：“我无欲，而民自朴。”只要君主做到“无欲”，天下的人民自然就朴素而易于管理。老子的“无欲”在某种程度上说只是理想。因为人都是有欲望的，作为拥有无上权力和无数财富的君主，做到无私无欲几乎是不可能的。

关于制约欲望的问题,《孟子》开始了较为成熟的思考。在孟子生活的时代,由欲而成贪欲的现象已经广泛地出现。《孟子·梁惠王上》中记载孟子与齐宣王的对话:“王曰:将以求吾所大欲也。”那么齐宣王的“大欲”是什么呢?孟子一针见血地指出:“欲辟土地,朝秦楚,莅中国而抚四夷也。”齐宣王的大欲是开疆拓土,使秦国和楚国服从齐国,像齐桓公那样一统天下。在《孟子》中,这一句是很典型的无度之欲的反映。针对这种“大欲”,孟子提出“寡欲”。孟子说:“养心莫善于寡欲。其为人也寡欲,虽有不存焉者,寡矣;其为人也多欲,虽有存焉者,寡矣。”(《孟子·尽心下》)孟子的意思是人不能没有欲,但欲不能多只能少。因为在一个欲望众多的社会中,人心就可能散乱浮躁,欲望越多,则各种各样的追求也越多。在孟子的观念里,耳目口腹之欲是小而贱的,它与大而贵的义或善几乎是处在一个完全势不两立的敌对态势当中,欲进一步,善便退一步,义也退一步。只有“寡欲”,才能保证人心里的善端。义和善,皆由人心里的善端引发出去的。而实现寡欲的目标是在于“养心”。所以说“养心莫善于寡欲”。孟子是从“修身”、“养心”这个角度来思考人如何对待欲望的。这对《吕氏春秋》是有启发的。

与孟子不同,荀子认为人的自然情欲本身无所谓善恶。但不受节制的自然情欲必然导致恶。这是荀子“人之性恶”的真实内涵。在荀子看来,人的情欲不仅无所谓善恶,而且它在根本上就是一种具有天然合理性的存在。《荀子·正名》篇说:“欲不待可得,所受乎天也。”《礼论》篇说:“人生而有欲,欲而不得,则不能无求。”人的欲望,它是得之于天,是与生俱来、自然而然的东西。正因为如此,所以人的欲望是不可去、不可寡的。“虽尧舜不能去民之欲利”(《大略》),即使是尧舜也不能去除人的欲望。“欲不可去,性之具也。”(《正名》)人的欲望不可去,这是人的天性所决定的。由此可见,荀子在人之“欲”问题上与孟子有着完全不同的见解。荀子说:“凡语治而待去欲者,无以道欲而困于有欲者也。凡语治而待寡欲者,无以节欲而困于多欲者也。有欲无欲,异类也,生死也,非治乱也。”(同上)凡是谈论治国之道而依靠去掉人们的欲望的,是因为没有办法来引导人们的欲望而被人们已有的欲望难住了的人。凡是谈论治国之道而依靠减少人们的欲望的，是因为没有办法来节制人们的欲望而被人们过多的欲望难住了的人。有欲望和没有欲望，是不同类的，是生与死的区别，但不是国家安定与动乱的原因。在荀子看来，欲的多少与义不义、善不善，归根结底，与治乱并无必然的关联，善恶治乱的关键并不在于“欲”。君主个人修身的关键在“心”。

对于如何修身，《吕氏春秋》综合了前人的各种思想，提出了“正欲”的新提法。为君主的修身提出了自己的解决办法。

首先，《吕氏春秋》肯定人是有欲望的，而且人的欲望是天生的。《情欲》篇说：“天生人而使有贪有欲。欲有情，情有节。圣人修节以止欲，故不过行其情也。”天生人而使人有贪心有欲望。但是欲望受到客观外在条件的约束，客观外在的条件是有适度的。圣人根据外在的条件是否适度来控制自己的欲望。这种肯定人的合理欲望的思想与孟子、荀子的认识是相合拍的。既然人有欲望是天性，否定人的合理欲望是不可行的，但是让人的贪欲无限放大而不加约束更是不可行的。因此，君主需要“正欲”。正欲，就是端正自己的欲望。“欲不正，以治身则夭，以治国则亡”，所以“正欲”是修身和治国的基础。

其次，所谓“正欲”就是法天地。《情欲》篇说：“故古之治身与天下者，必法天地也。”法天地，即是效法天地的规律。《重己》篇说：“凡生之长也，顺之也；使生不顺者，欲也。故圣人必先适欲。”人首先要生存下去，人生存下去的前提是满足口、耳、鼻、身之所需。但是“耳目鼻口不得擅行，必有所制”（《贵生》），“适欲”即可。这种思想在前文《贵生》篇已有解释，主要来自于老庄。以“适欲”为标准，来衡量君主之欲是否得“正”，比孟子的“寡欲”说更能为君主所接受，实践起来的可能性也更大，体现出《吕氏春秋》君本位思想，这与《吕氏春秋》站在统治者的立场也是相一致的。对今天的人来说，也具有极大的启发意义。

（许富宏）

凡举事，必先审民心然后可举。（《季秋纪·顺民》）

不达乎人心，位虽尊，何益于安也？（《先识览·察微》）

古之君民者，仁义以治之，爱利以安之，忠信以导之，务除其灾，思致其福。（《离俗览·适威》）

仁于他物，不仁于人，不得为仁；不仁于他物，独仁于人，犹若为仁。仁也者，仁乎其类者也。（《开春论·爱类》）

凡用民，太上以义，其次以赏罚。（《离俗览·用民》）

【鉴赏】 这几句名言是《吕氏春秋》关于“民”的思想的集中表述，内容涉及审民、君民、用民几个方面，分析这几句对于认识《吕氏春秋》的民本思想具有重要意义。

首先，《吕氏春秋》充分认识到民心的作用。君主要做事，先要看民心的向背然后再做。不能得到人民的拥戴，所处的地位虽然尊贵，对于自己的安定又有什么益处呢？这就是说，国家的政权，君主的合理性实际上都是建立在民意的基础上的。上文《顺民》篇说：“先王先顺民心，故功名成。夫以德得民心以立大功名者，上世多有之矣。失民心而立功名者，未之曾有也。”过去的君王治理天下的策略是先顺民心，所以能够成就功名。以德得民心的而能立下大功名的人，自古以来有很多。相反，失去民心而能立功名的人，从来就没有过。因此，作为君主要懂得民心可畏的道理。《荀子·哀公》引孔子的话说：“水则载舟，水则覆舟。”把人民比作水，把统治者比作舟。舟浮水上，舟随水荡。所以得民心者，水就载舟，失民心者，水则覆舟。所以不是舟驭水，而是水载舟。在“舟”与“水”两者之间，水是主要的，舟是次要的。所以说，当官的人一定要明白“民心可畏”的道理。唐代的魏徵也曾向唐太宗李世民说过“水能载舟，亦能覆舟”的道理。唐太宗就是重视“民心可畏”，开启了贞观之治的局面。所以民心所向是十分重要的。不得民心，即使拥有王位，也是不安定的。这就是“审民”。

其次，作为君主应该知道如何赢得民众之心。既然民心这么重要，那么，作为君主如何才能赢得民心是君主面临的一个重要问题。《吕氏春秋》提出“仁义以治之，爱利以安之，忠信以导之，务除其灾，思致其福”。古代当君主的人，用仁和义治理百姓，用爱和利使百姓安定，用忠和信引导百姓，致力于为民除害，想着为民造福。只有这样才能获得民众的支持。《吕氏春秋》强调君主要有仁义之心。所谓“仁于他物，不仁于人，不得为仁；不仁于他物，独仁于人，犹若为仁。仁也者，仁乎其类者也”，对其他物类仁爱，对人却不仁爱，不能算作仁；对其他物类不仁爱，只是对人仁爱，仍然算是仁。所谓仁，就是对自己的同类仁爱。君主要爱自己的同类，这与孔子在马厩失火后只问是否伤人，不问是否伤马是相同的，都是爱人的表现。仁爱自己的同类，实际上是大仁。君主有了仁心，才会对民众产生发自内心的爱，真心爱民众，就会想尽一切办法让民众得到利益，得到实惠。这就是“爱利以安之”。民众之间因为彼此之间的利益关系，又往往会产生冲突，所以必须对民众加以教育，加以引导。教育的内容是忠和信。忠，是忠于君主，这是君主对民众的要求，是站在统治者立场上说的，也是合情合理的。信，是《吕氏春秋》调节和维系社会关系的一个概念。《贵信》篇专论信，提出“信之为功大矣”。认为“君臣不信，则百姓诽谤，社稷不宁。处官不信，则少不畏长，贵贱相轻。赏罚不信，则民易犯法，不可使令。交友不信，则离散郁怨，不能相亲。”君臣不诚信，那么百姓就会批评指责，国家就不得安宁。当官不诚信，那么地位低下的就不尊敬地位高的。赏罚不诚信，那么百姓就会轻易犯法。交友不诚信，那么朋友之间就会离散怨恨，不能互相亲近。“夫可与为始，可与为终，可与尊通，可与卑穷者，其惟信乎！”能够与一个人一起开始，一起结束，一起显贵，一起卑微穷困的，只有诚信的人才能做得到。“信而又信，重袭于身，乃通于天。以此治人，则膏雨甘露降矣，寒暑四时当矣”，讲究诚信的人，就能与天意相通，依靠诚信来治理天下，那么就像天降甘露四时恰当一样，天下能够得到及时恰当的治理。信是维系国家使社会稳定人际和谐的准绳。所以要教育民众守信。做到了这些，君主就能赢得民心，得到民众的支持。

第三，民众毕竟只是国君统治的对象，国君尊重民意，但最终还是靠役使民众来使国家得到收入和安全保障。在战国时期，国家的生存是一个大问题，为了生存，必须要有军队进行保护。军事人员主要是来自民众。国家打仗也好，不打仗也好，都需要财政收入来维持国家机器的运转，财政所需要的钱粮也都得靠百姓的贡献。因此，如何使民是一个问题。君主既要爱民，君主要为民众奉献，又要使民，从民众那里索取民力，这是一对矛盾。如何处理这样的矛盾呢？《吕氏春秋》提出“太上以义，其次以赏罚”。用民，最好的办法是“义”，不得已再用赏罚。《高义》篇即倡导君子“动不缘义，行必诚义”。可见“义”的确是君主行动的法则。《吕氏春秋》中的“义”是与“利”相对应的一个概念。利，即私利。“义”即不为私利而行动。“故义者，百事之始也，万利之本也”（《无义》），《吕氏春秋》认为“义”是“万利之本”。君主要讲“义”，实际上就是要求君主不要为个人谋私利，使用民力不是满足君主个人的喜好，而是为了国家，为了全体大众。这样来使民用民，百姓无不服从。如果以“义”不行，再行赏罚。根据一定的准则，于国有利则赏，于国有害则罚。通过赏罚来建立秩序，保证国家的正常运行。

当然，无论是畏民心，还是得民意，吕不韦的本意不是为了同情人民，而是“用民”，是出于为统治者维护政权的目的。其中尤其是暗含有对秦始皇的劝说的意图。归根结底只是统治者的一种统治策略而已。

（许富宏）

忠于治世易，忠于浊世难。（《仲冬纪·至忠》）

利不可两，忠不可兼。（《慎大览·权勋》）

【鉴赏】 这两句专门论忠。是《吕氏春秋》关于“忠”的集中表述，其蕴有的含义是十分有价值的。

首先，《吕氏春秋》认为“忠”的对象只能是一个。所谓“利不可两，忠不可兼”，意思是人不可能同时获取两种利益，也不可同时忠于两个对象。忠，强调对象的单一性和纯粹性。

何谓“忠”？《说文解字》的解释是：“忠，敬也，尽心曰忠。”“忠”的本意是指尽心竭力、全身心地投入到某项事情之中。“忠”字，首先是作为一般社会性道德观念而出现的，往往具有真诚、恭敬等含义，尤其强调对待人要尽心竭力。《左传·襄公二十二年》有“忠、信、笃、敬，上下同之，天之道也”的话，《国语·楚语下》亦说：“天事武，地事文，民事忠信。”“忠”是对于每个人都具有普遍意义的道德要求。其次，忠的含义还包括为“公”服务的思想。为“公”的人能配得上称“忠”。“公”的观念一直是我国传统社会中居于主导地位的价值取向，体现了中国古人在政治领域和社会领域中朴素的公共理性。因此一个“忠”的人，或者有“忠”的品格的人，一定是一心为“公”的。《左传·桓公二年》强调：“上思利民，忠也。”作为君主，心中思虑的是怎样让民众得到利益，这就是忠啊。《国语·齐语》亦说“忠信可结于百姓”。“公”体现了“忠”的内在价值，而一个人如果为了一己之私利，无论如何也不能说成是“忠”。第三，“忠”还往往体现为为了国家的整体利益而竭尽全力的道德品质，“临患不忘国，忠也”（《左传·昭公元年》），正是这种道德品行的体现。

到了春秋时期，“忠”的含义趋向为“忠君”。“忠于君主”是臣的重要品德。“忠君”的观念作为臣德，其内容也是多方面的。首先，“忠君”观念强调臣下对君主的忠诚无欺，“忠贞不二”已开始成为“忠君”观念的内容了。但是，臣下对于君主的“忠”是理性的、有条件的，而不是盲目的和无条件的。《论语·八佾》载：“定公问：君使臣，臣事君，如之何？孔子对曰：君使臣以礼，臣事君以忠。”臣事君以忠，其前提是君使臣以“礼”。如果不是这样，臣也不必忠。《左传·襄公九年》提出“君明臣忠，上让下竞”，意思是所事之君为贤良、明德之主，臣才能尽忠。《墨子·兼爱下》主张“为人君必惠，为人臣必忠”也是这个意思。其次，要求臣下能够竭力地效忠于君主，甚至不惜牺牲自己的生命。“忠君”即强调“尽忠以死君命”（《左传·宣公十二年》），“尽忠极劳以致死”（《国语·晋语一》）。不过，这种强调也是有条件的。这个条件就是，君主要能代表社稷的利益。代表国家集体利益的君主，臣是可以死忠的。如果国君不能代表国家的利益，臣不仅不必去死忠，反而可以规谏君主的言行、匡正君主的缺失，并把此作为臣下的重要职责。如果君主不听规谏，臣甚至可以将他赶下台，《晏子春秋·问上》说："君者择臣而使之，臣虽贱亦得择君而事之。"提出了择君而事的主张。可见，在春秋时期，"忠君"也是有条件的。这个时期的"忠"都没有愚忠的意思。

到了战国中叶，"忠"的观念向两个方向发展：一是以孟子为代表的，主张"忠"的对象是国家。孟子反对忠只是忠于国君的思想。提出"君之视臣如手足，则臣之事君如有腹心，君之视臣如犬马，则臣之视君如国人；君之视臣如土芥，则臣之事君如寇仇"(《孟子·离娄下》)。臣是否忠，关键在于君的表现。君如果视天下人民为手足，则天下人视君主为心腹。君如果视下臣或百姓为犬马，那么下臣也会视君主为普通的国人。如果君主视人民为草芥，那么人民必然会视君主为敌人。因此，臣之"忠"或"不忠"都是以君之德为前提和条件的。基于这种观念，孟子甚至主张诛杀"不道之君"。"(齐宣公)曰：臣弑君，可乎？(孟子)曰：贼仁者谓之贼，贼义者谓之残，残贼之人谓之一夫。闻诛一夫纣矣，未闻弑君也。"(《孟子·梁惠王下》)另一种是以韩非子为代表的，"忠"的对象只能是君主。在法家看来，君臣之间更多体现为对立的关系，强调以君主为本位的，臣下对于君主的单向的人身依附关系。《韩非子·有度》说："贤者之为人臣，北面委质，无有二心；朝庭不敢辞贱，军旅不敢辞难；顺上之为，从主之法，虚心以待令，而无是非也。"贤能的人做臣子，向北面朝见君主行礼，忠心不二。在朝廷任职不敢推辞卑贱的任务，在军队不敢拒绝危难的战事；顺从君主的指使，遵守君主的法令，一心一意等待君主的命令，而无个人的是非之见。总之，所有的行为，"上尽制之"，皆由在上位的君主来控制。而"人主虽不肖，臣不敢侵也"。这就把"忠君"的观念推向了极致，"君为臣纲"的观念已初步显现出来了。

战国时期的两种"忠"的观念，让吕不韦颇感为难。到底是忠于国家呢？还是忠于"君主"呢？要在这两者之中进行选择很难，所以说"忠不可兼"。

其次，在对象选择上，往往因具体情况不同而陷入两难的境地。即所谓"忠于治世易，忠于浊世难"。这里的治世是指君主与其所代表的国家利益是一致的。君主一心为公，所作所为代表了国家的利益。在这样的情况下，忠于君主也就忠于国家。"忠"的对象不需要进行艰难的选择，因而就比较容易。比如管仲，本来是公子纠的手下，后来被公子小白俘虏。公子小白已经先入齐，即王位为齐桓公，成为了代表国家的君主。公子纠已经失去了合法性。不仅如此，齐桓公还是一位贤君，所以管仲投靠了公子小白，并忠于桓公，这是比较容易的。但是如果遇到了浊世，那么就变得困难了。所谓浊世，就是君主昏庸，国家混乱的世道。君主有个人的私利，不能代表国家的利益。在这种情况下，如果忠于君主，满足君主个人的喜好，那就是助纣为虐。比如秦桧，为了满足宋高宗，不惜出卖国家的利益。从"忠君"的角度讲，秦桧是忠的；但是从国家的利益讲，秦桧则是不折不扣的汉奸。在浊世，臣子如果忠于国家，就不会忠于君主，不忠于君主，必然会站在国家的立场，会起来反对君主。这样，势必会受到君主的打击。比如岳飞。岳飞所作所为，完全为了国家，就连坑害他的人都找不到岳飞的过失，最后以"莫须有"的罪名，将他害死。所以说"忠于浊世难"。而从"忠于治世易"中可以看出，《吕氏春秋》中的"忠"是倾向于国家的，而非君主的。只有这个君主一心为"公"，做到了代表国家的利益，在这样的前提下，是可以讲"忠君"的。这一点与孟子是相通的。也由此可见，吕不韦思想的进步性。

（许富宏）

乱莫大于无天子。无天子则强者胜弱，众者暴寡，以兵相残，不得休息。（《有始览·谨听》）

民之治乱在于有司。（《有始览·务本》）

【鉴赏】 这两则名言主要是从制度上来说国家如何治理的，体现了《吕氏春秋》以治国为核心的思想主张。

首先，国家不能没有君主。这里的天子实际上就是君主。一个国家如果没有君主，那么必然会产生动乱。所以，混乱没有什么比没有天子更大的了。没有天子，那么势力强的就会压倒势力弱的，人多的就会危害人少的，用军队互相残杀，人民生活不得止息。在战国时期，人们已经认识到国家或天下必须统一于一个君主，国家或任何社会权力体系都只能有一个首领。《商君书·修权》篇说："权者，君之所独制也。"权力，只能由君主一个人独有。《韩非子·主道》篇也说："权势者，人主之所独守也。"墨子设计了一个"尚同"金字塔，处于金字塔顶端的，就是"一"个天子。《吕氏春秋·不二》篇说："军必有将，所以一之也；国必有君，所以一之也；天下必有天子，所以一之也；天子必执一，所以抟之也。一则治，两则乱。"军队必须听命于一个将军，这样便于统一军队的行动。国家也必须有一个国君，也是为了统一全国的行动。天下也只能有一个天子，也是为了统一天下的行动。天子只有掌握"一个"的原则，才能使天下的权力集中。"一则治，异则乱，一则安，异则危"（《吕氏春秋·执一》）。只有遵循一个君主的原则，天下才能得到治理。不然的话，天下就会大乱。"唯器与名，不可假人"（《左传·成公二年》）；中国人自古就强调不要把大权分割，也不能让渡予人。如果大权被分割，便一切都完了。

这种权力高度集中统一的要求，源于家天下的体制。而家天下形成的原因也是很复杂的。从地理环境上讲，中国的地形呈网格状，各个地理单元形成相对独立的部落或部落联盟。这些部落一般都是由德高望重的部落酋长担任。整个部落就是他的一个家族组成。即使吞并了其他的部落，被征服的部落或部族的人只能做奴隶。后来，部落之间发动战争，最后胜利的部落酋长就是早期的君主。所以，中国古代的政体就是家国一体。中国的国家起源于家族的征服，一个家族掌握了最高统治权，这个家族的家长便成为这个国家独一无二的统治者。建立的政治制度也就是中央集权制度。这是由中国独特的地理环境与气候条件决定的。所以，从客观自然条件和历史发展来看，国家都是需要君主的。没有君主，就没有了领头人，整个国家或家族都会灭绝的。因此，国家不可能不要君主。

其次，没有天子是不可以的，但是有两个天子也是不可以的，国家只能有一个君主。自古中国人流行的观念是“国不堪贰”。如果出现了“贰”的现象，就被视为祸乱。慎到指出：“两则争，杂则相伤”，故“多贤不可以多君，无贤不可以无君”（《慎子·德立》）。《礼记·坊记》说：“子云：天无二日、土无二王、家无二主、尊无二上，示民有君臣之别也。”孔子把君主的权利看成是天上的神权在人间的一种反映，以太阳象征君主，以“天无二日”来比附人间不可有二主；天无二日，应用到人类社会中，就是国无二君。“天意”只能由一人来代表，而不可能由两个或两个以上的人来代表。孔子又把天下看成是家的扩大，以“家无二主”作为君主专制的理由。天子既然“家”天下，而“家无二主”，自然是“民无二王”而“定于一尊”了。《管子·霸言》说：“使天下两天子，天下不可理也。”假使天下有两个天子，那么天下就不可治理了。荀子也说：“君者，国之隆也，……隆一而治，二而乱，自古及今，未有二隆争重而能长久者。”（《荀子·致士》）荀子还说，“天子无妻（齐），告人无匹”（《荀子·君子》）。荀子把两个天子并存视为一家中的两个父亲，韩非子则将其视为一个巢中的两个雄性动物。他们不可能共处的，也是无法协调的。所谓“两贵不相事，两贱不相使”。所以君权必然是独一的，绝对排他的。

最后，有了天子以后，国家的治理还要依靠各级官员的执行。这里强调的是“民之治乱在于有司”。这是吕不韦中央集权专制制度的一个富有特色的设计。在吕不韦看来，君主不需要亲自行政，是不负责做具体事务的。君主亲自做行政上的事，就是扰乱朝政。这就叫“君道无为”。国家的行政事务主要由各级政府官吏来承担。这叫“臣道有为”。这样，各级官员成为国家政策执行者，国家治理的成败也取决于官员的素质和作为。今天的人们常说：路线确定以后，干部就是决定的因素，说的就是这个意思。所以官员是国家能否得到有效治理的关键。吕不韦从执政者的角度认识到官员在国家政治生活中的重要作用，这对今天仍然有极大的启发。

（许富宏）

【附 录】

史记·吕不韦列传

吕不韦者，阳翟大贾人也。往来贩贱卖贵，家累千金。

秦昭王四十年，太子死。其四十二年，以其次子安国君为太子。安国君有子二十余人。安国君有所甚爱姬，立以为正夫人，号曰华阳夫人。华阳夫人无子。安国君中男名子楚，子楚母曰夏姬，毋爱。子楚为秦质子于赵。秦数攻赵，赵不甚礼子楚。

子楚，秦诸庶孽孙，质于诸侯，车乘进用不饶，居处困，不得意。吕不韦贾邯郸，见而怜之，曰"此奇货可居"。乃往见子楚，说曰："吾能大子之门。"子楚笑曰："且自大君之门，而乃大吾门！"吕不韦曰："子不知也，吾门待子门而大。"子楚心知所谓，乃引与坐，深语。吕不韦曰："秦王老矣，安国君得为太子。窃闻安国君爱幸华阳夫人，华阳夫人无子，能立適嗣者独华阳夫人耳。今子兄弟二十余人，子又居中，不甚见幸，久质诸侯。即大王薨，安国君立为王，则子毋几得与长子及诸子旦暮在前者争为太子矣。"子楚曰："然。为之奈何？"吕不韦曰："子贫，客于此，非有以奉献于亲及结宾客也。不韦虽贫，请以千金为子西游，事安国君及华阳夫人，立子为適嗣。"子楚乃顿首曰："必如君策，请得分秦国与君共之。"

吕不韦乃以五百金与子楚，为进用，结宾客；而复以五百金买奇物玩好，自奉而西游秦，求见华阳夫人姊，而皆以其物献华阳夫人。因言子楚贤智，结诸侯宾客遍天下，常曰"楚也以夫人为天"，日夜泣思太子及夫人。夫人大喜。不韦因使其姊说夫人曰："吾闻之，以色事人者，色衰而爱弛。今夫人事太子，甚爱而无子，不以此时蚤自结于诸子中贤孝者，举立以为適而子之。夫在则重尊，夫百岁之后，所子者为王，终不失势。此所谓一言而万世之利也。不以繁华时树本，即色衰爱弛后，虽欲开一语，尚可得乎？今子楚贤，而自知中男也，次不得为適，其母又不得幸，自附夫人。夫人诚以此时拔以为適，夫人则竟世有宠于秦矣。"华阳夫人以为然，承太子间，从容言子楚质于赵者绝贤，来往者皆称誉之。乃因涕泣曰："妾幸得充后宫，不幸无子，愿得子楚立以为适嗣，以托妾身。"安国君许之，乃与夫人刻玉符，约以为適嗣。安国君及夫人因厚馈遗子楚，而请吕不韦傅之，子楚以此名誉益盛于诸侯。

吕不韦取邯郸诸姬绝好善舞者与居，知有身。子楚从不韦饮，见而说之，因起为寿，请之。吕不韦怒，念业已破家为子楚，欲以钓奇，乃遂献其姬。姬自匿有身，至大期时，生子政。子楚遂立姬为夫人。

秦昭王五十年，使王齮围邯郸，急，赵欲杀子楚。子楚与吕不韦谋，行金六百斤予守者吏，得脱，亡赴秦军，遂以得归。赵欲杀子楚妻子，子楚夫人赵豪家女也，得匿，以故母子竟得活。秦昭王五十六年，薨，太子安国君立为王，华阳夫人为王后，子楚为太子。赵亦奉子楚夫人及子政归秦。

秦王立一年，薨，谥为孝文王。太子子楚代立，是为庄襄王。庄襄王所母华阳后为华阳太后，真母夏姬尊以为夏太后。庄襄王元年，以吕不韦为丞相，封为文信侯，食河南、雒阳十万户。

庄襄王即位三年，薨，太子政立为王，尊吕不韦为相国，号称"仲父"。秦王年少，太后时时窃私通吕不韦。不韦家僮万人。

当是时，魏有信陵君，楚有春申君，赵有平原君，齐有孟尝君，皆下士喜宾客以相倾。吕不韦以秦之强，羞不如，亦招致士，厚遇之，至食客三千人。是时诸侯多辩士，如荀卿之徒，著书布天下。吕不韦乃使其客人人著所闻，集论以为八览、六论、十二纪，二十余万言。以为备天地万物古今之事，号曰《吕氏春秋》。布咸阳市门，悬千金其上，延诸侯游士宾客有能增损一字者予千金。

始皇帝益壮，太后淫不止。吕不韦恐觉祸及己，乃私求大阴人嫪毐以为舍人，时纵倡乐，使毐以其阴关桐轮而行，令太后闻之，以啖太后。太后闻，果欲私得之。吕不韦乃进嫪毐，诈令人以腐罪告之。不韦又阴谓太后曰："可事诈腐，则得给事中。"太后乃阴厚赐主腐者吏，诈论之，拔其须眉为宦者，遂得侍太后。太后私与通，绝爱之。有身，太后恐人知之，诈卜当避时，徙宫居雍。嫪毐常从，赏赐甚厚，事皆决于嫪毐。嫪毐家僮数千人，诸客求宦为嫪毐舍人千余人。

始皇七年，庄襄王母夏太后薨。孝文王后曰华阳太后，与孝文王会葬寿陵。夏太后子庄襄王葬芷阳，故夏太后独别葬杜东，曰“东望吾子，西望吾夫。后百年，旁当有万家邑”。

始皇九年，有告嫪毐实非宦者，常与太后私乱，生子二人，皆匿之。与太后谋曰“王即薨，以子为后”。于是秦王下吏治，具得情实，事连相国吕不韦。九月，夷嫪毐三族，杀太后所生两子，而遂迁太后于雍。诸嫪毐舍人皆没其家而迁之蜀。王欲诛相国，为其奉先王功大，及宾客辩士为游说者众，王不忍致法。

秦王十年十月，免相国吕不韦。及齐人茅焦说秦王，秦王乃迎太后于雍，归复咸阳，而出文信侯就国河南。

岁余，诸侯宾客使者相望于道，请文信侯。秦王恐其为变，乃赐文信侯书曰：“君何功于秦？秦封君河南，食十万户。君何亲于秦？号称仲父。其与家属徙处蜀！”吕不韦自度稍侵，恐诛，乃饮鸩而死。秦王所加怒吕不韦、嫪毐皆已死，乃皆复归嫪毐舍人迁蜀者。

始皇十九年，太后薨，谥为帝太后，与庄襄王会葬茝阳。

太史公曰：不韦及嫪毐贵，封号文信侯。人之告嫪毐，毐闻之。秦王验左右，未发。上之雍郊，毐恐祸起，乃与党谋，矫太后玺发卒以反蕲年宫。发吏攻毐，毐败亡走，追斩之好畤，遂灭其宗。而吕不韦由此绌矣。孔子之所谓“闻”者，其吕子乎？

《吕氏春秋》一书流传与版本

《吕氏春秋》是先秦时期唯一一部作者明确、成书时间明确、保存先秦学术最为丰富的子书。《吕氏春秋》的流传，历代著名的官私书志都有记录，未有缺失，这在古代典籍大量散失亡佚的情况下，不得不说是先秦诸子中一部十分幸运的书。

《吕氏春秋》之名，最早见于《史记》中的《吕不韦列传》和《十二诸侯年表》，《汉书·艺文志》载其为二十六篇。《汉书·楚元王传》附《刘向传》载：刘向上疏曰："秦相吕不韦，集知略之士而造《春秋》，亦言薄葬之义。"西汉末年，刘向是见过《吕氏春秋》的。到了东汉，桓谭《新论》说："秦吕不韦请迎高妙作《吕氏春秋》。书成，布之都市，悬置千金，以延示众士，而莫能有变易者。"郑玄《三礼目录》说："《月令》。名曰'月令'者，以其记十二月政之所行也。本《吕氏春秋》十二月纪之首章也。"又《礼记·礼运》郑玄注说："吕氏说月令而谓之'春秋'，事类相近焉。"这些学术大家对《吕氏春秋》如此熟悉，可见《吕氏春秋》在汉代是广泛流传的。而从他们的记录中，《吕氏春秋》的流传也清晰可辨。

东汉末年，卢植是目前所能见到的最早给《吕氏春秋》的作注者。高诱在《吕氏春秋序》中略称："复依先师旧训，辄乃为之解焉。"高诱《淮南子注序》说："自诱之少，从故侍中同县卢君，受其句读。"这里所说的"卢君"，就是卢植。卢植是河东涿郡人，生于汉桓帝延熹二年（159 年），少从马融学，后征为博士，累官至尚书、北中郎将。汉献帝初平三年（192 年）卒，年三十四。卢植所作《吕氏春秋》训解今已不存，但对高诱作《吕氏春秋注》产生了影响。

《吕氏春秋》高诱注，这是目前所能见到的最早的注本。高诱注对研究《吕氏春秋》提供了重要参考。他的一些评价，如"此书所尚，以道德为标的，以无为为纲纪，以忠义为品式，以公方为检格，与孟轲、孙卿、淮南、扬雄相表里也"。又说《吕氏春秋》"大出诸子之右"等，已经成为研究《吕氏春秋》价值的重要观点。但是，到了高诱作注时，《吕氏春秋》的篇章结构发生了重大变化。《十二纪》为首，《八览》、《六论》次之。这与《史记》的记载完全不同。对此，张心澂分析说："《史记》《吕不韦列传》及《十二诸侯年表》言及《吕氏春秋》，皆以《八览》、《六论》、《十二纪》为序次，则原书《八览》列最前，《十二纪》列最后，而《序意》即在全书之最后，与《淮南》之《要略》列最后正同。古称《吕览》者，就其首列之《八览》而简称之耳。"今本《十二纪》在《八览》之前，是高诱注书时已为后人所改动。可见，从西汉中期到东汉末年，大约二三百年的时间里，《吕氏春秋》在流传过程中发生了很大的变化。古代典籍，或有著之于竹简。《吕氏春秋》皇皇巨著，二十余万言，无论从数量上还是从内容上，都是庞大的一部书。加之经历众手，所以发生佚失、窜乱等现象是很自然的。今天，《吕氏春秋》中诸多篇章有重文的现象，应该就是两汉时期留下的。《吕氏春秋》经过高诱的整理之后，篇目与架构没有发生过大的变动，一直流传了下来。

梁庾仲容《子钞·子略》记载："《吕氏春秋》三十六卷。"有人认为，"三"当是"二"字之误。《隋书·经籍志》著录《吕氏春秋》二十六卷，秦相吕不韦撰，高诱注。魏徵《群书治要》中，节录《吕氏春秋》四十三节，并采高诱注。唐陆德明《经典释文》说："《月令》。此是《吕氏春秋·十二纪》之首，后人删合为此记。"唐马总《意林》则言："《吕氏春秋》二十六卷。吕不韦，始皇时相国，乃集儒士为《十二纪》、《八览》、《六论》，曝于咸阳市，有能增损一字与千金。无敢易者。"《旧唐书·经籍志》杂家类云："《吕氏春秋》二十六卷，吕不韦撰。"《新唐书·艺文志》杂家类亦云："《吕氏春秋》二十六卷，吕不韦撰，高诱注。"从《汉书·艺文志》到《新唐书·艺文志》，《吕氏春秋》一直被官私书志所著录，其流传脉络是十分清楚的。这在同类书中也是不多见的。

到了宋代以后，《吕氏春秋》的著录、刊刻、研究受到高度重视。在官私书志的著录方面，《崇文书目》载："《吕氏春秋》三十六卷。"晁公武《郡斋读书志》杂家类载："《吕氏春秋》二十卷。秦吕不韦撰，后汉高诱注。"郑樵《通志·艺文略》杂家载："《吕氏春秋》二十六卷，秦相吕不韦撰，高诱注。"陈振孙《直斋书录解题》杂家类载："《吕氏春秋》三十六卷。秦相吕不韦撰，后汉高诱注。其书有《十二纪》、《八览》、《六论》。《十二纪》者，即今《礼记》之《月令》也。"王应麟《汉书艺文志考证》杂家载："《吕氏春秋》二十六篇。"《宋史·艺文志》载："吕不韦《吕氏春秋》二十六卷，高诱注。"在传抄刊刻上，据元至正六年(1346年)嘉兴路总管刘贞刊本记载，有北宋余杭镂本，但少三十篇；有宋元丰初校大清楼本；北宋元祐七年(1092年)贺铸手校本等版本。后贺铸手校本为刘节轩所得，校定后传之于其子刘贞。这就是元至正六年嘉兴路总管刘贞刊本。由此可见，北宋著名词人贺铸曾在《吕氏春秋》流传过程中起到很大的作用。据宋黄震《黄氏日钞》载，淳熙五年(1178年)冬，尚书韩彦直为《吕氏春秋》作“序”，说：“《吕氏春秋》言天地万物之故，其书最为近古。今独无传焉。岂不以吕不韦而因废其书邪？愈久无传，恐天下无有识此书者，于是序而传之。”同时，对《吕氏春秋》的研究也给予了高度关注。高似孙《子略》说：“及观《吕氏春秋》，则淮南王书殆出于此者乎？”并指出吕不韦作《吕氏春秋》“讥始皇也”。

元代历史虽然短暂，但《吕氏春秋》的流传未尝断绝。陈澔《礼记集说》说：“吕不韦相秦十余年，此时已有必得天下之势，故大集群儒，损益先王之礼而作此书，名曰‘春秋’，将欲为一代兴亡之典礼也。故其间亦多有未见与礼经合者。”可见，他对《吕氏春秋》是颇有研究的。元代《吕氏春秋》最有名的版本就是元至正六年嘉兴路总管刘贞刊本，此本即毕沅所说的《元人大字本》。此本属元代极有名的地方官刻儒学刻本，是当时质量最高的刻本之一。此本后成为明代诸多刻本的祖本。

明代《吕氏春秋》的刊刻达到高峰，反映了《吕氏春秋》在明代的流传很广。其中著名的刻本有：明弘治十一年(1498年)河南巡抚李瀚复刊元至正六年本，此本前有郑元佑《序》、高诱《序》，总目后有《镜湖遗老记》。明嘉靖七年(1528年)关中许宗鲁刊本，此本为刻贺铸手抄本，蒋维乔《吕氏春秋汇校》认为是“此本径据宋本而非转从元本出也”。此外还有明万历七年(1579年)张登云刊本、明万历二十一年刘如庞刻本，明万历三十三年汪一鸾刻本、明隆庆年间宋邦乂刊本等明代刊本。明代对《吕氏春秋》的研究，主要表现为评点。陆可教、李廷机《诸子玄言评苑》中节选《吕氏春秋》七十二篇原文，并加圈点、眉批，杂引王元泽、褚伯秀、陈详道、赵以夫、林希逸、何孟春、陈后山、闵为霖、邹守益各家学说。此外，焦竑、翁正春、朱之蕃的《二十九子品汇释评》中的《吕氏春秋品汇释评》，归有光、文震孟《诸子汇函》中的《吕子评点》，凌稚隆的《批点吕氏春秋》等，反映了明代《吕氏春秋》评点的盛况。朱东光《吕氏春秋高注参补》对高诱注进行补订，此种方法为清人所继承。明代对《吕氏春秋》的学习也颇为兴盛。将《吕氏春秋》名篇、名段、名言等节选出来，便于人们学习和应用。出现了陈继儒《吕氏春秋粹言》，王衡、陈继儒《吕氏春秋类语》，薛宏绎的《吕子节阅》等。这些书的出现，反映了明代人对《吕氏春秋》的喜爱。

清代《吕氏春秋》的流传和刊刻一直延续明代遗风，主要贡献在校勘上。校勘成就较大的有：梁玉绳《吕子校补》和《吕子校续补》，毕沅的《吕氏春秋新校正》。毕沅根据元刻本和他所见到的部分明刻本进行过一次比较全面的校理，纠正旧刻错误不少，是后世校勘的重要参考版本。此外还有茆泮林《吕氏春秋补校》、吴昂驹《读吕子笔记订捕》，陈昌齐《吕氏春秋正误》，孙锵鸣《吕氏春秋高注补正》，俞樾《吕氏春秋平议》等。校勘之外，清代音韵学发达，学者们也开始对《吕氏春秋》古韵进行分析。代表作有姚文田《吕氏春秋古韵》和江有诰《吕氏春秋韵读》。清代，官私书志记录《吕氏春秋》的有：乾隆年间修《四库全书》，收《吕氏春秋》，署"两江总督采进本"，并未言及来处，所据何本尚待进一步的研究。纪昀等撰有《提要》，署二十六卷，列子部杂家类。周中孚《郑堂读书记》子部杂家类载："《吕氏春秋》二十六卷。"叶德辉《郎园读书志》子部载："《吕氏春秋》二十六卷。"由于刊刻校勘成果众多，也留下了大批的序跋题记。著名的有卢文弨《抱经堂文集》卷十《书吕氏春秋后》，钱大昕《潜研堂文集》中的《吕氏春秋跋》，毕沅《吕氏春秋新校正序》，汪中《述学补遗》中的《吕氏春秋序》，钱保塘《清风室文钞》中的《跋毕氏吕氏春秋序》，徐时栋《烟屿楼文集》中的《吕氏春秋杂记序》及《后序》等。这些序跋对《吕氏春秋》的流传起了相当大的推动作用，为后世研究《吕氏春秋》的版本渊源提供了重要的参考资料。

民国时期，《吕氏春秋》的研究进入一个新的阶段。考证、校勘、订补、集释等工作全面发展。在补正注疏方面，以刘咸炘《吕氏春秋疏》、吴承仕《吕氏春秋旧注斠理》、刘文典《吕氏春秋斠补》、范耕研《吕氏春秋补注》等为代表。这些注疏，或勘正高诱注，或引先秦诸子文为佐证，或补正旧说，对《吕氏春秋》的基础研究作出了很大的贡献。在校勘方面，有谭戒甫的

《吕子辑校补正》，杨明照的《吕氏春秋校正》，王叔岷《吕氏春秋校补》等，代表作有蒋维乔、杨宽、沈延国、赵善诒等的《吕氏春秋汇校》，这是《吕氏春秋》一书最有权威的一部校勘著作，取得了很大成绩。集释方面的代表作为许维遹《吕氏春秋集释》，此本收入中华书局“新编诸子集成”之中，是今天研究《吕氏春秋》的权威版本。在刊印方面，民国八年（1919 年）上海涵芬楼《四部丛刊》影印宋邦乂本，也给学术界提供了重要的版本资源。在研究方面，以陈大受《吕氏春秋政治思想论》（上海书店民国三十六年版）、郭沫若《十批判书》中《吕不韦与秦王政的批评》等为最有名。

新中国成立后，《吕氏春秋》重要的校释本有：夏纬瑛《吕氏春秋上农等四篇校释》（农业出版社 1979 年版）。此本主要就《吕氏春秋》中的最后《上农》、《任地》、《辩土》、《审时》四篇有关古代农史方面的资料进行注释。陈奇猷《吕氏春秋新校释》（上海古籍出版社 2002 年版）。此本原为《吕氏春秋校释》，由学苑出版社 1984 年刊，后进行重新修订，取名《吕氏春秋新校释》。在这部书里，陈奇猷先生力主《吕氏春秋》是以阴阳家思想为主导的，并按阴阳家思想来对各篇思想内容进行注释，对各篇的学派归属进行了划分。注释中杂引各家之说，资料十分丰富，一度被誉为研究《吕氏春秋》必读之书。当然，该书也存在不少问题。比如《吕氏春秋》是否以阴阳家思想为主导，很值得商榷。又比如，对各家的学派划分是否合适，都有进一步商量的余地。王利器《吕氏春秋注疏》（巴蜀书社 2002 年版），该书主要侧重“疏”，广引诸子各家学说以供研究参考，资料十分丰富，对研究《吕氏春秋》的思想十分有帮助。在专题研究上，主要有牟钟鉴《〈吕氏春秋〉与〈淮南子〉思想研究》（齐鲁书社 1987 年版）。该书力主《吕氏春秋》是以道家思想为主的。并将《吕氏春秋》与《淮南子》结合起来，认为两者皆是对先秦学术的大总结。很多观点是很有启发意义的。牟先生的主张得到熊铁基先生的呼应。他在《秦汉新道家》（上海人民出版社 2001 年版）中将《吕氏春秋》看作新道家的代表作。其实“新道家”的称谓类似黄老道家。李家骧《吕氏春秋通论》（岳麓书社 1995 年版）则主张《吕氏春秋》就是杂家，肯定《吕氏春秋》自成一家的理论体系。此外，刘元彦《吕氏春秋——兼容并蓄的杂家》(三联书店 1992 年版)、王启才《吕氏春秋研究》(学苑出版社 2007 年版)等也对《吕氏春秋》的研究有所创新。另外，侯外庐《中国思想通史》(第一卷)中有“杂家言之作始者吕不韦和吕氏春秋”一节，运用阶级论，从经济学的角度来剖析吕不韦和《吕氏春秋》的立场，很有启发意义。在白话译本方面，有张双棣、张万彬、殷国光、陈涛等的《吕氏春秋译注》(吉林文史出版社 1993 年版)、王范之《吕氏春秋选注》(中华书局 1981 年版)等，工具书方面有张双棣、殷国光、陈涛等编著的《吕氏春秋词典》(山东教育出版社 1993 年版)。这些书籍对《吕氏春秋》的普及起到一定的推动作用。在字句的解读方面，有笔者撰写的《吕氏春秋——四季的演讲》(上海古籍出版社 2009 年版)，也可供参看。

另外台湾地区的研究成果也颇为瞩目。注释方面代表作有李经彝《吕氏春秋高注补正》(广文书局 1975 年版)；在书目搜集方面，有严灵峰《周秦汉魏诸子知见书目》中《吕氏春秋知见书目》；研究方面有吴福相《吕氏春秋八览研究》(文史哲出版社 1984 年版)、徐复观《两汉思想史》中《〈吕氏春秋〉及其对汉代学术与政治的影响》等部分章节。

总之，《吕氏春秋》自撰作以来，经过汉代的传抄，期间发生些许窜乱现象，一直是篇目相对完整，保存相对完好的著作。尤其是元明以来，版本刊刻众多，辑佚、校勘、注释、研究等著作层出不穷。这里择其要者，以备读者阅读时参考。

图书在版编目(CIP)数据

吕氏春秋鉴赏辞典：文通版 / 许富宏主编. —上海：上海辞书出版社，2017.4

ISBN 978-7-5326-4929-7

Ⅰ. ①吕… Ⅱ. ①许… Ⅲ. ①杂家②《吕氏春秋》—鉴赏—词典 Ⅳ. ①B229.2-61

中国版本图书馆 CIP 数据核字(2017)第 054664 号

吕氏春秋鉴赏辞典(文通版)

许富宏　主编

统筹　张良一　责任编辑　朱可宁　装帧设计　姜　明

上海世纪出版股份有限公司

辞书出版社出版

200040　上海市陕西北路 457 号　www.cishu.com.cn

上海世纪出版股份有限公司发行中心发行

200001　上海市福建中路 193 号　www.ewen.co

永清县晔盛亚胶印刷有限公司印刷

开本 890 毫米×1240 毫米　1/32　印张 9.75　插页 2　字数 271 000

2017 年 4 月第 1 版　2017 年 4 月第 1 次印刷

ISBN 978-7-5326-4929-7/B·309

定价：28.00 元

本书如有质量问题，请与承印厂质量科联系。T：0316-6658662